第三版

電子商務概論與前瞻

後疫情之跨境電商、行動商務、大數據

作者簡介

朱海成特聘教授(2017~2022)
e-mail:ayura66@gmail.com
攝於台東豐年機場(RCFN)-綠島空域 9000 英呎飛行訓練

學歷

- 美國紐約州立大學(SUNY Binghamton University)系統科學與工業工程博士
- 美國紐約州立大學(SUNY Binghamton University)電腦科學碩士
- 東海大學資訊科學系學士

現職

- 國立臺中教育大學管理學院國際企業學系/教授
- 副編輯(Associate Editor): Security and Communication Networks (ISSN: 1939-0122) (SCI)。

經歷

- 國立臺中教育大學【國際長兼研發長】(2013~2022)
- 國立臺中教育大學國際企業學系/特聘教授(2017~2022)
- 考試院高階文官培訓飛躍方案 105 年訓練-決策發展訓練(STD)結業，以國家高階文官訪問團團員身份，一同前往比利時聯邦行政訓練學院交流，並促進臺灣與比利時外交間關係(2016)
- 公費赴美國哈佛大學商學院進修(Harvard University - Business School/ PCMPCL V Graduated) (2007), MA, USA。為哈佛大學商學院在臺灣個案教學種子教師
- 多次出席世界大學校長協會(International Association University President，IAUP)會議；2011 年於美國紐約市、2013 年於中國新鄭市、2015 年於英國牛津大學(Oxford University)。
- 出席 2013 亞洲教育者年會(APAIE)於香港、2015 亞洲教育者年會(APAIE)於北京、出席 2013 亞洲教育者年會(APAIE)於馬來西亞吉隆坡出席 2016 歐洲教育者年會(EAIE)於英國利物浦、2017 歐洲教育者年會(EAIE)於西班牙塞維亞

(Seville)、2018 歐洲教育者年會(EAIE)於瑞士日內瓦、2019 歐洲教育者年會(EAIE)於芬蘭赫爾辛基

- 出席 2022 美洲教育者年會(NAFSA)於美國科羅拉多州丹佛市
- 出席 2018 臺日大學校長論壇於日本廣島
- 出席 2018 臺-法高等教育論壇於法國巴黎、2018 臺-比利時圓桌會議於比利時布魯塞爾
- 出席 2019 全球教育論壇論壇於德國柏林
- 出席 2019 大阪臺北高教會議於於日本大阪
- 加拿大 UNBC (University of Northern British Columbia)管理學院教師(2008)
- 美國 NYIT (New York Institute of Technology)在臺灣認證教師(2012)
- 台北復興廣播電台邀請國立臺中教育大學朱海成處長以【本校兩岸交流現況，談兩岸高校未來交流發展】為主題，接受專訪(2015 年 4 月)
- 臺灣評鑑協會訪視委員
- 國立臺中教育 109 年度教學優良教師
- 榮獲中華民國資訊協會(IICM) 2021 關懷奉獻獎(1999 年頒給當時宏碁電腦施振榮董事長、2003 年頒給當時台灣微軟公司邱麗孟總經理)
- 中華民國物流協會發展供應鏈韌性架構計劃諮詢委員(2022 年 6 月)
- 國立高雄科技大學教師資格審查評審委員
- 弘光科技大學教師資格審查評審委員
- 111 學年度逢甲大學國際科技與管理學院雙聯學制 (2+2) 臺灣方授課教授管理資訊系統(Management Information System)-全英授課（澳洲墨爾本皇家理工大學商學與創新雙學士學位學程 / 澳洲昆士蘭大學商學雙學士學位學程）
- 受邀中國鄭卅大學西亞斯國際學院每年定期公開演講
- 東海大學/逢甲大學國際經營與貿易系副教授
- 東海大學高階經營人員研究專班班主任
- 經濟部工業局 94 年度物流體系 e 化專案審察委員
- 90~92 年度經濟部中小企業處認證之資訊管理諮詢輔導師
- 股票上市公司-久大資訊(3085)電子商務首席顧問/企業輔導
- e 天下雜誌專訪並邀約演講-企業資訊安全
- 天下趨勢電子商務 e-learning (電子商務課程)臺灣區主持人
- 美國紐約 Cheyenne Software Inc. (NASDAQ 上市公司)資深軟體系統工程師

- 全球頂尖備份軟體 ARCServe 中 Alert 系統程式設計者(在美國代表作)
- 美國紐約州立大學(Binghamton University)教學助教、研究助理

官方重要活動

- 講題【資訊安全與知識管理】07/29、07/30、08/09、08/13/2004 財政部中區國稅局
- 講題【資訊管理與企業 e 化】- 91 年度(2002)行政院僑務委員會北美洲僑營事業經營輔導巡迴服務團特聘講座：09/14~09/15 加拿大多倫多 09/17~09/18 加拿大溫哥華 09/20~09/21 美國西雅圖
- 講題【知識經濟新興產業與技術展】，經濟部中區辦公室，07/16/2001
- 講題【The Integration of E-Business(EB) and Information Technology (IT) : New Millennium's Strategy】，11/03/1999，台中，經濟部技術處
- 講題【數位神經系統在外交及外貿上的運用】，外交部五樓大禮堂，09/30/1999
- 出訪略記拜訪日本(京都、大阪、東京、廣島)、韓國(首爾市、光州市)、印尼(雅加達市、泗水市)、馬來西亞(吉隆坡市、沙拉越、沙巴)、寮國(永珍市、龍坡邦)、柬埔寨(金邊市)、泰國(曼谷、孔敬)、越南(河內、胡志明市、芽莊、海防)、菲律賓(馬尼拉)、緬甸(仰光、曼德勒)、丹麥(哥本哈根)、瑞典(馬爾默)、俄羅斯(莫斯科、聖彼得堡、海參崴)、英國(倫敦、OXFORD 校長室)、法國(巴黎、University of Burgundy 校長室)、荷蘭(阿姆斯特丹、奈梅亨 Radboud University 校長室)、瑞士(日內瓦)、德國(柏林)、比利時(布魯塞爾、布魯日、安特惠普、根特)、奧地利(維也納)、捷克(布拉格)、西班牙(塞維亞)、美國(丹佛市、洛杉磯 Cal Poly Pomona、舊金山 San Francisco State University、洛杉磯 UCLA、愛達荷州雷克斯堡 BYU、紐約市 NYIT、紐澤西市 NJIT、俄亥俄州東北部肯特市 Kent State University、俄亥俄州愛許蘭市 Ashland 校長室)、加拿大(溫哥華市 Royal Roads University、甘露市 Thompson River University 校長室)、中國(哈爾濱市、長春市、大連市、瀋陽、北京市、上海市、廣州市、深圳市(北上廣深)、長熟市、杭州市、鄭州市、新鎮市、福州市、廈門市、泉州市、漳州市、武漢市、長沙市、襄陽市、湛江市、西安市，湘潭市、香港、澳門等)、蒙古國(烏蘭巴托市)，與當地教育、商務組織交流密切。

相關著作

- 系統分析與設計 / 管理資訊系統 / 電子商務 / 全球運籌管理 / 商業自動化/ 商用英文寫作

作者序

首先感謝全國各大專院校教授電子商務的老師們過去的支持，採用本人所編輯的系列叢書，而「電子商務」一書，也將提供商管學院之教授作為選擇「電子商務」教科書的參考，而本書之主旨在於使用與時俱進，以更簡單、更清晰及更易了解的專業術語，來協助同學們學習電子商務。本教材採哈佛大學商學院個案教學模式，適合商管學院教授進行哈佛大學個案教學，本人為公費於美國哈佛大學商學院受訓，在臺灣之哈佛大學商學院個案教學種子教師。

電子商務可讓組織企業獲得更大利潤，甚至是讓企業永保競爭優勢之關鍵成功因素。本人累積多年來在產、官、學、研方面的電子商務實務經驗，提供給學術界參考。自 Brick and Mortar（傳統產業）到 Click no Mortar（純網路產業），筆者多年來在產業界的實務經驗，進而深感 Brick and Click（虛實合一）之重要性。

書中專章介紹在後疫情時代的跨境電商、Web 3.0，在不對稱且跳躍式的演進過程中，e-Commerce、e-Business 與 mobile-commerce 之相關領域運用，相互牽連，在組織企業中的應用層次涵蓋 ERP、KM、SCM、CRM、BI、Data Warehousing、Data Mining、Big Data、e-Marketplace、e-Marketing、社群網站與微型部落格之興起、雲端運算、無線通訊、企業 M 化（Enterprise Mobilization）、數位鑑識（Digital Forensic）、網路釣魚、網路恐怖主義、2022 獵殺紅色 8 月與中國網路攻臺、電商智慧行動生活、電商穿戴式裝置的應用、電商環境感測器、一帶一路（One Belt One Road）、紅色供應鏈、電商智慧家庭、電商智慧城市、電商智慧政府、電商物聯網、工業 4.0/5.0、電商 O2O、OMO、元宇宙（Metaverse）、非同質化代幣（Non-Fungible Token, NFT）、金融科技（FinTech）、社群網站流量分析等新穎、熱門議題，均在本書中有詳細之介紹。

對於本書之更新再版，要感謝國立臺中教育大學，提供本人完善之教學與研究環境。在此也感謝台北碁峰資訊之全力協助，以及採用前幾版的各大專院校之教授們採用本書，一路走來，始終如一，在此深表謝意。

朱海成 特聘教授(2017~2022)

(企業 e 化實務首席顧問、美國哈佛大學商學院 PCMPCL V 結業)

考試院高階文官培訓飛躍方案 105 年訓練-決策發展訓練(SDT)結業

e-mail：ayura66@gmail.com

目錄

第一章　電商之起源、發展與未來前瞻趨勢

第二章 電商之智慧行動生活

第三章 電商之客戶關係管理（CRM）

第四章 電商之知識經濟與大數據

第五章 電商之網路採購

第六章　電商之企業資源規劃

第七章　電商之供應鏈管理（Supply Chain Management, SCM）

第八章 電商之社群網站流量分析

第九章 電商之資訊安全與數位鑑識

第十章 跨境電商（Cross-Border e-Commerce）

CHAPTER 1

電商之起源、發展與未來前瞻趨勢

學習重點

解釋電子商務之基本定義，進而再就其特性，更進一步闡釋其精神，同時回顧電子商務在 2001 年時泡沫化後，其所帶來的重要啟示。而電子商務相關產業在 Web 2.0 / Web 3.0、雲端運算、工業 4.0/5.0、物聯網（Internet of Things, IoT）、工業物聯網（Industrial Internet of Things, IIoT）、人工智慧物聯網（Artificial Intelligence of Things, AIoT）、O2O、OMO、元宇宙（Metaverse）、非同質化代幣（Non-Fungible Token, NFT）等條件激勵下，再度扶搖直上。

也針對電子商務之相關基礎知識做詳細之介紹，涵蓋通訊媒介、5G/6G 網路、架設網站、網站的類型、網站內容的更新維護、電子商務與電子商業的趨勢及未來的展望。其中，網路社群（Cyber Community）與線上遊戲（on-line Games）、無線通訊（Wireless Communication）、行動電子商務（Mobile Commerce）與企業 M 化（Enterprise Mobilization）、虛擬私有網路（VPN），更是企業界在現在與未來的重點規劃要項。

Web 2.0 / Web 3.0、類社群網站之興起、大數據（Big Data）等，已經在很多電子商務網站上開始廣泛運作，在本章後，我們將詳細地為讀者們，以電子商務實務來解釋，並提供詳細之介紹，願您收穫豐碩。

1.1 何謂電子商務

在 1998 年迄今，網際網路（Internet）與全球資訊網（www）提供了許多網路上的商機，網際網路和全球資訊網讓個人（Individual）、企業（Business）、組織（Organization）和政府單位（Government）去從事各種不同網路上的商業或非營利活動；所以任何企業或個人都可以架設網站，使得數以千萬計的網站成立，並且發展出另一個服務的管道－電子商務。

電子商務（Electronic Commerce, E-Commerce）是藉由 Internet 及 www 所進行的商業活動，電子商務是經由電子數位媒體進行買（buying）或賣（selling）產品（Product）、資訊（Information）或服務（Services），幾乎涵蓋食、衣、住、行、育、樂，如商品交易、廣告、服務、資訊提供、金融匯兌、市場情報、售票系統等。

藉著全球的電腦網路或數位媒體對將產品、服務與付款方式轉換到數位平台上，也就是將一般傳統的商業流程，運用在網路上，進行數位行銷給世界上所有的消費者，並可以將產品的銷售市場由區域性（Localization）發展至全球化（Globalization）。

因此人們將不再是只有面對面看著實體貨物或靠紙張單據（包括現金）進行買賣交易，而是透過數位平台，在其上得到的商品資訊，並配合完善的物流配送系統和安全的資金結算系統進行交易。

電子商務之基礎商業模式（Business Model），一般而言，又分為企業對企業（Business to Business, B2B）的商業行為、企業對一般消費者（Business to Consumer, B2C）及消費者對消費者（Consumer to Consumer, C2C）的商業行為。

此三類或多或少，均會有重疊，但基本上的定位及運作方式有所差別，B2B 重視的是企業與企業關係的建立，例如：電子訂單採購是要跟企業往來的廠商或商業夥伴合作，主要是指企業間的整合運作，如採購、客戶服務、技術支援、電子訂單、投標下單等。

而 B2C 及 C2C 則以個人為交易對象，但是如何在數位平台上，完全不認識的基本原則下，嘗試要信賴對方，因此，交易安全及身分驗證就十分重要。B2C 是指企業透過網際網路對消費者所提供的商業行為或服務，包括線上購物、線上資料庫（Online Database）、證券下單、網路購票等應用。C2C 是指消費者之間自發性的商品交易行為，如一般的拍賣網站或二手跳蚤市場等。

而當然，也有一些延伸之商業模式，如消費者對企業（Customer to Business, C2B），例如社群（Community）中之成員，集合買家團結的力量，挾團購之籌碼，做為與賣家議價之空間，達到群體殺價之目地。

而 G2B 政府對企業（Government to Business, G2B）則為政府單位將所有公共工程，以數位資訊之方式，完整地公開在政府單位設立之網站，所有對該公共工程有興趣承攬之廠商，均可在該網站取得招標資訊，甚至有些招標案還可投電子標，將以往厚重之投標書，逐漸數位化，此舉主要是為了促成交易以及減少令人厭煩的紙上作業。如此一來，取得招標資訊更為方便，也縮短城鄉資訊差距，也更為環保。而政府電子採購網之網站，如圖 1-1 所示。

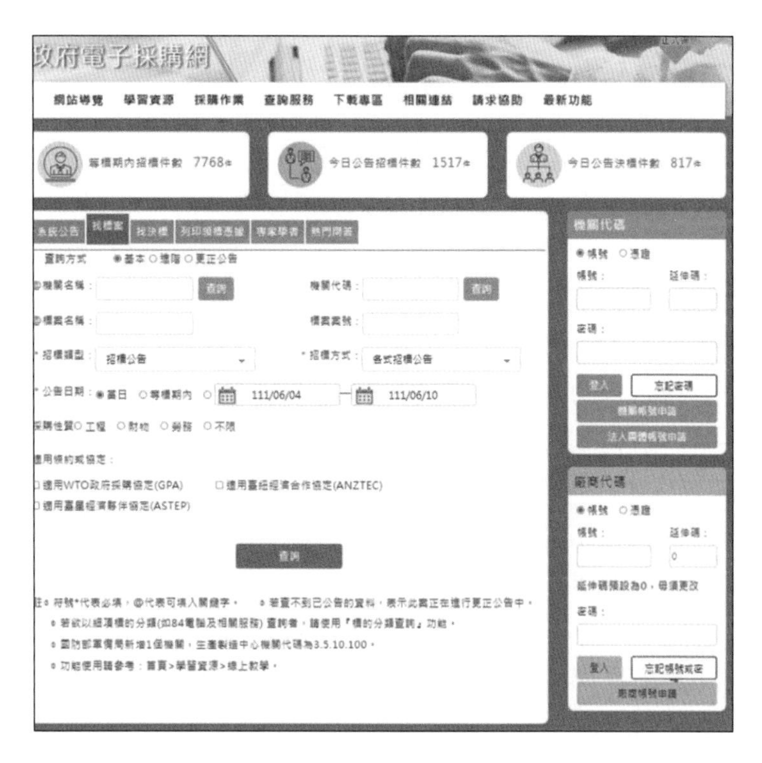

圖 1-1　行政院公共工程委員會之網站 (資料來源：https://web.pcc.gov.tw/pis/)

1.2 電子商務的歷史發展概述

1957 年美國國防部成立了「先進研究計畫署」(ARPA，於 1972 年改名為 DARPA)，在 1969 年，進行封包交換網路的計劃，因此而發展出 ARPANET（Advanced Research Projects Agency NET work）。

以電子商務而言，美國國防部所建立之 ARPANET，提供了點對點的傳輸模式。在 1970 年時，研究機構研發出電子資料交換和電子金融轉帳等，將這些應用程式用於企業間電子商務。

1. **電子資料交換（Electronic Data Interchange, EDI）**：EDI 是一個由資料交換標準協會（The Data Interchange Standards Association）交換商業文件的電子通信協定標準。企業與企業藉由電子資料交換及電子郵件傳輸訂單、發票等作業文件。由於 EDI 大大減少了紙張票據，因此，人們也稱之為「無紙貿易（Paperless Trade）」或「無紙交易（Paperless Transaction）」。

2. **電子金融轉帳（Electronic Funds Transfer, EFT）**：EFT 為電子資料交換作業，企業利用網際網路進行金融商品的資料傳遞。它包含了安全機置上，有身份確認(Identification)及授權(Authentication)的功能；配合清算中心(Clearance Center, CC）的結算功能；收取資訊交換的服務費用。

電子商務的特徵與作用：

- **特徵**
  - 更廣闊的市場：藉由電子商務進行全球化，商家可以面對全球的消費者，而消費者可以在全球的任何一家商家購物，例如：Yahoo!、eBay、Alibaba、Shopee、momo、Friday 購物等成功征服全球或地域性之商業策略。
  - 更廣闊的環境：人們不受傳統購物方法、時間及空間的諸多限制，可以隨時隨地在網上以廉價之行動通信裝置進行交易。
  - 更能迎合時代的要求：人們越來越追求時尚品牌、講究個性及購物的環境，而網上購物更能突顯個性化的購物過程。在今日環境，跨境電商（Cross-border E-Commerce）更是未來之趨勢。
  - 更快速的流通和低廉的價格：電子商務減少了商品流通的中間環節，大幅降低了商品流通和交易的成本，也節省了大量的開支。
- **直接作用**
  - 節約大量商務成本，特別是降低商務溝通及交易的成本。
  - 提高商務效率，尤其是沒有地域限制但交易規則相同的商務模式。
  - 有利於進行商務，可將政府、市場和企業乃至個人串連起來，即為政府服務、企業和個人服務。
  - 增加產品服務項目與服務品質的提升、加速產品與服務的傳遞速度，改善全面的商業行為。
- **間接作用**
  - 帶動新興產業的發展，例如：資訊通訊科技（Information Communication Technology, ICT）產業、知識產業及消費性電子業等。
  - 促進全球經濟高效能化、資源節約化。

1.3 電子商務的交易過程

電子商務的內容範圍非常廣泛，不只包括「商業交易」，還包括在 COVID-19 時之遠距教學（Distance Learning）、純網路銀行（Pure Banking）、跨企業共同研發、企業之間的協同運作及政府提供的各項電子化的服務。例如：財政部 E-invoice 電子發票整合平台。但就以大家較熟知電子交易為主的網路商業為範例，來說明電子商務的過程，我們將其大致分為以下三階段：

- **資訊交流階段**

以商家來說，要選擇對自己有利的優秀商品及服務，組織商品資訊，建立自己的網頁，然後加入名氣較大、影響力較強的搜尋引擎中，盡可能讓人們多了解及認識商家的網站。

對於買方來說，是去網路上獲取商品資訊及尋找商品的階段，買方根據自己的需要，並選擇信譽好、服務好、價格低廉的商家。

- **簽定商品合約階段**

以企業對企業（Business to Business, B2B）模式，對商家來說，此階段是簽定合約，以確立其合法性、完成必要的商貿票據的交換過程。必須要注意的是：合約的不可更改性及準確性等複雜的問題，例如：以產業別為區分的電子交易市集（e-Marketplace），如圖 1-2 所示，為台塑之電子交易市集。

圖 1-2 台塑之電子交易市集之網站 (資料來源：http://www.e-fpg.com.tw/)

以企業對個人（Business to Consumer, B2C）而言，商家對消費者來說，這一階段是完成購物的訂單簽定過程，顧客將選好的商品、聯繫資訊、送貨的方式、付款的方法等在網上填好後，輸出資訊給商家，商家在收到訂單後應發出郵件，應撥打電話核對上述內容是否有誤，momo 之網路購物網站，如圖 1-3 所示。「依照合約進行商品交易、資金結算階段」是整個商品交易關鍵的階段，不僅要涉及到金流（資金交易的正確），同時也涉及到物流（商品配送的地點與時間的準確）。在這個階段有銀行業、配送系統的介入，線上交易的成功與否就在這個階段。

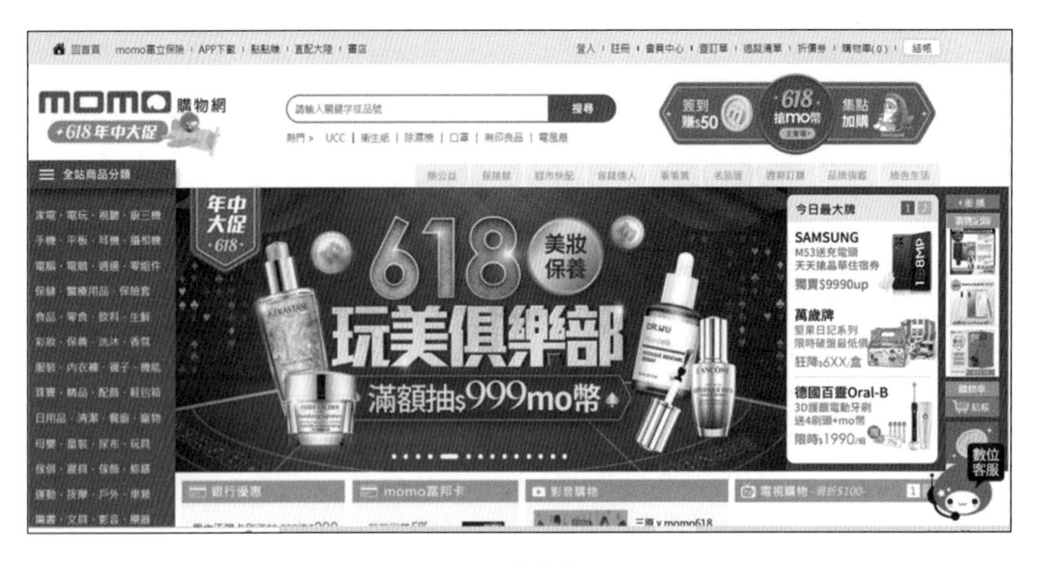

圖 1-3　momo 之網路購物網站

- **PayPal 階段**

  消費者使用銀行帳戶、信用卡或 PayPal 餘額，以電郵地址登入帳號後進行 PayPal 付款到網路賣家。當消費者以 PayPal 付款成功後，商家會收到電郵通知，這而些金額會即時加到商家的 PayPal 帳戶中。為一種快速便捷、簡便、安全且符合成本效益的線上付款方式。

電子商務與傳統的商業環境雖然有所不同，但卻對消費者及網路業者帶來無限便利與商機。

1.4 交易處理系統（Transaction Processing System，TPS）

交易處理系統是一個使用標準程序來收集和處理這些組織間，每天例行交易的資料。有了交易處理系統，處理循環是例行性的，而且結果的變化也較小。交易處理系統是自早期勞力密集的手工系統發展而來的，是以前許多組織中，第一個使用的電腦應用程式。早期交易處理系統基本上被用來做為整批處理的應用程式，也就是在同一時間將交易事項收集、儲存和處理。

近年來由於全球化的競爭，因此，企業之間的競爭不再只是品質，速度更是重要的因素。所以，如何降低企業的營運成本，減少固定成本的支出，就顯得十分重要了。交易處理系統在電子商務的使用上相當普遍，一般來講，網路上的交易會立刻記錄和處理。

例如：你參觀了一個特別的網站，它展示了很多產品和服務，你要購買它們的產品，這時候，只要輸入所需的資料，包括信用卡號碼成進行網路 ATM 轉帳，這個交易馬上就會被輸入這個系統，並完成交易。

而交易處理系統在其他的商業處理上也十分好用，包括銀行系統、銀行業務、商業借款處理、股票和債券管理、運輸配送、健康照顧、法律、製造業、零售業和公益事業等其他用途。

交易處理系統的實例：以訂貨系統為例子，當接到訂單時，一個有經過訓練的員工會遵照標準程序，將這訂單輸入系統裡，然後這電腦系統會遵照一套標準的程式，來處理這些訂單。

交易處理系統的特徵：

- 它們處理例行性的商業交易快速且有效率。
- 它們大多被無管理階層經驗的員工使用。
- 使用這些系統的人們被要求做較少的決策。
- 被設計為處理那些每天商業交易活動下，所產生的大量細部資料。

交易處理系統被用在應收應付帳款、存貨控制管理、出貨及進貨處理、物流及配送處理、訂單交易處理、薪資管理，及一般分類帳的處理。基本上，大多一般的商業功能都是使用交易處理系統。交易處理系統不僅提供許多組織快速且有效率地處理每天例行的生意交易，它也用來收集銷售記錄、分析顧客買東西的習慣和財務資訊等等。這些歷史性的資料庫，對這組織的其他資料系統而言，是相當有用的資訊。

此外，交易處理系統，也被使用於電子商務平台後端的應收帳款、控制庫存、開列帳單、訂購處理、薪資名冊、購物、航運、收取帳目和一般分類帳的應用。因此，如果沒有交易處理系統，在網際網路上進行商業交易是十分困難的。

1.5 EC 的應用工具－電子資料交換

電子資料交換是一個由資料交換標準協會交換商業文件的電子通信協定標準，例如：發票、採購訂單和其他的商業文件。EDI 使用領域碼，諸如：BT 為（Bill To）或 ST 為（Ship To），和指定資料轉換電子化的格式。EDI 協定可以讓公司電子化地交換文件，藉著確認全部以 EDI 方式做傳輸能在相同地方有相同資料。

電子資料交換是電腦直接對電腦，將商業格式的文件，從一部電腦移轉到另外一部的功能。很多大公司使用 EDI 來做例行的交易、公告和採購訂單，其使用狀況包括了商業循環，例如：一家從事製造業的公司，從供應商訂購原料，EDI 是一般商業行為的標準做法。

電子資料交換的優點：EDI 與紙張文件交易。相較之下，EDI 提供不同的優勢，包括下列的事物：

- 交易成本的下降，可以增加競爭力。
- 傳送格式和文件所需時間減少，可以提升效率。
- 紙張的流動量減少，以達成無紙化（Paperless），可以節省成本及縮短流程時間。

- 資料的錯誤輸入減少，接收端不需要使用者再重新輸入資料。
- EDI 提供一種更加可靠的方法來傳送和接收文件。

有些公司已開發 EDI 應用於顧客的訂單，因此是自動地創造、處理和運送，沒有人為的干涉。例如：一家公司的 EDI 系統，被設計到自動通知賣方，當庫存減少到一定的層次，即通知賣方處理這些訂單和配送這些產品到公司，以補充它的庫存。雖然 EDI 最初開發來幫助企業交易和企業運輸，EDI 的使用已擴展到包括其他種類之應用，主要是為了促成交易以及減少令人厭煩的紙上作業。

1.6 電子商務是否泡沫化

1.6.1 2000 年網路泡沫化之分析

1999 年 Intel 董事長葛洛夫的名言，「五年後，市場上將沒有所謂的網路公司，因為所有存活的公司都是網路公司。」此話一出，立刻使得全球各行各業趕緊將公司的招牌加上 dot-com 或 e 的字眼，而沒有實體企業做後盾的純網路公司，更是一家接著一家的出現。

到了 2000 年，網路科技股爆發股價嚴重的下跌，網路產業陷入前景不明的狀態。加上投資者面對著虧損連連的網路產業，投資心理轉向悲觀，同時也預期未來中短期內仍無法獲利，紛紛抽走資金，引發連鎖的骨牌效應，網站倒閉排山倒海而來，造成網路泡沫化的危機。

主要是因為電子商務的發展未依照一定的程序：必須以四個階段逐一進行，此四個網站發展階段，依順序分別是資訊流（Information Flow）→ 人流（Individual Flow）→ 金流（Cash Flow）→ 商品流（Product Flow）。

- **資訊流（Information Flow）網站**：為網際網路發展之初，人們才剛開始接觸它，對透過網路獲取資訊的需求最為迫切，會藉由搜尋引擎找尋知識、生活、娛樂等的資訊，所以透過網路，訊息是可輕易取得而且免費的，此階段想藉由資訊而獲利，是不大可能的，除非是搜尋引擎轉為入口網站。
- **人流（Individual Flow）**：此時網站可以鎖定某些特定的人群或組織，進行特定服務，藉由網站的媒介，而達到交流的目的，此種特性，可以提高網站獲利的可能性。例如：線上即時遊戲（on-line Games），多人可同時進行互動式（Interactive）的遊戲。
- **金流（Cash Flow）**：簡略地說，是交易中取貨付款的機制，由於在網路上難以確認交易雙方的真實身份，此階段最為困難，也將耗時最久，消費者畢竟過不了「網路安全」的心理關卡，因此要能推動電子商務，必須在金流上加強與銀行配合，確立網路互信的安全認證機制，例如：目前廣為流行之網路 ATM，採用的晶片卡與讀卡機之結合機制，並經過加密後較難以仿製。

- **商品流（Product Flow）**：網路購物是相當便利、快速、價廉，以前要出門才能購物，透過智慧型手機，搭配智慧物流，在智慧都市逐漸成型之情況下，商品的配送，很多的都會區標榜數小時即可完成，在國外，無人機配送也成功地運作。在臺灣，配合綿密的 24 小時超商，更打造出優質與高效率之商品配送。

大抵來說，以上四階段應當在每一個階段的發展成熟後，才會進行下一階段。所以，2000 年發展失敗、被泡沫化的網站，大多皆屬於商品流的網站，因為在第三階段，確立網路互信的機制（當時金流體系尚未成熟），消費者對於網路購物有著不安全感的情況下，既使優良的網站，也難逃虧損甚至倒閉的厄運。例如：當初擁有 7 億元新台幣的資金，由資訊人所創辦之國內最大的拍賣網站－酷必得（CoolBid），最後僅以 1000 萬元的價格轉讓。而酷必得的消長，是國內電子商務觀察家、評論家，一個相當本土的案例。2015 年 10 月，酷必得因時代之轉變與挑戰，再度進行大規模營運計劃修正，此一現象證明了電子商務在今日動態性的變革與挑戰。如圖 1-4 為酷必得網站之歷史畫面截圖。

圖 1-4　酷必得網站之歷史畫面截圖
(資料來源：http://www.coolbid.com)

1.6.2 網路泡沫化所帶來的啟示

電子商務是可以永續經營的事業，關鍵是在於是否找出一個可執行的賺錢商業模式。對企業來說，網路泡沫化讓許多結構不健全的電子商務服務公司相繼倒閉，但也更加突顯出存活下來的企業，其定位的正確性，以及商品服務的價值和潛力。而企業間電子商務，其實並未因網路泡沫化而消失，相反地，為強化競爭優勢，產業上下游的金流、物流、資訊流 e 化，已成必要趨勢，是面對全球化競爭不能不做的利器。

企業可將電子採購平台（e-Procurement Platform）當作強化供應鏈關係的重要工具，以降低採購成本，進一步強化企業的策略性採購功能，並提升企業商品競爭力。這類電子化服務，未來將會帶領許多傳統產業，開創新的局面。對人們來說，泡沫化讓人們對電子商務的導入，產生不信任感，但卻帶來網路應用更普及，愈來愈高的頻寬，使網路內容也更加豐富精采，而出現了數位內容產業。

自 2002 年起，大家對電子商務的接受度開始增加，市場規模大幅成長外、國內 C2C 交易的網路拍賣，也因 eBay 及 Yahoo!奇摩的加入，而有長足的進步，拍賣網成交金額、商品數量、和使用人次也呈倍數成長。

對於網站來說，過去注重人氣的概念將會過時，未來必須更注重營利能力及現金規劃。而一些由傳統企業，轉型為網路企業的公司，發展潛力備受關注。經濟部工業局根據該產業之經驗時間及使用技術的成熟度，來判定是否為傳統產業（Brick and Mortar），所以，傳統產業廣義來說，是指非高科技產業；狹義來說，是指石化、紡織、造紙、鋼鐵、汽車等製造業。

1.6.3 電子商務並未泡沫化

2000 年曾發生網路泡沫化，這到底是 dot com（.com）泡沫化或是中場休息，筆者認為那是中場休息。從過去網路泡沫化的發現，引起網際網路泡沫，是那些一度狂熱的消費型商品流網站。

如果把擁有土地、廠房、店面等資產的傳統產業（Brick and Mortar）比喻為「紅磚與灰泥」；而沒有傳統產業支撐的純網路公司（Click no Mortar）是無法成為一座建築物。因此，.com 的發展應該是實體與虛擬的結合「虛實合一」（Click and Brick），亦即兩者要平衡，如此才能提升服務。市場上之純網路公司，就是因為缺乏實體的通路、店面等，所以在從事電子商務交易之後，常會遇到物流與配送的問題。在面對傳統產業逐漸 e 化，紛紛增加線上交易網站，更說明了虛實合一的重要性。

有人把電子商務比喻為「啤酒」，他們認為沒有泡沫的啤酒是不好喝的，問題是當泡沫散去之後，剩下的將會是優質網站。因為未來電子商務一定會越來越普及，商機越來越大，將會由少數優質網站來主導及分享更多的 EC 商機，也可以稱為啤酒效應（Beer Effect）。所以，瞭解電子商務科技的發展趨勢，就會明白電子商務不是泡沫化。

電子商務的爆發力正持續蓄勢待發，科技進展的腳步是永遠不會停止，而只會以更快的速度向前進，故網路絕不會因為一時的蕭條而消失，反而會隨著上網的普及化、無所不在網路（Ubiquitous Networks）與人類生活將會結合的更緊密。

1.7 電子商業

電子商業（Electronic Business, e-B）又稱為產業電子化，其商業模式主要為 B2B，亦包含了少許電子商務，B2C 的商業模式。對企業而言，電子商業可運用電腦和通訊科技的使用，讓企業或組織，改善它的執行水準、效率、服務、品質和增加生產力及獲利率。

透過網際網路，能有效整合企業核心流程（Business Process）、企業應用程式（Business Applications）及組織架構（Organization Structure）、供應鏈管理（Supply Chain Management, SCM）、配銷通路（Distribution Channel）、客戶服務等，進而形成高價值的產業。

根據相關學者之分析研究，一般而言，當電子商業與電子商務一起相提並論時，電子商業會比較著重於 B2B 的層面，而此時，電子商務就比較著重於 B2C 的層面。根據相關文獻研究，電子商業相較於電子商務，電子商業的成長空間及力道及獲利率較優，也預計成為未來的一大趨勢，如圖 1-5 所示，為 E-Business 與 E-Commerce 之架構比較。

圖 1-5　E-Business 與 E-Commerce 之架構比較

1.7.1 個案剖析：以亞洲為重心放眼全球的電子交易市集－阿里巴巴 Alibaba

近年來全球競相開發中國這塊具有潛力的市場，以中國十幾億人口來看，可以預見在不久的將來，中國絕對是發展電子商務的一個主力市場。

所以中國網際網路市場，與整個網際網路的未來發展，絕對是息息相關的，而代表中國 B2B 電子商務網站－阿里巴巴（Alibaba），如圖 1-6 所示，由外國媒體稱為中國互聯網之父的馬雲所創立，他懂得如何利用電腦，在 1999 年投資 80 萬元人民幣，自行創辦了阿里巴巴網站，進入以中、港、台三地為中心，以至全球的電子商務市場。

在不足半年的時間裡，就增值超過 50 倍，而目前也是世界最大的交易市集之一，其網站的定位，即國際貿易的虛擬市場。Alibaba 提供醫藥、化學、農業、民生用品等原物料，及商業服務和工業用品的相關供需資訊，提供全球商業機會訊息。阿里巴巴建構了一個線上訊息平台（例如：供需、產品庫存等），由買賣雙方自動登錄所有的供需訊息，會員們以自由開放的形式，在這個平台上尋找貿易伙伴，自行洽談生意。這是一種在網路上建立的自由貿易市場，與傳統市場不同的是，無地、時、空的障礙，將獲得巨大的商機。Alibaba 的服務主要是提供類似網路黃頁的服務。作外銷的公司登錄公司資訊以及產品資訊，然後作好人性化介面，讓全世界的採購人員可以到這平台，輕鬆地找到需要的產品。

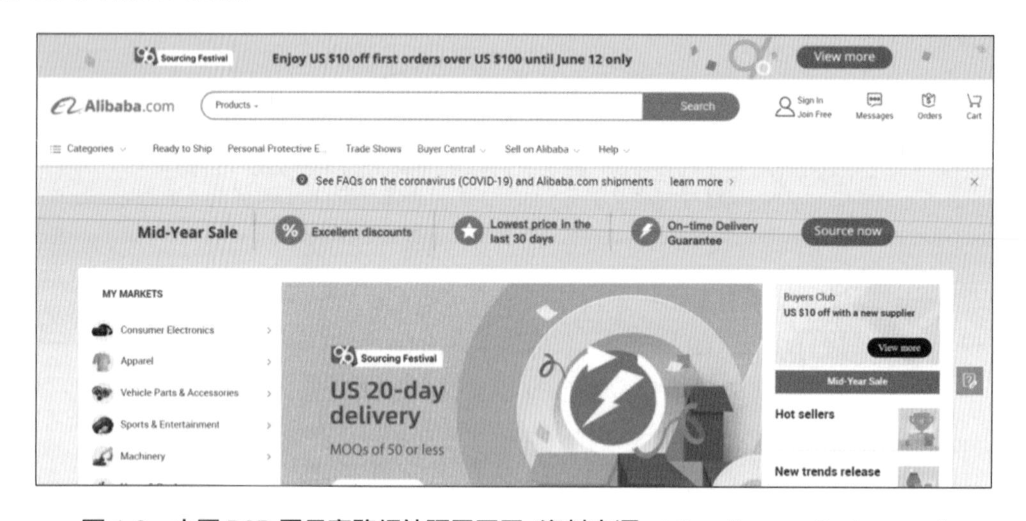

圖 1-6　中國 B2B 電子商務網站阿里巴巴 (資料來源：https://www.alibaba.com/)

1.8 電子商務相關基礎知識－網際網路通訊傳輸

1.8.1 何謂通訊媒介

要想征服電子商務，必需再稍具備些相關軟體、硬體基礎知識。讓我們現在就來了解電子商務之實體傳輸運作。通訊媒介是一種實體連結，使一個地方的電腦連接到另一個地方，達到資訊傳送與接收的目的，因為通訊的範圍往往是遍及全球的，所以通訊媒介的組合可能被混合使用。

通訊媒介（Communication Medium）是讓資料傳輸透過電腦和網路，媒介的型態包括電話線（Telephone Line）、同軸電纜（Coaxial Cable）、微波（Microwave）、人造衛星（Satellite）和固網（Fixed Net）。通訊協定（Protocol）是在電腦間交換資訊時提供法則、程序與協定，使得成千上萬的電腦可以交換訊息。

通訊的應用程式包括語音電子郵件（Voice Mail）、一般電子郵件、電子佈告欄（Electronic Bulletin Board System, BBS）、視訊會議（Video Conferencing）、傳真和遠距通訊（Distance Communication）。

藉由通訊媒介，視訊會議（Video Conferencing）是使用電腦或電視攝影機等可相容的設備，去傳送影片影像和參與者的聲音，能夠透過電話線將文件、圖檔從一地傳送到另一地，這種方式，比起藉由不眠不休的運輸方式，或透過傳統郵寄的方式，都要來的迅速。

在通訊媒介上，電子商務相關運用技術，在企業對顧客的應用上扮演著一個成長的角色，讓企業在網際網路上，行銷與販賣各種不同的產品與服務，使用電子付款系統，使消費者可以在線上購物（Online Shopping），並以電子化的方式轉換應付帳款。

1.8.2 網際網路

- **電腦網路（Computer Network）**：所謂電腦網路，包含藉著通訊媒介連接數台電腦、終端機和其他允許使用者存取程式、資料和資訊的裝置。許多網路都是以主從式架構（Client/Server Model）為基礎的，關於這個模式，是用一台個人電腦稱為客戶端（Client）或工作端，發出需求給另一台可提供資訊服務的主機電腦稱為伺服器（Server），也可能是覆蓋在一個小型的地理區域上的無線網路，例如：一棟大樓，或覆蓋在一個大型的地理區域。
- **區域網路（Local Area Network, LAN）**：是一個私有的通訊網路，這個網路服務的對象，是位於相同的大樓內有需要的公司，這些公司具有區域網路，且都使用了特別型態的電腦，稱為檔案伺服器（File Server），在 LAN 內的電腦，彼此還能相互傳遞資料與訊息。區域網路的主要效益，就是讓原本個別的工作體，連結在一起形成網路，它允許其他的電腦去共享資源，讓資源作最有效的運用，例如：印表機、掃描器等等。只要利用區域網路，則其中一台電腦，也可以使用其他台電腦的掃瞄器或印表機。此外無線區域網路（Wireless Local Area Network, WLAN）已經非常普及。
- **網際網路（Internet）**：網際網路是全球的電腦網路藉由通訊軟體、硬體設備及媒體的連結，以達到資訊共享的目的。今日許多人透過網際網路來進行洽公或工作，學校使用網際網路，可以建造一個大型的電子圖書館，同時醫生也可以透過網際網路來進行遠距醫療（Telemedicine），例如：遠距開刀手術，以搶救重症患者，企業界可以運用網際網路平台，來進行資訊的交換。
- **全球資訊網（World Wide Web, WWW）**：在 1996 年，WWW 就已大量普及，而時下運用最廣泛的，便是由微軟公司 Microsoft Windows 的家族系列產品，搭配 Internet Explorer 瀏覽器產品，到了 1995 至 2016 年間先後 Windows 95 / 98 / Me / 2000 Server / 2000 Professional / XP / 2003 Server / Vista / 2008 Server / Windows 7 / Windows 8 / Windows 10 / Windows 11。產品的推出讓各種品牌之 Browser 更加的成熟。因此，使得全球資訊網 WWW 的規模發展，幾乎取代了網際網路。嚴格說來，網際網路與全球資訊網是不同的物件，但今天，在一般人之觀念中，幾乎以網際網路來取代全球資訊網。

全球資訊網是目前連接全球電腦的超大規模的網路，在網路中它透過圖形使用者介面（Graphical User Interface, GUI）允許使用者，從一個地方到另一個地方，提供使用者去存取資訊、資料庫、圖書館、多媒體等等。也提供一個有效率且廉價的方式，給個人或公司，去建立屬於私人網站。可以進行銷售商品、服務以及其他的商業活動。常見的應用方式包括電子郵件、資訊搜尋、娛樂和家庭購物、客戶服務。此外，政府機關常會架設網站，來提供便民的服務。

全球資訊網是一個以技術為基礎，將資訊組織佈建於網頁上的回取系統，但對所有人而言，在網際網路上，並非所有的位置都是有效的，其中有效的位置被稱之為網站（Web Site）。在全球資訊網中，有效的資訊是以網頁的型態呈現，在網站中的網頁（Web Page），是一個超媒體的檔案。

而所謂超媒體檔案（Hypermedia File），就是指一個含有任意文字、圖表、聲音、影像組合的檔案，而網頁也含有超連結到其他網站和網頁的能力。超連結（Hyperlink）或簡稱連結（Link），通常看到的型態為粗體印刷字、有底線的文字或是一個圖案，當使用滑鼠選取後，便能進入其他的網站或網頁中。

但是在使用某些網路功能時，可能受到限制，例如：有些儲存在企業內部網路的資訊，就會限制用戶必須以密碼通行，因此，網路上並非所有的網站，每個人都可以進入，而每個人皆可進入的位址叫做網址（Web Sites），它也是全球資訊網的一部分，因此，全球資訊網是網際網路的一部分，卻也是成長最快速的一部分。

1.8.3 連結上網的方式與網路提供者的類型

有以下幾種方式連結上網：

- **直接連結上網**：這是最快進入網際網路的方式，電腦必須有 TCP/IP 軟體的裝置，且同時還要透過網路卡與網路主機電腦，連結形成的區域網路（LAN）的一員。許多大學、企業和其他組織都以這種方式連結，像在一些大學或私人企業，所有的使用者可能需要輸入正確的使用者名稱和密碼，甚至鎖定特別之網卡號碼（Mac Address）才能進入網際網路。
- **透過網際網路服務提供者（Internet Service Provider, ISP）**：使用者可以事先向 ISP 業者提出申請，例如：國內有中華電信（Hinet）、遠傳（Far EasTone）、台灣大哥大、等，讓用戶存取許多網際網路的資源，包括電子郵件，使用閘道連接用戶的電腦到網際網路上，如圖 1-7 所示，為台灣大哥大的網站。

通常在與 ISP 業者連接時，會使用電話線路、同軸電纜的方式進行。在電話線路方面，由於近年來通信技術的飛快進步，有了 ADSL/IDSL/XDSL 的流行，這些都是使用上傳、下載非同步的傳輸模式。

圖 1-7 ISP 提供者：台灣大哥大 (資料來源：https://www.taiwanmobile.com/index.html/)

ADSL（Asymmetric Digital Subscriber Line）全名為非對稱數位式用戶線路，它是一種利用傳統電話線採高頻（4KHz 以上）數位壓縮方式，來提供高速網際網路上網服務的調變解調變技術。可擁有高達 100Mbps 的下載速度，惟訊號傳輸的強度會隨著距離而衰減，故用戶所在地需與中華電信機房距離在四公里內。

當使用 ADSL 上網時，電話線路依然可以通話，ADSL 的關鍵觀念在於其上行與下行的頻寬是不對稱的，ADSL 實際連線速度，取決於線路與 ISP 連接速率值。如圖 1-8 所示，使用 Dr. Speed 可測您的連線速度。由該圖中可以了解，下行速率為 32.74 Mbps，上行速率為 13.21 Mbps。

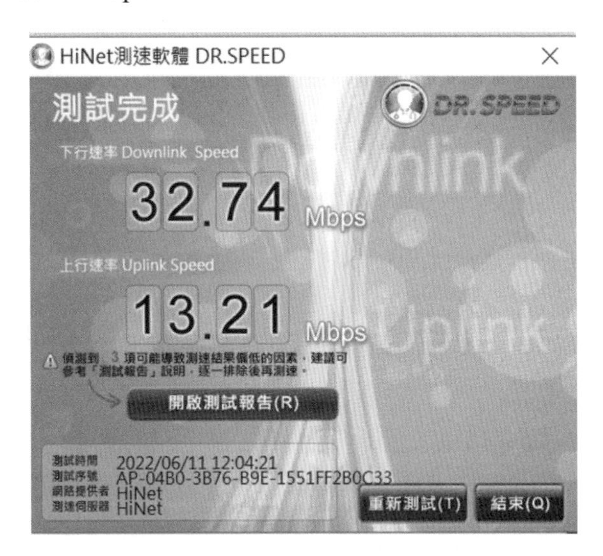

圖 1-8 Dr. Speed 可測您的連線速度 (資料來源：中華電信)

此外，市面上有另一種使用同軸電纜的技術，結合家用第四台的線路與光纖應用，其產品名稱稱為 Cable Modem。那麼各位一定會想到一個問題－ADSL 與 Cable Modem

到底哪一個比較好？當然價格會是讓使用者選擇的重要因素。ADSL 與 Cable Modem 皆為新一代的寬頻上網技術，如圖 1-9 所示，為比較 ADSL 與 Cable Modem 的差異性。

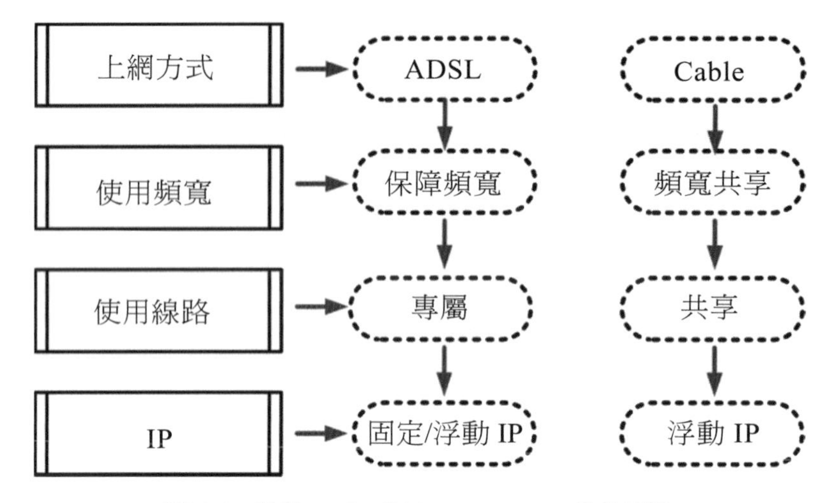

圖 1-9　比較 ADSL 與 Cable Modem 的差異性

其兩者之間最大的差異，是在於架構上的不同。ADSL 利用電話線為傳輸媒介，一戶一線彼此獨立。Cable Modem 則是利用有線電視的銅纜為傳輸媒介，其線路為共用，因此在頻寬上，為所有用戶共同分享此一頻寬。現在單向 Cable Modem 上網需另付電話費，而未來開放雙向就可以免除此費用，但是又因為用戶是直接在 Cable 上傳，當使用者的數量大幅成長時，屆時可能會發生封包碰撞（Packet Collision）的問題。因為所有用戶共享固定頻寬，資源多為共用，故費用較低，較適合一般家庭用戶取代撥接。

由於 Cable Modem 為所有用戶共用頻寬的，非配發固定 IP，系統業者無法做流量管制，所以各用戶端所能獲得的頻寬並不一定，用戶如果能使用較有效率的頻寬分享設備，能使多台電腦上網時，更能搶到較多的頻寬。因此，較不適合企業用戶使用。而使用 ADSL 上網服務不需另付電話費，且使用專屬資源，而且可以使用固定 IP，但費用會較高，對企業來說會是較好的選擇。

雖然 ISP 在近年來，通訊技術的快速發達下，廠商如雨後春筍般冒出，儘管目前 ISP 市場漸有起色，但國際知名的 ISP－英普達，由於過度擴張，結果在網路股泡沫化後，公司連年虧損，難以打平，股票甚至 2 度停止交易，於 2003 年 11 月底宣告倒閉，所以，慎選一個可信賴的 ISP 公司，是企業主的重要考量。但也因為 ISP 的興起，使得網際網路使用的人口大增，無形中開創了巨大的網路商機，隨著上網人口增加，網站上的內容開始變得重要了。

所以，出現了網際網路內容提供者（Internet Content Provider, ICP）。ICP 提供了使用者上網時可以看到的內容（Content），協助公司企業處理網頁內容的設計及網站設備裝置，同時增加網頁的可看性及實用性。進而吸引網友們，能夠重視增加停留在該網站的時間，以達到廣告的效果，如圖 1-10 所示為 Facebook 使用社群的經營理念，在全世界是一個成功 Web 2.0 之運作機制典範。

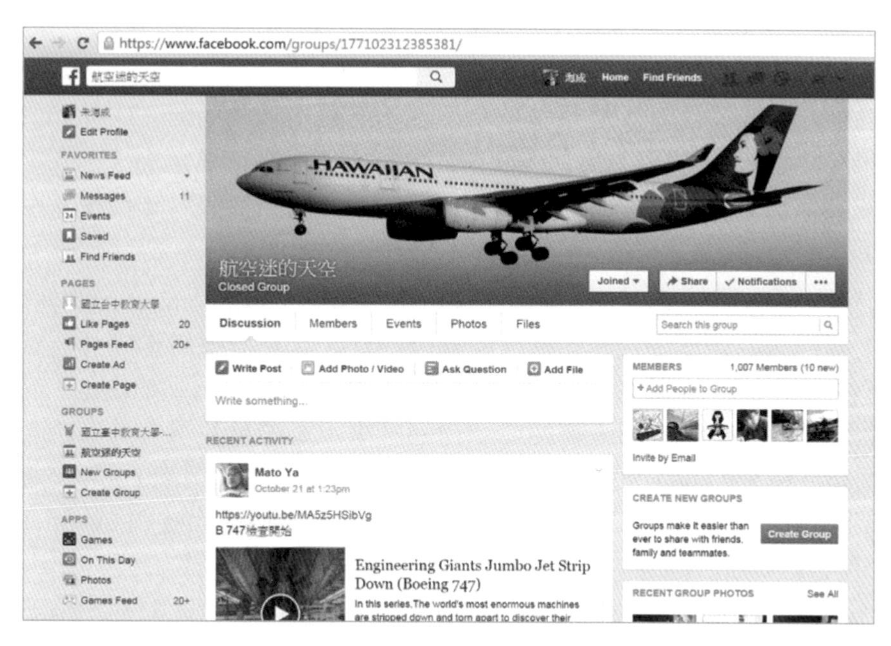

圖 1-10　Facebook 使用社群的經營理念，配合 Web 2.0 之運作機制
(資料來源：http://www.facebook.com)

應用程式服務提供者（Application Services Provider, ASP），ASP 就是一個專門提供「電腦軟硬體」租賃服務的供應商，主要提供客戶完整的套裝方案，採用系統租用方式提供專業的服務，客戶不需建置昂貴的軟硬體設施，大大降低了使用資訊通訊科技的門檻。

至於在企業方面，只要透過 ASP 業者，不用自行開發軟體，也不需要自行購買昂貴的軟體，只要付租金，即可委託軟體公司幫忙代理相關資訊事務，如薪資系統、會計系統等。雖然 ASP 業者對於企業客戶，在執行上仍有一些道德和安全性的考量，但是 ASP 的商業模式正好是可以整合相關軟、硬體及服務的廠商，並以網際網路做為通路，為企業在 e 化上提供一條便利的捷徑，所以「ASP 的重點不在於技術，而是在於創新的商業模式」，即為數位國際提供之 ASP 服務。

對於大、中、小型企業來說，ASP 業者應客戶的需求，提供了各種軟體租賃服務。利用網際網路（Internet）提供客戶所需要的軟體，或直接安裝在客戶的電腦中。軟體使用者不必再花大錢購買軟體、軟體供應商不必擔心盜版的問題。對 ASP 業者來說，ASP 的市場充滿無限商機。因此，ASP 的概念盛行，造成軟體使用者（客戶）、軟體供應商及 ASP 業者，一個三贏的局面，所以「花一點錢便能使用到跟大型企業一樣的軟硬體設備」將是 ASP 最吸引人的地方，但是，慎選一個值得信賴的 ASP 公司，是業主的當務之急。

1.8.4 架設網站

申請網域名稱

網際網路上的電腦都有一組辨識碼，稱為 IP，由於辨識碼的表示方式不便記憶，故以網域名稱的方式代替 IP，這是基於易用性的考量。網域名稱（Domain Name）的組成，例如 www.ntcu（特定名稱）.edu（屬性）.tw（國別或區域別）。在網際網路上的每個網域名稱都是獨一無二的，已經被人註冊的網域名稱便無法再接受申請，所以世上絕無第二家公司。

國際網域是指 xxx.com、xxx.net、xxx.org 的網址，xxx.com.tw 及其他尾隨 tw 網域名稱，則是台灣的網址，台灣的網址與國際網址，除註冊機構不同外，實際使用上並無不同，主要的差異在.tw 的網址較彰顯或強調該網站為台灣當地網站，而非國際網站，所以對一些屬於小型的個人網站或商務網站來說，如果並沒有打算跨國進行全球化，其實登記在台灣的 tw 已經夠用。而且就.com 而言，台灣申請.com.tw 必須要有營業執照，而國際網域.com 則不需要，如圖 1-11 所示，為遠傳大寬頻 Seednet 提供網址申請的入口。

在電子商務來說，網域名稱不只是個網址，也是網路世界的門牌，更可能是一種商標。因此，當企業衍生新商品時，新的網域名稱可能應運而生。

圖 1-11　SeedNet 提供網址申請的入口 (資料來源：http://rs.seed.net.tw/)

所以網站是企業搶佔網路市場，及進行全球化的行銷利器，經營網路品牌更是企業的最佳投資！因此申請國際網域，對國際企業來說，是不可或缺的。此外要注意的一點是，由於網域名稱的申請大多是採取「先申請先登記」原則，如果到了想要發展網站的時候才去申請網域名稱，可能就被有心人士捷足先登了。因此就出現了網路蟑螂（Cyber Squatter），就是搶在企業的前面，先去登記一些好記的網域名稱，再高價賣給該企業，以賺取高額的利潤。

目前有除了.com 外，還推出一些新的國際網域，以.biz(代表 Business 之意，與.com 類型相似，是有鑑於 .com 域名已經爆滿而推出的）為例，已開始接受「智慧財產權聲明，預約註冊、撮合以及正式使用」，種種的措施，有鑑於過去網路蟑螂搶佔網址弊病，來改善且有效推動企業全球化。

常用之上網周邊設備

無線網路由器（Wireless Router），目前很多結合 IEEE 802.11g 無線 AP（Access Point）基地台、4-port 高速乙太網路交換器、防火牆等功能，以高達 108 Mbps（Mega bits per second）的超快速度，提供安全且更長距離的高速 Internet 共享。路由器使用路線表格（一種道路的地圖），從一個路由器到另一個路由器間發送資料，此方式可以幫助封包透過捷徑，快速到達目的地。

圖 1-12　無線網路由器 (資料來源：http://www.pchome.com.tw)

交換器（Switch），其功能是交換器會將接收到的封包暫時儲存後，再由另一個通訊埠（Port）傳遞出去。交換器會將輸入的封包做緩衝儲存，所以也可以當做橋接器（Bridge）或路由器（Router）使用。功能為對數據封包進行轉發，可降低封包碰撞機會，提升網路整體效能，讓使用者感覺每個交換器的網路埠均有 100%的專屬的頻寬。

圖 1-13　交換器 (資料來源：http://images.google.com.tw/imghp？hl=zh-TW&tab=wi)

IP 分享器通常會出現在經費不足以支付多個 IP 的地方，讓你可以多台 PC 來分享一個 IP。例如：中華電信的 ADSL 一次只能讓一部電腦上網，但是若安裝了 IP 分享器，便可以同時多台電腦上網，更可提供簡易的防火牆（Firewall）功能。以個人用戶為例，若今日我們雖然向 ISP 申請了一個網域名稱，但是我們不能用浮動 IP 來架設網站，因為無法用來指定 DNS，但現在有了動態 DNS（指不固定 IP 的主機，隨著 IP 的改變去設定網域名稱與 IP 的對應關係）服務後，我們將可用所申請的網域名稱來架設主機及網站。

每次主機開機後，網域名稱的動態 DNS 伺服器，將會自動去取得，及對應主機當時上線的 IP，將用戶所申請的網域名稱（例如 www.abc.com.tw）自動設定對應到如 210.44.106.3。如此，解決了不固定 IP 無法對應到網域名稱的困擾，並且這對想瀏覽網站的網友來說，並無任何影響，只需輸入申請的網域名稱（如 http://210.44.106.3）即可連結至網站。

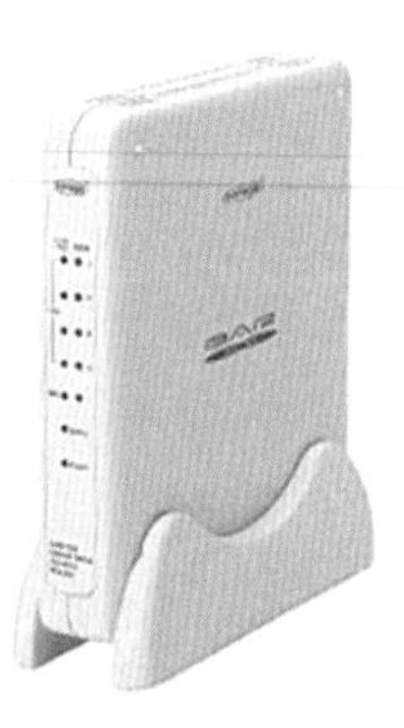

圖 1-14 IP 分享器 (資料來源：http://www.pchome.com.tw)

設計網站內容與編輯網頁

網頁製作軟體：購買各種的網頁製作程式和編輯，來引導如何製作網頁。這些程式提供超文字標記語言指令，也就是創造文件與圖片的設計所必須的指令。其中有些程式庫和樣本，讓使用者更容易地創造網頁。使用網頁製作應用程式可能比較容易，特別是對初次接觸的人而言。網頁設計常用的工具包括 Adobe Dreamweaver，大多數軟體有一些特性，包括剪接技術、圖畫與詳細的描述，亦包含 HTML 編輯，來建立能夠連結到你的網頁中的文字，也可讓使用者插入額外的網頁和文件來連結到其他網站。

聲音是多媒體的一種，它的格式可以是文字、音樂或特別的聲音型態（Midi、MP3、MP4），使用特殊的裝置或軟體，即可將聲音儲存於磁片或光碟中。如圖 1-15 所示，則為專業網頁設計，Adobe 所提供一次到位的所有開發應用軟體。

圖 1-15　專業網頁設計，Adobe 所提供一次到位的所有開發應用軟體
(資料來源：http://www.adobe.com)

網站的設計：網頁程式檔案，通常會存放在網路伺服器當中，當網站開始發展時，必須建立數個網頁，任何人都可以自己規劃、設計，或委託專業人員來設計網頁，進而建立一個網站。有幾個常用的網路語言，例如：超文字標記語言（Hyper Text Markup Language, HTML）、虛擬實境模擬語言（Virtual Reality Modeling Language, VRML）、延伸標記語言（Extensible Markup Language, XML），我們可以使用這些語言建立一個網站，但是要直接使用這些語言是不容易的，因此，如果有預算的話，也可以利用套用程式服務的網站，或請個人工作室還是有建置網站服務的公司幫忙設計。

而網路開店，則是大多數人之夢想，通常都有三種方案可以考慮：

- **租金低廉而功能齊全的套裝式電子商務網站**：只要花一些的租用費，就可立即使用這類的套裝式電子商務網站。不需要開店者負擔頻寬、網頁設計、主機、程式設計和功能維護等費用，可以省下很多建置和維護成本。適合此種方案店家是已經有相關人才，或具備一些基本知識，來從事電子商務這門生意的開店者，而且不打算要求提供者特別修改或增加什麼功能。
- **一套功能齊全的套裝式電子商務網站＋提供廠商的網站人流數量**：如圖 1-16 所示為淘寶全球的購物商城，不僅有網站代工設計服務、線上金流處理服務、宅急便服務等。這類網站同樣不需要您負擔頻寬、主機、程式設計、網頁設計和功能維護等費用，同時還提供他們網站人潮的流量，等同於是在虛擬商圈中租一個便宜店面。其租金大概需要數萬甚至十幾萬，如果有這樣的預算，也具備知道如何獲利的相關技能和知識，那採用此方案，會是你最佳選擇。
- **委外建置一個獨立的電子商務網站**：很多資訊管理顧問有限公司，提供網站規劃、設計、網站行銷、網路系統架構整合、網頁製作的服務。提供這類方案的廠商，多半是純粹的技術公司，跟第一種方案類似，但會為您量身訂做充分迎合你需求的合格網站，不過，結案後就必須由你自行管理網站，包括頻寬、主機、內容更新、客戶服務等一些事情，因此開店者必須具備一些基本的相關知識。

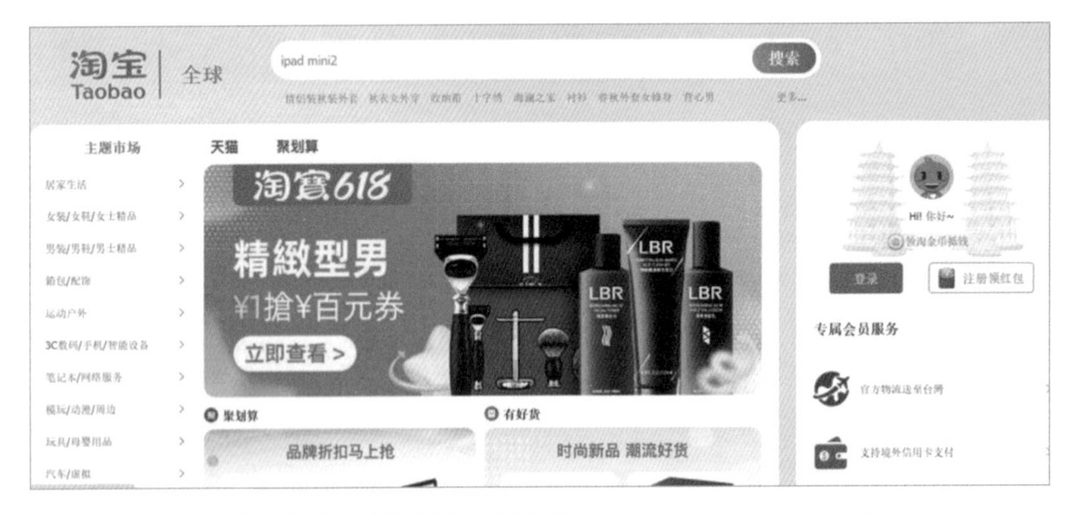

圖 1-16 淘寶全球的購物商城 (資料來源：https://world.taobao.com/)

1.8.5 網際網路與全球資訊網常見的應用工具

搜尋引擎（Search Engine）

在網路上有一種專門協助網路使用者，提供大型資訊寶庫的搜尋引擎軟體工具，提供搜尋網路上的網站或其內容，搜尋引擎是一種詢求問題解答的軟體程式。目前有許多有名的搜尋引擎，如國內比較受歡迎的 Google。Google 是在 1988 年，由兩位史丹佛博士班學生所創立，Google 每天透過一萬多台伺服器，接收從全球各地而來的搜尋指令，在 40 億個網頁間進行索引的工作。Google 雖然頁面簡單但是功能強大，能讓使用者快速地找到最多資訊。

而搜尋引擎對於網路來說，不再只是項副產品，而是策略核心，以 Google 來說，它也許能在使用者搜尋某些字眼時，影響並帶領他們到產品銷售或廣告商的網站，Google 會給那些付了廣告費的網站，較前面的網頁排序。所以在電子商務中，搜尋引擎可以說是居於很重要的戰略位置，將會對網站經營產生很大的影響力。

檔案傳輸協定（File Transfer Protocol, FTP）

FTP 在網際網路上的使用相當普遍，它可在網際網路上從任何一台 Server 取得檔案到另一部 Client 裡，這個過程就叫做下載（Download）。FTP 也可以用來將一些自己的電腦裡的檔案傳送輸出到 Server 裡，這個過程就叫做上傳（Upload）。通常在各大專院校、政府機構、公司行號、組織和個人都有 FTP 位址，而一個 FTP 位址，就是在網際網路上儲存檔案的電腦主機。有些 FTP 位址可以讓任何人進入，也就是說，不需要帳號和密碼就可以進入這些位址，並且任意地上傳、下載檔案；有些 FTP 位址雖然任何人都可進入，但只能夠瀏覽，不能下載檔案；有些 FTP 位址則是不開放的，只允許有取得授權的帳號和密碼的使用者進入檔案伺服器（File Server）。

FTP 是在客戶端操作的，因此，使用者必須先在自己的電腦安裝 FTP 服務軟體才能傳送檔案。現今有許多用 FTP 的工具軟體，例如：Cute ftp、Get Right 軟體。如圖 1-17 為 Cute FTP 的圖形界面軟體，只要使用滑鼠就可以進行操作，十分方便。

此外，也有許多 FTP 位址，維持一個叫做公眾（Public）的目錄。這公眾目錄裡的檔案，是可以讓所有登錄使用者使用的。但是，使用者的不小心，常常會造成組織企業的機密資料外洩，這一點，就是我們所謂的網路資訊安全漏洞，在網路上面有不少駭客，會利用各種不同的網路工具，在網際網路上進行漏洞的掃瞄，在這種情況之下，如果組織企業沒有注意到，就非常有可能將報價單，在網路上公諸於世。

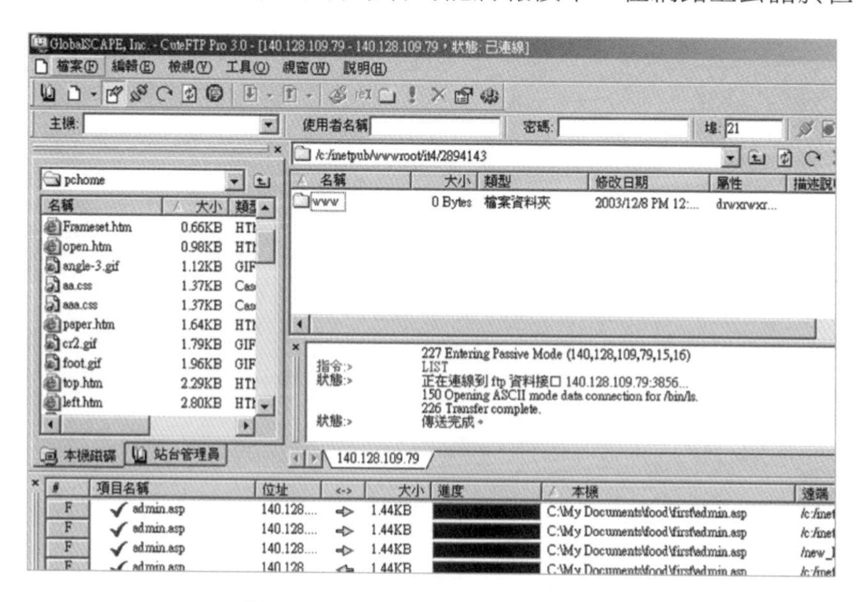

圖 1-17　Cute FTP 的圖形界面軟體

線上購物（Online Shopping）

又稱為電子購物（Electronic Shopping 或 E-shopping），使用電腦、智慧型手機、或平板電腦，進入網站後瀏覽、購買、與付款。當有更多的電子購物者（Electronic Shoppers 或 E-Shoppers），一起聚集在網路上，電子商務在企業與消費者之間，將建立一個新的商業管道，也就是企業對個人（Business to Customer, B2C）之商業模式。

企業、組織和個人同樣的使用無所不在之網路（Ubiquitous Network），去銷售產品和服務，網頁對於零售商品而言，就如一個虛擬店面（Virtual Storefront）。虛擬店面是一種在網際網路上，建立一個公司的專屬網站，如同傳統的店面一樣，使潛在市場上的消費者，可以經由無所不在之網路進入參觀，進而能購買公司的商品或服務。

電子購物中心（Electronic Shopping Mall）：是一個線上購物中心，有許多電子商店，提供多元化的商品和服務，例如：電腦、衣服和運動器材。對於許多線上購物者而言，這些購物中心代表著新的購物方式。搭配智慧化物流，線上購物者能在短時間內，收到商品，省去舟車勞頓之時間。

線上目錄（Online Catalog）

是一個以電子化形式呈現的目錄，對於零售商和消費者的功能一樣，目錄對購物者提供了一個方便的形式，許多零售商已經在全球資訊網上放置了電子型錄，若將電子型錄結合資料庫，可以做到更精確有效的網路行銷，有些還提供 3D 立體聲光效果來展示產品。透過網路，可以購買數萬種的產品和服務。每年從訂機票到買車子，消費者購買了數百萬種的產品和服務，例如：Dell Computer，如圖 1-18 所示，可讓消費者上網直接跟廠商購買電腦產品。此外，小型公司也正開始使用網路，當成一個更有效率、更節省成本的方式，來行銷他們的產品和服務。

圖 1-18　Dell Computer (資料來源：http://www.dell.com.tw)

另外有一種專門的軟體，稱智慧型代理人（Intelligent Agent），可以協助消費者去尋找產品交易價格，或新增商品的相關資訊，這個軟體可以幫助購物者去搜尋網路上較低價格的產品，進行比價的功能。

如圖 1-19 所示，為 Yahoo!奇摩拍賣直播大廳，Yahoo 剛開始只是一個搜尋引擎，但現在卻是入口網站（Web Portal）中的佼佼者，就像大型賣場的大門一樣，入口網站是網路上各式資訊與網站的大門。

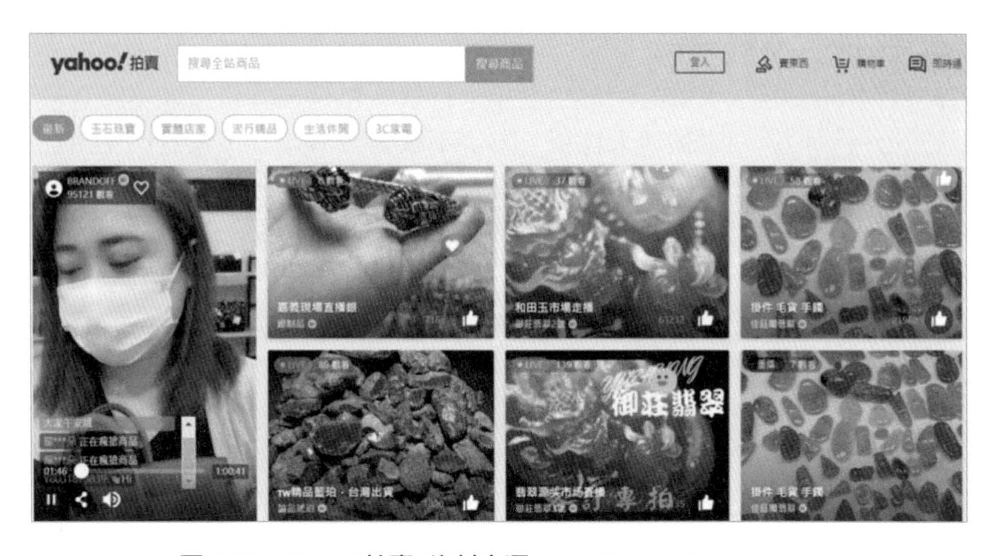

圖 1-19 Yahoo!拍賣 (資料來源：http://www.kimo.com.tw)

線上付款機制

為付款服務提供者（Payment Service Provider），例如：銀行或 ASP 業者，架構一個較完善可靠的金流基礎建設，提供 B2C 網路安全付款服務或 B2B 線上金流服務，使用者可以選擇適當的付款方式，隨時透過具有安全保密的網路付款機制，完成電子商務的支付作業。經由公開金鑰（Public Key）之非對稱式安全機制，確保交易雙方之隱密性及交易不可否認性。

現在比較常見到的是信用卡線上付款機制，信用卡線上付款機制是利用網路店家與收單銀行（Payment Gateway）簽約的請款機制，透過店家網站的信用卡線上付款系統，與收單銀行主機連線，對消費客戶的信用卡結帳請款。但現在大部分的網路店家幾乎都會接受 VISA、Master、JCB、聯合信用卡，這四種信用卡。

除了信用卡之外，運用在線上付款方式，還有使用電子錢包、網路簽帳卡等付款方式，而對線上付款機制來說，最重要的莫過於電子交易安全機制，此又分為兩種：

- **安全電子資料傳輸協定（Secure Socket Layer, SSL）**：由 Netscape 公司於 1994 年 10 月提出，普遍應用於網站與瀏覽器的通訊加密安全機制，可保護帳號、密碼、交易資料等機密資料傳輸之安全性。當客戶使用 SSL 進行 e 銀行交易時，不需要申請電子憑證，只需輸入 e 銀行用戶代碼 ID 及密碼，即可進行交易，操作方便。
- **電子安全交易規則（Secure Electronic Transactions, SET）**：應網路電子交易安全的要求，相關業者不斷地提出方案，為了達到交易安全及符合市場的經濟效益成本考量，繼 SSL 之後，一些世界性的發卡認證組織如 VISA、MasterCard，及國際資訊電腦公司如 IBM、Netscape、Microsoft、GTE 等，共同制定了電子安全交易（SET）規格。它是一個用來保護在任何網路上，付款交易的開放規格，透過加密（Encryption）技術，以保護任何開放型網路上個人和金融資訊的隱密性。

網路付款的安全機制是仍需要加強的，除了技術層面上以外，就是要讓使用者能夠信任線上付款的安全。消費者可以用信用卡付款。但是，許多人並不願意洩漏信用卡的資料，因為深怕信用卡被他人盜用。為了不讓消費者擔心，業者們使用加密系統（Encryption System）來提高這些資料的安全度。加密系統是在連結的一端，攪亂或編碼消費者信用卡號碼，再以編碼後的格式傳送，然後在接受的一端解碼，回復成原本的資料。

以近期發展來看，技術上的改良將著重在電子付款系統上，智慧卡（IC 卡）將被更廣泛地使用。智慧卡的技術就是現在所要研究的目標，當技術持續被改善時，使用智慧卡的人也將會持續增加，現今可以在電腦上使用智慧卡進行線上付款，有了較可靠的金流，可以預期利用電子化應付帳款的形式將會出現，消費者願意上網購買的意願會提升，即可促進線上的購買力。而製造商對於線上經營的模式，會渴望去發展新的系統，使購買產品與服務的線上付款行為，更加簡單化。

1.8.6 網站的類型

每一種學術機構、企業、組織、政府部門以及經銷商等都會在數以億計的網路中，擁有一個或更多個的網站伺服器（Web Server），每一個經過授權的人，都可以在這些伺服器上儲存或張貼自己的網頁。例如：在學校裡允許學生們在學校的網路伺服器上，創作及儲存他們的網頁。

- **個人網站（Personal Sites）**：個人網站的可能是為了以私人身分為代表的理由而建立，其特色為在 Domain Name 中含有.idv。有一些人純粹是因為精通全球資訊網而去建構，而某些則是想要用花費較少，又可運用較高的科技方式，來和大多數觀眾群表達自己的觀點，或討論一些特殊的事情。例如：為了是想利用網路便捷來販賣東西；有的則是為了自己的目標或某些任務來製作網站；選舉時有些候選人會設立自己的網站，提供自己的政見在網路上提供網友參考。個人網站的架設只要簡單的硬體設備，包括個人電腦，許多較新型的電腦都配備了架設網站所需要的軟體，在網頁製作完成後，他們會在將網頁送上網路前，先在任何一種電腦上做測試。
- **公司網站（Company Sites）**：公司網站其創設的目的，就是為了公司的產品及為了服務顧客，並且期望能吸引更多新的消費族群，目前已有數以萬計的企業擁有自己的網站。事實上，每個星期都有成千上萬個企業，創立新的網站。幾乎所有的大型公司都投入架設公司網站的行列中，在這些公司網站裡，有些可以直接在他們的網站上填寫電子表單，來購買產品以及獲得某些服務；其他的公司網站，主要是要吸引參觀者注意他們公司的產品及服務；有些則是利用他們的網站發表他們公司的新產品，以吸引消費者的注意；有的則是因為網站基本上是可利用較廉價方式，即可廣泛促銷的銷售模式。無論是那種目的，許多公司都已經成功的享受到網站好處，其特色為在 Domain Name 中含有.com。

對於上網參觀者而言，由於網站上是無法得知此公司規模是大或小，也就是說當拜訪一個網站時，是無法計算這個公司的規模的。在全球資訊網上，一個小公司所架設的網站類型可能可與大型公司所架設的網站相比擬，這有助於不同規模的企業可以藉此公平的競爭。對許多小型企業贏家來講，這是個重要的契機。然而，它也對想要向不知名的公司購買產品或獲得服務的消費者而言，反會造成了許多的危機，縱使有這些危險，仍有許多不同規模的公司，在這個被稱做全球資訊網的革命性商業環境中成長茁壯。

- **組織型網站（Organization Sites）**：如圖 1-20 為台中世界貿易中心網站。這些網站設立的主要目標，是要告訴大眾關於它們組織的內容及組織所提供的服務，其特色為在 Domain Name 中含有.org。

圖 1-20　台中世界貿易中心網站 (資料來源：http://www.wtctxg.org.tw)

- **政府網站（Government Sites）**：是由政府單位所架設而成的，如圖 1-21 為經濟部國貿局的網站，主要提供許多相關金融貿易的資訊與服務，現在有數百個政府網站充斥在全球資訊網上，並且每個星期都有新增的政府網站出現。每個政府網站都有其架設之訴求，而不同的網站，它的內容亦有很大的差異性。例如：行政院衛生署網站除了會張貼最新醫藥的最新狀況，給有興趣者參觀研究，另外也會張貼一些有害健康的警告標語，在網站上有提供宣導的作用，其特色為在 Domain Name 中含有.gov。

圖 1-21 經濟部國貿局的網站 (資料來源：http://www.trade.gov.tw/)

1.8.7 網站內容的更新維護

常建立完成一個網站後，其網頁內容的更新與維護，會決定這一個網站的成敗，網頁的資訊必須有趣的、正確與即時的。若網站資料無法提供且滿足網友的需求，網友一旦發現資料更新速度過慢，或資料過於老舊，將無興趣再返回到這個網站。因此，要建立一個成功的知名網站，要能夠儘可能維護及更新內容，讓網友會再返回這個網站，閱讀新穎與刺激的資訊。

組織企業和政府部門及機構，都會週期性地更新他們的網站。公司的網頁內容會介紹新的產品和服務，組織會儘可能地改善他們的服務，政府部門和機構登出新的服務及機會的公告。對於一些公司、組織和政府機構，人力需求幾乎天天發生，全球資訊網提供機會來補足職缺，如圖 1-22 為 1111 人力銀行的網站。

適當的維護將吸引上網者再次拜訪自己的網站，目標將是吸引參觀者到自己的網站和網頁，提供他們有用的資訊，和鼓勵他們頻繁地返回到網站。假如能完成目標，網友將可能會推薦這個網站和網頁給他人。

圖 1-22 1111 人力銀行網站 (資料來源：https://www.1111.com.tw/)

1.9 Web 2.0 之基本概念

自電子商務的產業模式角度出發，在現今電子商務運作環境下，Web 2.0 的觀念已經被普及傳遞，以致於許多電子商務公司已經將 Web 2.0 這個名詞，加入到他們的行銷策略中。談到 Web 2.0，我們一定會聯想到 Web 1.0。而這兩者之間的關係又是什麼呢？簡單來說，Web 1.0 約肇始在 1996 年左右，也就是當網際網路使用普及化之時，自那時開始，網站之內容服務提供者，將想要在網頁上呈現的文字、圖片、數據，先存儲在資料儲存區（Data Deposit）中，再透過 Web 伺服器（Server）端的程式，來回應客戶（Client）端的請求，取出資料儲存區之內容，再使用網頁編輯器（例如：Adobe 的 Dreamweaver），將事先設計的模板（Template），藉由動態產成的 Html 語言，透過用戶端的瀏覽器，將結果呈現在使用者眼前。而此種運作模式，相信很多讀者並不陌生。

但值得一提的是，大部份的使用者，是在 Web 1.0 的環境下，單一方向接收該網站所提供的資訊，如果該網站的內容需要更新時，基本上，要仰賴系統管理者，透過網頁編輯器，或者是先設計好的後台程式（Backend Program），才可修改網站之內容。在這種環境下，網站內容的更新重擔，就加諸在系統管理者的身上，而在電子商務一日數變的環境中，非常容易喪失競爭優勢，因為 Web 2.0 的網站，幾乎可以完全克服以上的問題。如圖 1-23 所示，即為 Web 1.0 網站的運作機制。

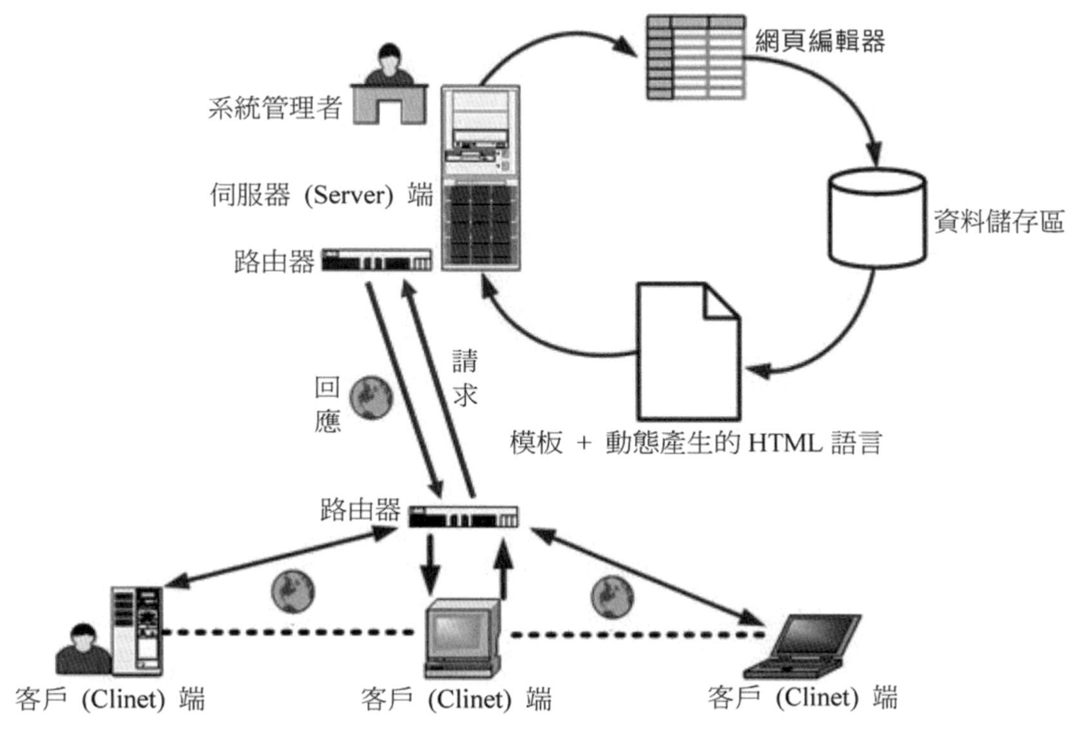

圖 1-23　Web 1.0 網站的運作機制

在 Web 1.0 的環境下，網站管理員利用網頁編輯器，將資訊匯整在網頁上，透過網際網路服務提供者（Internet Service Provider, ISP）線路，提供上網者瀏覽其資訊。網站管理員必需要熟悉網頁編輯器之使用，也必需要了解複雜的 HTML 語法、JavaScript 語法，因此，網頁內容更新速度較慢。

而 Web 2.0 之興起與受到青睞，大約在 2003 年左右，Web 2.0 與之前的 Web 1.0 相比，Web 2.0 有去中心化的意涵，也就是說，網頁內容之更新速度，不會受限在網站管理員，如此一來，就突破 Web 1.0 的限制，可以讓社群中網友集體參與網站內容之更新，進一步結合集體智慧，讓網站藉集體貢獻，一日千里般地進步，以電子商務之商業角度切入，不難發現，其爭優勢將遠大於純 Web 1.0 所構建之網站，Web 2.0 網站之內容，自以往的企業主導，逐漸轉型為由社群中網友來貢獻，去中心化之趨勢更加明顯。

以下讓我們舉出幾個經典的 Web 2.0 網站，供讀者來體會他的精神。例如：維基百科（Wikipedia, http://wikipedia.org/）是一個免費的網路百科全書，並且是一個全球的協作計劃，世界各地的任何人都可以編輯維基百科中的任何文章，讓維基百科更加完整。維基百科，約開始於 2001 年 1 月，創始人是 Jimmy Wales 和 Larry Sanger，再加上幾位熱情的參與者。大約 3 年後，也就是 2004 年的 3 月，就約有 6000 名的持續參與者，並編輯了約 50 種語言、600,000 篇文章。而至今，每天都有來自世界各地的參與者，不斷地進行編輯和創建新的內容。中文維基百科，正式開始於 2002 年 10 月。如圖 1-24 所示，即為 Wikipedia 之網站。

圖 1-24　Wikipedia 之網站 (資料來源：http://www.wikipedia.org/)

批踢踢實業坊也藉由網友的集體智慧，互相透過該網站平台，解決每個人可能遭遇的小問題，達到網路共享之精神，如圖 1-25 所示即為批踢踢實業坊之網站。

批踢踢實業坊

熱門看板　分類看板

看板	人氣	類別	標題
Gossiping		綜合	◎[八卦]板主徵選報名即將截止囉！
C_Chat	4068	閒談	◎[希洽] 時崎狂三生日快樂!
NBA	3939	NBA.	◎[NBA] 6/14 總冠軍賽 Game 5
Stock	2292	學術	◎[股票] 下半年的展望 徵文開始
Baseball	2202	棒球	◎[棒球] Baseball is life
Lifeismoney	1316	省錢	◎[省錢] 省錢板 發文要有省錢點
HatePolitics	965	Hate	◎[政黑]發文前請先詳閱板規!
movie	932	綜合	◎[電影] 請注意 防雷/分類/電影點
LoL	896	遊戲	◎[LoL] 涉賭能轉後動甚至可能上場
car	771	車車	◎[汽車] 大家要注意板規1-8喔
basketballTW	733	籃球	◎[台籃] 季後賽
KoreaStar	627	韓國	◎[韓星] 請多多善用韓樂韓綜韓劇版
sex	579	男女	◎[西斯] 快餐式的做愛
home-sale	555	房屋	◎[房屋] 禁無關看板新聞/租賃廣告

圖 1-25　批踢踢實業坊之網站 (資料來源：https://www.ptt.cc/bbs/hotboards.html)

不難發現，在 Web 2.0 環境下，社群中的使用者，同時也可以創造與提升網站內容之價值，加上有些社群採用開放式的 P2P（Peer To Peer）環境，在此種平台下，就明顯地有別於 Web 1.0 環境的單一資訊流方向，而在 Web 2.0 環境中，更可以落實網路的原始精神，也就是資訊交流，而不再是資訊交易。Web 2.0 是資訊創新與擴散交流的平台新趨勢，使用者可將自己的想法，直接在該網站上和其他使用者交流。在 Web 2.0 環境下，所有資訊將因此而更快速地匯集到網路平台上，而該網路平台，就成為該社群意見的交流中心。

自另一角度來切入，在 Web 1.0 時代中，有大者恆大的電子商務產業定律，因為跨入門檻有一定之限制，但在 Web 2.0 時代中，產業規模不見得需在創業時求大，反而是找出最適合自己企業的生存之道，成為 Web 2.0 中的里程碑。也正因如此，電子商務個人創業，將更為普遍，因為 Web 2.0 強調的是社群中的集體智慧貢獻。

讓我們再來看看國內有哪些知名的 Web 2.0 網站，如圖 1-26 為高爾夫球社群人士喜好的高飛網，社群網友可以透過簡單的操作介面，將自己的文章、圖片，上傳到該網站的資料庫，而可以輕鬆地和網友分享心得。

圖 1-26　高飛網 (資料來源：http://golfly.com.tw/)

簡而言之，Web 1.0 之運作機制與精髓是以網頁編輯器，搭配所產生之 HTML 網頁，提供使用者下載與閱覽，而 Web 2.0 之運作機制與精髓則是以程式碼，方便使用者上載與分享資料。Web 2.0 是一個概念，強調分享、互動，並且以使用者為主導中心的網路服務，如社交網站 Facebook（http://www.facebook.com）是由美國哈佛大學商學院，一位休學的大學生－祖克柏，所創辦的國際知名人脈網站。另一個 Web 2.0 的成功案例則為 YouTube（http://www.youtube.com），參與的人數愈多，網站內容愈為豐富，這些都是以使用者為主體中心，達成 Web 2.0 的新商業模式。

如今的 Facebook 已在 2021 年 10 月改名為 Meta。Web 2.0 電子商務，在政府方面之推動，可謂不遺餘力，經濟部技術處在 2007 年舉辦「Web 2.0 創新服務點子大募集」活動，大量募集 Web 2.0 電子商務創意服務之提案，並提供相關之教育訓練，再由優良創意提案當中，考慮有些提案，由政府出資並協助嘗試營運，或者與相關之創投業者合作，以提升 Web 2.0 電子商務之產業願景，其目地就在於希望藉由此活動，激勵 Web 2.0 電子商務創新合作，以期帶動國內 Web 2.0 電子商務環境，進而孕育更多青年創業家。官方的活動承辦人指出，包括美國的 Facebook、YouTube 等創業案例，都顯示 Web 2.0 電子商務成長力道強大、並且在切入門檻上可以小搏大。無名小站，在草創時期是由幾位交大學生集合智慧，然後快速成長並商業化，最後被 Yahoo!奇摩高價併購。因此，政府也希望藉由 Web 2.0 電子商務產業的高成長潛力，以期能在最短時間內，提升台灣 Web 2.0 電子商務產業之競爭優勢。

1.10 Web 1.0～Web 3.0

現今網際網路使用日趨普及，不論是工作、學習或是各種生活活動等，都和網際網路息息相關。網際網路時代已經是不可逆轉的潮流，甚至還繼續不斷的改變世界。在此，我們從網際網路的基礎發展，Web 1.0、Web 2.0、Web 3.0，來探討網際網路的演變。

1.10.1 Web 1.0 的興起

在 1957 年，蘇聯發射了人類第一枚人造衛星飛越美國上空，對美國造成非常大的震撼，美國國防部立刻成立了「先進研究計畫署」（ARPA，於 1972 年改名為 DARPA）。在 1969 年，進行封包交換網路的計劃，因此而發展出 ARPANET（Advanced Research Projects Agency NETwork）。1979 年美國國家科學基金會（National Science Foundation，NSF）也開始參與網路技術研究，到了 1980 年發展出 TCP/IP 通訊協定，奠定了後來網際網路的基礎，1985 年，WWW 概念就此出現。

1.10.2 Web 1.0 蓬勃發展時期

直到 1990 年，www 的技術出現於網際網路上，提供了一個多元化資料傳播方式，也使的電子商務發展更加快速。使的許多的網際網路紛紛成立，例如：1995 年成立的 Yahoo! 與 eBay、1998 年成立的 Google、1999 年成立的阿里巴巴等。

1999 年，Intel 董事長葛洛夫宣稱「五年後，是市場上將沒有所謂的網路公司，因為所有存活的公司都是網路公司」，此時期為電子商務發展最為快速時期，許多投資者（包含沒有實體店面做後盾，只要有稍具網路經營點子的投資者）紛紛集資，投入市場。電子商務提供企業較便宜且快速的行銷手法及交易方式，而創造出更多的商業機會。

Web 1.0 為第一代網際網路，指的是早期的 internet。所有網路主機及資料都是由網站提供，提供給大眾查尋、閱覽資料，例如：奇摩新聞，網站及新聞內容是由奇摩（kimo）提供的，使用者無法輸入或修改內容資料。Netscape 於 1994 年，研發出第一款大規模商用瀏覽器，Yahoo!推出了網際網路網頁。而在 Web 1.0 時代中，知識或是資料的傳遞上，是單向而階層式，網路使用者只能單純的搜尋、閱讀資訊，無法發表意見，無法給予任何回饋，或者進行任何之互動。

1.10.3 Web 1.0 網路泡沫化時期

隨著網際網路蓬勃發展，許多企業家紛紛投入網際網路之中，直到 2000 年，網路科技股爆發股價嚴重下跌，在加上許多投資者預期短期內仍然無法獲利，因此，紛紛將資金抽走，引發了連鎖骨牌效應，造成了網路泡沫化的危機。

雖然受到網路泡沫化的影響，但電子商務仍然以穩定的速度發展。於 2000 年到 2001 年發展了 P2P（Peer to Peer）分享軟體，同時期還有維基百科的成立。2003 年，才有 Firefox 與 Skype 的應用；2004 年，Facebook 與 Gmail 等產品也陸續加入市場。這些應用軟體與產品也改變了人們的使用習慣。此階段，使用這可以藉由 P to P 分享軟體，便利的分享、下載所需的資訊，造成網路上免費資源越來越盛行，但也因此導致智慧財產權的法律糾紛，不斷在世界名地發生。

1.10.4 Web 2.0 的興起

Web 2.0 的概念是由 Tim O'Reilly，於 2006 年提出網路應該被當作一個平台，讓使用者可以透過此平台分享資料、知識、服務。Web 2.0 指的是網網站由公司之伺服器提供，但資料則由使用者輸入。例如：奇摩知識家、維基百科網站、部落格，無名影音網站等。在 Ovum 的報告中指出，造成 Web 2.0 風潮的三個原因如下：

1. 高滲透率的網際網路
2. 個人化數位內容的創造設備，變得越來越方便
3. 網際網路上擷取與分享工具，越來越普及

1.10.5 Web 1.0 與 Web 2.0 的比較

Web 1.0 時期時，資料內容主控權在網站管理員或網站提供者手上。所有的網站內容與相關資料，皆為網站管理者提供，使用者只能搜尋、閱讀資訊，無法提供意見，基本上，網站內容的呈現方式皆以靜態的方式呈現。網路泡沫化後，由 Web1.0 逐漸演進成為 Web 2.0，所有網路使用者皆為資訊的提供者，不再是以往傳統的單一閱讀者。Web 2.0 強調的是開放的架構，網友可提供資訊、知識，或是設計之圖片、照片或影片等，使的網頁成為互動式（Interactive），而非單向提供資訊。而網路呈現也成為動態方式，如圖 1-27 所示，為 Web 1.0 與 Web 2.0 之比較。

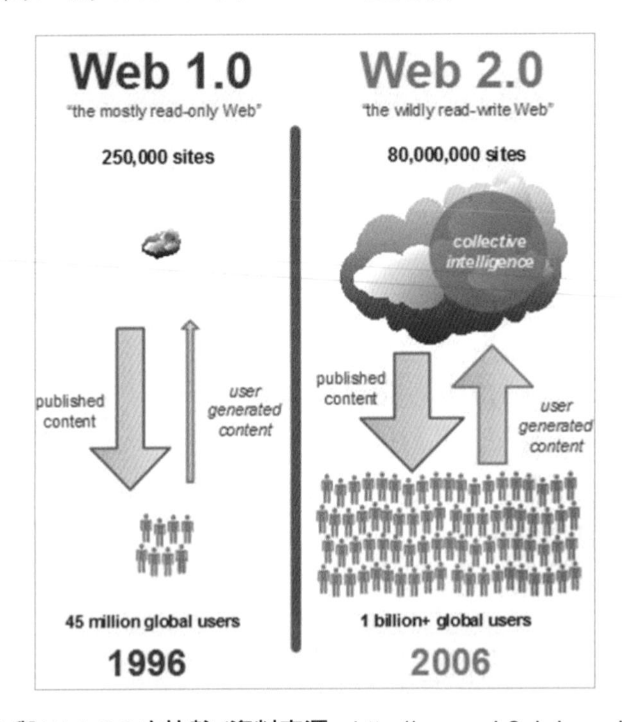

圖 1-27 Web 1.0 與 Web 2.0 之比較 (資料來源：http:// exoweb2ebd.wordpress.com/about/)

1.10.6 Web 3.0 的興起

到了此時期，網路已發展到共同分享資源的環境，而部分的網路企業開始以服務為導向，紛紛於網路上提供常用的線上文書軟體、免費軟體下載等，吸引更多的使用者加入。Google 更是提出雲端運算（Cloud Computing），提供電腦軟體服務，讓分散於不同地點的電腦，虛擬為單一電腦運作。

Web 3.0，除了網站和資料都是由使用者提供的，而搜尋網站則結合更強的人工智慧（Artificial Intelligence, AI），把分散在世界各地網站上面的相關消息，進行搜尋，進而索引出來。而於 New York Times 提及，新的 Web 3.0 興起，未來除了現今的科技支援之外，應該導入所謂語言分析、語意網路（Semantic Web）的軟體分析技術。使用者於網路上發出問題時，Web 3.0 的技術可分析問題，然後在廣大的網路上，尋找出較好的答案與建議。換言之，Web 3.0 結合了強大的人工智慧，如圖 1-28 所示，為 Web 1.0、Web 2.0 與 Web 3.0 之比較。

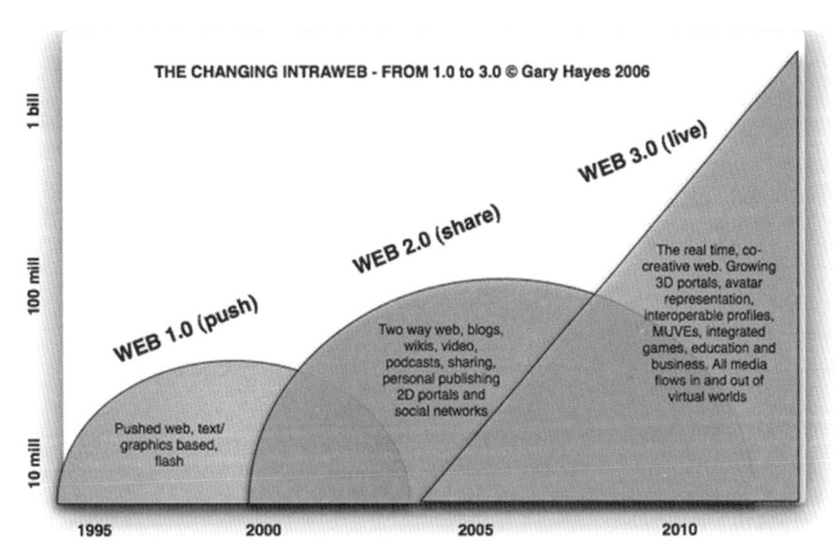

圖 1-28 web 1.0 到 web 3.0 的發展 (資料來源：
http://socialwhisper.wordpress.com/2009/02/10/will-the-internet-eventually-control-us/)

1.11 社群網站與微型部落格之興起

社群網站（Community Website）為 Web 2.0 的重要代表，精神在於集合眾人的智慧，彙整於網路上，充分達到資源共享的目的。網友在網路上提供知識、訊息，並且進行討論，以發展人際關係的網路，則虛擬社群因而形成。具有共同興趣或需求的一群使用者，透過網路連結與溝通，因此而形成社群網站。

而部落格（Blog）是一個可以讓網友發表文章、日記，甚至上傳照片或影音檔的平台，是一種由網友分享自我的網路社群活動。從獨立專有的網址、發表文章、好友分享、傳閱串連、意見回饋與好友互動等等，完全包括在一個雲端運算的平台（Platform）上。在部落格的平台上，個人可發表文章，其他網友只可留言，但不可竄改，或是製作內容。

1.11.1 Plurk

在 Plurk（噗浪）上面進行活動的人，我們稱之為「噗浪客」；而瀏覽朋友訊息的行為，稱之「追浪」；在 Plurk 上的網友，稱為「噗友」。所有訊息都展示在網站中間的那條時間軸。Plurk 最特別的是卡碼值（Karma）的應用，它會依照發文、上網的次數與交友情形而改變，而 Plurk 當中的各項進階功能，都需要數值到達一定的程度才可使用，就像現今最熱門的線上遊戲一樣，需要擁有經驗值，才可以使用更多的功能。因此，也吸引了更多的噗浪客來使用。Plurk 也擁有搜尋功能，可藉由關鍵字，搜尋其他噗友的相關文章。Plurk 的語言版本，不再是站主提供的，而是由志願者貢獻的。Plurk

提供了許多多樣化的主題，使用者也可以使用 CSS 來製作自己個人特色的頁面，如圖 1-29 所示為 Plurk 的頁面。

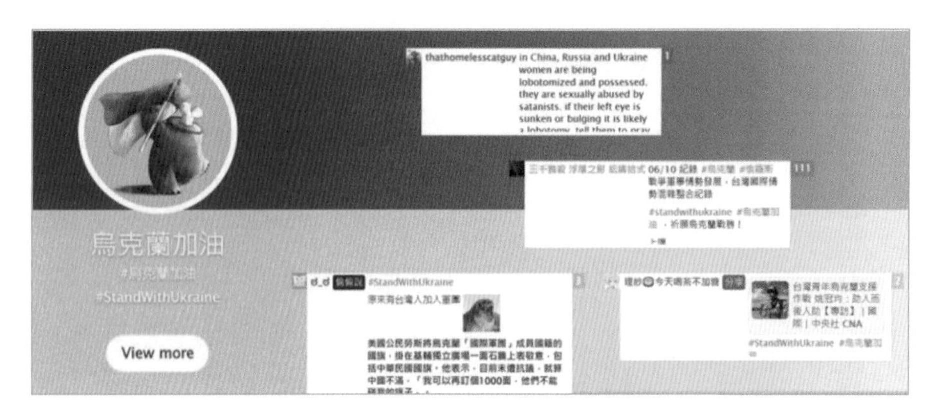

圖 1-29　Plurk 之頁面 (資料來源：https://www.plurk.com/portal/)

1.11.2 Twitter

Twitter 是一個免費的社交網路與微型部落格服務。使用者可以經由 SMS、即時通訊、電子郵件等許多管道去更新資訊。網友可以在 Twitter 紀錄下生活瑣碎的事情，當作在寫短篇日記，或是展現自己的特色，也可以從網誌上得知朋友的動向。Twitter 就像一個龐大的訊息聚集地點，它的資訊都是來自世界各地，如圖 1-30 所示為 Twitter 的頁面。

圖 1-30　Twitter 之頁面 (資料來源：https://twitter.com/)

1.11.3 Facebook（Meta）

全球知名的 Facebook，是一個典型之社交網路平台。在 2004 年，由哈佛大學學生創辦，並在全世界火熱地成長。Facebook 這個網站平台上有各式各樣的 Facebook 應用程式，例如：心理測驗、小遊戲、外掛程式等等。在玩心理測驗的時候，測驗的結果會讓自己的好友們看到，也可以邀請大家來測驗，同時也可以看到好友們的測驗結果。2021 年 10 月 28 日由祖克柏宣布改名為 Meta，元宇宙議題隨即在全球擴散。

1.12 行動商務（Mobile Commerce）

行動商務即是使用者以行動化的終端裝置透過行動通訊網路來進行商業交易活動。較狹義的定義為透過行動化網路所進行的一種具有貨幣價值的交易。在行動科技快速的發展下，許多行動商務的型態轉變，傳統圍繞在企業本身的商務活動，已逐漸轉變為以消費者為主角，並脫離了必須連上網際網路來進行交易活動的限制，已為行動商務領域帶來許多創新的應用。

在行動繳費方面提供民眾及國內金融機構更便捷的服務，除了行動轉帳，行動服務在應用上可以強化交易夥伴間彼此的緊密合作關係，不論中心廠與其供應商、代工廠或經銷商，上下游間流程予以電子行動化，將可減少許多傳統作業流程，大幅降低企業經營成本，因此國內金融機構涵蓋金流服務的行動供應鏈，提供企業與金融機構之間進行付款、轉帳、資金調撥及其相關 M 化服務，將有效提升整體運作效率，穩固金融機構與企業間的關係，用以支援我國經濟發展。客戶支付行為的電子化與行動化是不可避免的趨勢，藉由雲端服務的便捷模式，行動商務已廣泛地應用到高鐵、加油站、停車場、賣場、超市、餐飲、育樂等領域，因應支付工具的多樣性，不論交通票證的小額支付到購買機票、行動購物的遠端支付，交易行為從實體走向虛擬、從網路走向行動，最終走向虛實創新的雲端服務，為人們的生活邁向行動商務的大未來。

1.13 雲端運算（Cloud Computing）

近年來，雲端運算的盛行，成為各大企業的重要商機運用，許多企業運用雲端運算，降低設備成本，提供更快速的運作，對顧客也提供了更進一步的服務。雲端計算最根本的原則就是所有資訊服務，都可透過無所不在的網路來達成。雲端運算是以網際網路為基礎架構，把電腦系統連結成大型的資源庫，提供網際網路的服務。透過網際網路將資源集中在伺服器或網際網路資料中心（Internet Data Center, IDC）來管理，減少使用者的負擔。企業可僅購買資訊服務、不必直接購置軟體，可在無須負擔管理或升級軟體的麻煩和支出下，享受到最新的軟體產品。在網際網路上使用應用程式軟體，也不會受到遠端或近端電腦的限制。雲端運算相關業者，也可依照使用者需求，提供用戶極致的運算規模與快速的存取，進而協助使用者降低總擁有成本（Total Cost Ownership, TCO）。

雲端運算應用案例也愈來愈普及，例如：美國會計師在報稅時，資料庫是存於美國資料中心內，提供企業執行報稅細節。其他公司只需透過網際網路，即可取得所需的相關資料，但是利用虛擬私有網路（Virtual Private Network, VPN）或防火牆設定權限來管控，無法將全部的資料下載至個人電腦內。舉例來說，在昔日，IC 設計工程師團隊必須購買工作站與模擬軟體，來完成開發設的工作，而硬體或軟體則必須花費相當之維護費用，且隨時更新。因此，模擬軟體公司提供雲端運算之服務，客戶可以將設計資料經網路上傳至軟體公司，IC 設計工程師團隊於網路上完成工作後，客戶端可以將結果下載，即時審閱。

網際網路已成為人們交換、提供與使用資訊的平台，世界各地的使用者提供網路內容更新與新資訊，如同維基百科、Facebook 和 YouTube。社群網路、影音串流及各式協作工具，正在企業內部網路內蓬勃成長。許多企業也透過網路應用程式，在企業內部使用雲端運算平台，讓員工提供資訊、意見與想法。

Web 2.0 的互動和即時溝通技術，為雲端運算提供極大的助力，讓它能運用企業現有的架構，在短短幾分之一秒內處理龐大資訊，滿足執行網際網路應用時，對於運算效能的高度需求，節省可觀的能源及營運成本。對積極發展網路服務的政府而言，雲端計算也可提供相關產業，健全且高品質的資訊通訊科技資源平台。政府的各項現代化服務，包括防災、數位學習、健康照護、觀光資源整合等，都可以藉由雲端計算的支援，提供更優質的服務，而搭配 4G 無線寬頻服務，可建構更完善的雲端計算基礎建設，達成智慧生活環境的目標。

雲端計算目前已在許多產業（如通訊業、娛樂業、服務業…等）慢慢普及，與我們日常生活息息相關，但我們不知這就是雲端運算在背後支撐。

基本上，雲端運算的架構涵蓋有以下數項：

1. Clients：存取雲端應用程式的硬體或軟體。例如：行動裝置（Mobile Device）、終端機（Thin Client）、各式瀏覽器應用程式。
2. Service：機器對機器，透過網路提供的各式服務。例如：身分驗證 / 網路付款機制 / GPS 地圖 / 智慧型搜尋。
3. Application：基於眾多 Service 所建構出來的應用程式。通常不必經過安裝即可使用（但必須安裝 Clients），減少軟體維護、更新、支援的成本。例如：只要安裝瀏覽器，便可以使用 Google Docs 來編輯文件、試算表、投影片，或是使用 Gmail、Google Calendar、Google Talk 等。
4. Platform：Service 的提供者所規定的架構（Framework），Application 必須依照 Platform 的規定來建立。
5. Storage：以資料儲存作為一種服務。
6. Infrastructure：以基礎資源（CPU、Memory）作為一種服務，通常是指虛擬化平台的環境。例如：買一台高效能之主機電腦，上面跑很多虛擬機器，每一台虛擬機器租給別人當作 IDC 或網站代管（Web Hosting）之平台。

雲端運算技術經過了幾十年的發展，已經到了技術成熟的地步。而傳統產業也逐漸與雲端運算做結合，當作永續經營之策略工具，產生真的令人驚艷的成果。IBM 一向是全球雲端服務之提供者，以構建高規格之資訊安全防護功能前提下，提供全方位完整服務方案，以下即為相關方案之簡介：

1. **私有雲服務（Private Modular Cloud, PMC）**：採用模組化功能，可以在短時間內，因應企業之需求，完成雲端架構之佈局，以應用程式協助組織企業建構雲端運算。主要的客戶是以大型企業為主，並且非常注重資訊安全。例如：跨國金融服務業，航太工業、跨國高科技 3C 相關廠商。

2. **代管式企業雲（Cloud Managed Service, CMS）**：主要的訴求對象為比較缺乏雲端運算經驗的廠商，但是期待以委外方式，能夠快速導入雲端運算的相關企業。被輔導之相關企業，希望從系統分析、系統規劃、系統建制、系統運作，可以由 CMS 完全處理，而且也希望 CMS 能夠代為訓練相關的團隊，以期在未來能夠技術移轉。
3. **公有雲（SoftLayer）**：主要提供給一般企業，並且可以隨企業實際需求而增減，具有相當之彈性度。IBM 目前在全球有超過 40 個網路資料中心（Data Center），採三層式（Tree-Tier）網路架構，並且採用單一平台，進行相關自動化管理。
4. **開發雲（Bluemix）**：Bluemix 與前 3 者不同之處在於此種建置較快速且較省時，採開放式架構，而且內容較為多元化，主要也是適用於一般企業。

值得一提的知名汽車零件製造商－信昌集團。他為了提升競爭力、強化營業效率與效能，早在 2014 年導入資訊改造計劃。信昌集團在雲端上，導入了全新的企業資源規劃（Enterprise Resource Planning, ERP）與產品生命周期管理（Product Lifecycle Management, PLM），來達到統一全球設計、生產、維護的資訊，並且可以即時落實決策支援系統（Decision Support System, DSS）。

1.14 物聯網（Internet of Things, IoT）

物聯網可以說是近來在科技界屬一屬二的熱門名詞，晶片製造商、軟體服務公司、創投顧問公司，都對物聯網寄予厚望。基本上，物聯網是指每個物件，都有配備有一個獨立識別碼（Unique Identifiers, UID），而且彼此之間，能透過無所不在網路，互相即時傳輸資料，不必再靠人與人、人與機器的互動。在以往，人類與機器互動，但在物聯網時代，則是機器與機器的直接資訊交換，加速多樣化工作的完成。以往 IPv4 位址不夠使用，透過 IPv6 的落實，更提高 UID 在未來物件的普及率。

今日科技能使物聯網能從概念邁向實務，落實到生活中。一般而言，嵌入式裝置（Embedded Device）體積愈小，效能也相對愈好。物聯網他不是一個趨勢，而是確定會融入我們生活當中。物聯網之應用全方位涵蓋人類生活，根據相關研究指出，2020 年，具有連網功能之裝置數量，已超過 500 億台，相關學者指出其中有 100 億是電腦、平板電腦、智慧型手機，400 億台是其他物件。未來物聯網的發展重點，可以分成兩大面向：第一個面向是導入物聯網的相關應用，藉以改變商業模式，並且帶動相關產業的轉型；另外一種面向是開發更多樣的關連產品，以塑造新的應用環境。

因為在互聯網下的硬體產品類別，不像手機、筆電、平板電腦有那麼明確的定義可以來遵循，而是屬於量少、多樣化的發展趨勢。正因此，與不同的相關業者進行策略聯盟，是必然的趨勢。在這個情況之下，對於硬體的生產公司而言，如果能夠和相關業者打造屬於大家的生態系，就變成是互聯網是否能登頂的一個關鍵成功因素。例如：大數據分析、應用服務、智慧型系統、資訊傳輸、相關硬體運作規格等，都是商機所在之處。而正因如此，物聯生態系也逐漸形成。

物聯網在未來的應用，可以在我們的生活當中實現出來。例如：在離島的地方，可以透過無人飛機，在很短的時間之內，配送上網訂購的商品。目前新加坡，已有雛形的方案計劃運作，而且相當成功。當我們去百貨公司 shopping、雙手拎滿了商品要結帳時，只要透過手腕上的穿戴式智慧型手錶，與 POS 互相感應之後，就能迅速完成行動支付，十分方便。在運動的時候，身上的穿戴式裝備會將脈搏、心跳、血壓，記錄到雲端系統裡，經過線上即時分析建議，就可知運動量是否足夠，消耗的卡路里為多少，進而提出完整體適能的建議。我們在開車回家的路上，經由距離分析，家裡就會感應到要先把冷氣打開，將冰箱缺少的食物，透過訊息傳送到你的手機中，我們在回家的路上，就可以先進行採購。進門之後，冷氣也達到設定的溫度，浴室也有充足的熱水，讓我們能夠享受洗澡的樂趣。這一切都因物聯網而實現在我們的生活中，我們有更多享受生活經驗的時刻。

1.15 工業 4.0（Industry 4.0）/工業 5.0（Industry 5.0）

1.15.1 工業 4.0 之定義與核心價值

第一次工業革命，利用蒸汽機動力，使大型的機械設備得以運作，解決人力無法負荷的問題。第二次工業革命，是為了要解決規模化大量生產與成本降低之問題。第三次工業革命，將資訊通訊科技和控制技術進行融合，目地在於提升機械設備自動化能力，聚焦於生產效率與效能之提升。第四次工業革命，以智慧化為核心之工業創新，能以彈性製造系統（Flexible Manufacturing System, FMS）之方式，提供客戶量小且多變化之客製化產品需求，結合雲端系統之大數據即時分析，將繁瑣複雜之生產流程，賦予智慧化決策支援系統，同時提高交期（Delivery）之準確度。隨著物聯網的蓬勃發展暨製造業服務化浪潮的推波助瀾，德國工業界明顯意識到未來之生產方式，將以智慧製造（Intelligent Manufacturing）為核心主軸，智慧製造將會是一個革命性的變化，全世界的製造業也會以此為標準，工業 4.0 的概念應運而生。

工業 4.0 意謂著以智慧製造為導向之第四次工業革命，人類將以虛實整合系統（Cyber Physical System, CPS）為根基，構建包含智慧製造、數位化工廠（Digitalization Factory）、物聯網、服務網路的整合式產業物聯網，藉由 ICT 達成虛擬模擬技術及機器生產得以相互輝映，實踐智慧工廠（Intelligent Factory），最後達成整個生產價值鏈（Value Chain）緊密扣合在一起。物聯網專注於智慧感測器資料之收集與無所不在網路（Ubiquitous Networks）之使用，智慧分析則專注於資料模型之建立與相關演算法工具之應用。

在工業 4.0 時代，製造設備會使用嵌入式（Embedded）處理器，讓製造設備之運算能力大為提升，再透過網路系統，製造設備在製程中所產生的大量資料，藉由雲端系統儲存與運算，回饋相關資料至製造設備內建之智慧軟體，即時產生決策性的指令，可進行製造設備相關生產排程之微調。因此，在工業 4.0 時代，大數據是一個非常重要的個體，工業 4.0 聚焦於機器與機器、機器與人、人與人的互動整合，最終將成為萬物互聯（Internet of Everything）系統。藉由工業 4.0，設備資料、運作資料、服務資料、市場資料、供應鏈與價值鏈資料，都可進行跨平台之整合，透過智慧軟體，發掘出大數據背後所隱藏之黃金資訊。工業 4.0 意謂著生產機械除了產生良率（Yield）高之產品，在整個產品生產過程還要做到相關資源最少浪費，而且在製程中，則依生產線上實際狀況，生產機械會智慧化地進行生產計畫自動調整，目標是在整個生產過程中，儘量達成零意外、零負擔、零汙染、零憂慮的生產模式。

而工業大數據（Industrial Big Data）之即時分析，除了仰賴演算法工具，更聚焦於與生產流程相關之步驟分析，目地在於能有效地挖掘出工業大數據分析後之潛在意義，並回饋至生產流程。一般而言，工業大數據處理的結果具其時效性與專業性，如果僅僅使用傳統互聯網大數據分析技術，在很多情況是無法滿足工業大數據之需求。工業大數據著重於大量專業資料隱藏的意義，包含資料間流程的關聯性，而互聯網大數據則僅聚焦於統計學工具所探索出來的關聯性。工業大數據匯整後之資訊，經過即時分析後，應立刻回饋至相關生產流程，並進行智慧化調整。工業大數據挖掘後之資訊，極有可能隨著時間過去，而降低其實用價值。此外，工業大數據挖掘之過程中，感知器所收集之資料品質也會影響資料挖掘結果，在某些情況，也極有可能萃取到無實質意義之資訊。換言之，佈建感知器之位置、收集之資料是否即時傳遞，均有可能影響工業大數據之分析結果，而造成負面之決策。因此，工業大數據對於分析結果的容錯（Fault Tolerance）程度，比互聯網大數據還來得低。工業大數據更注重的是專業資料的完整性，所採集專業資料的樣本空間要涵蓋夠廣，包含製程過程中所有可能之情形。如果感知器所收集的資料不夠全面化或者是資料不夠潔淨，工業大數據分析師就必須耗費更大之人力，方能結合專業知識以挖掘出所隱藏的重要資訊。

工業 4.0 所要解決之問題，是在尋求生產力提升之同時，簡化原有繁複之商業活動，以智慧軟體技術去克服相關的困難，並藉由雲端運算大數據之即時回饋，將決策過程智慧化、透明化，有效能、有效率、精準地達成目標。工業 4.0 之核心精神就在於將生產過程智慧化，以期達成生產計畫高度整合，使生產系統的運作，如同數位神經系統，具智慧的敏捷反應。美國奇異（GE）公司在 2012 年 11 月首次提出工業互聯網（Industry of Internet），指出未來設備製造業將會進行智慧化服務轉型，智慧系統（Intelligent System）、智慧設備（Intelligent Equipment）、智慧決策（Intelligent Decision），也將成為工業互聯網的重要元素。工業 4.0 透過大量之感知器佈建，收集生產器械在產品製程中所產生之大量資料，進而進行大數據資料分析探索，工業 4.0 會將目前之製造模式，轉型成預測製造，為將來之產品製程提供智慧化之生產排程，以滿足消費者真正之需求，同時也為客戶端創造更大之價值鏈。預測製造模式使用智慧軟體來構建生產機械設備之生產計畫，並能有效地掌控製造系統零件之耗損程度，藉以診斷生產機械設備的健康狀態，以期能在適當的時間點，主動介入維修生產機械設備，以減少因生產機械設備停機，而造成之龐大損失。

基本上，所有的產品，都可以存在於實體（Physical）或虛擬（Cyber）兩個世界，CPS 技術產生的目的和意義就是要如何在虛擬世界中，將實體的狀態、實體之間的關係透明化。工業 4.0 將如先前之網路環境，將徹底改變人類生活。綜觀工業歷史的演進，工業 1.0 以蒸汽動力為代表；工業 2.0 以電氣動力為代表；工業 3.0 以數位控例為代表；工業 4.0 則以智慧製造為代表。一般而言，CPS 是一個結合雲端高能電腦運算及眾多感測器的整合控制系統，強調各個實體裝置和無所不在網路的連結，並進行雙向資訊交流。現今在國家基礎建設（National Infrastructure）、航太產業、汽車工業、化工產業、交通管理、能源產業、製造工程等領域中，均有 CPS 的電子控制整合系統，而這些系統通常都是採用嵌入式系統，並且可隨時進行自我感知、自我認知、自我判斷、自我協調等功能，並進行全面化智慧型運作。CPS 以雲端運算、無所不在網路、大數據為核心，藉由大量佈建之智慧感測器，將所有相關資料進行分析、探索、評估，並將實體空間（Physical Space）與網路空間（Cyber Space）進行高度的對應與結合。

CPS 的核心精神可以廣泛應用在許多範圍，常見的就是工廠的智慧型生產線。而工業 4.0 此一名詞，最早出現在 2011 年，德國梅克爾總理在德國漢諾威（Hannover）工業博覽會開幕典禮時，正式宣布德國將進入工業 4.0 時代。2012 年底由 Bosch 為首的推動小組，向德國政府提出發展建言，並在 2013 年 4 月在漢諾威工業博覽會上正式對外發表，工業 4.0 正式進入人類工業歷程，也立即推動全世界第四次工業革命如火如荼地推展。因此，2013 年可謂工業 4.0 元年。如圖 1-31、1-32 所示，即為德國漢諾威工業博覽會。

圖 1-31　德國漢諾威工業博覽會現場 (資料來源：www.boschrexroth.com)

圖 1-32 德國漢諾威工業博覽會現場 (資料來源：www.siemens.com)

德國政府將工業 4.0 列入該國高科技策略 2020（High-Tech Strategy 2020）綱領中，並列為十大發展專案計劃之一，投入超過 2 億歐元之研究發展經費。虛實整合系統、數位化工廠、智慧製造、物聯網也將成為工業 4.0 發展的關鍵成功因素。未來製造業也將傾全力研發上述面向之相關技術，藉以大幅下降製造成本、明顯提升生產效率與效能，進而輕鬆達成生產線產品之少量化、多樣化與客製化。

我國政府在 2015 年 9 月，為了將工業 4.0 推展到相關的產業，訂定了【行政院生產力 4.0 發展方案】，以物聯網製造智慧化為目標，致力推動製造業生產力 4.0。而行政院制定生產力 4.0，可謂臺灣版之工業 4.0。廣義而言，工業 4.0 在很多方面仍然是一種概念，仍在起步階段，而各國產業狀況又不同，很多國家仍在摸索當中。相對於急需轉型升級的台灣產業，工業 4.0 是一個關鍵成功因素。台灣相關製造業要結合物聯網及大數據，才能在國際市場上佔有一席之地。中國聚焦【中國製造 2025】，目標要自製造大國走向製造強國。韓國、日本、法國也紛紛推出相關工業動力戰略。自以上各國推動工業 4.0 來分析，各國之組織企業會依據本身產業之特性，進行相關的切入，但是共同的目標，就是價值創造與國際競爭力之提升。工業 4.0 之核心價值為物聯網之完美演繹，達成萬物互聯之境界，無論是終端消費者、供應商、智慧工廠、生產線、機器、產品等，都將被一個巨大的智慧型網路，環環相連，扣成一體。原則上，此一巨大的智慧型網路將涵蓋虛實整合系統、通訊設施、智慧控制系統、無所不在的感知器、嵌入式終端系統，如圖 1-33 所示。工業 4.0 的到來意謂著物聯網與服務網路將徹底地觸及到工業體系的各個部份，將傳統之生產方式改變為具備高度少量化、客製化、智慧化、服務化之全新生產製造模式。

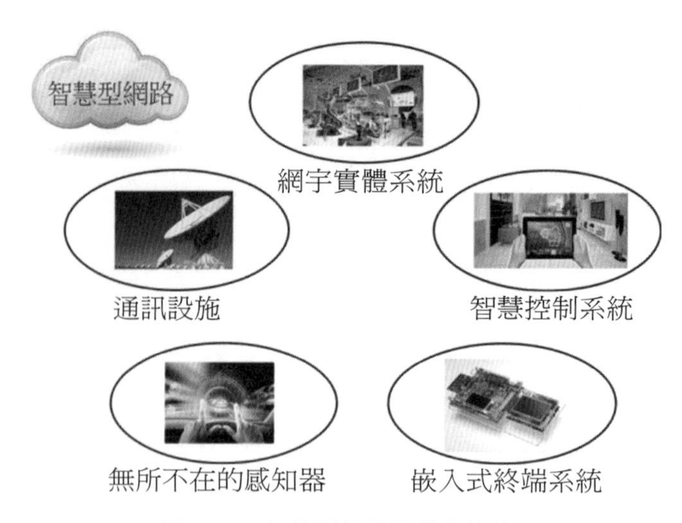

圖 1-33　智慧型網路涵蓋之範疇

在不久之未來，人類、機器、資訊將會被虛實整合系統無縫連結在一起。換言之，工業 4.0 就是智慧化生產的時代。實體世界與虛擬世界逐漸結合成一個無所不包的物聯網，而製造業從生產製造轉型為服務製造，進而快速創造出多種的混合型產品，以滿足不同客戶之需求。

自工業 3.0 切入分析，在同一條生產線上，傳統製造業是透過大量標準化生產，藉以降低成本並滿足消費者的需求，但是這種生產方式的最大缺點，就是缺乏靈活度（Flexibility），原則上，只能提供單一標準的產品，無法滿足人們多樣化的實際需求。智慧工廠卻可以生產出千變萬化少量而客製化之產品，近幾年來，隨著網路經濟的發展，製造業又出現客製化產品的生產模式，此一模式雖然可以滿足消費者的需求，但是卻難以形成規模經濟效應，而智慧工廠卻可以能夠讓一條生產線，也能產出多元化的產品，不僅可快速達成市場佔有率，也將成本大幅降低。

網路技術快速的發展，超越了實體經濟的進步，而且虛擬經濟累積的大量的財富，實體經濟難以競爭，因此某些先進國家去工業化的政策，面臨重新檢討，尤其是在 2008 年，全球金融全融風暴之時。而去工業化發展模式，無法與網路經濟發展相抗衡，終究需要以智慧製造為根基之無人化、數位化生產模式所取代，換言之，工業 4.0 的思維，不必再將工廠或生產線外移到海外開發中國家。真正解決之道，是將工業 4.0 的智慧生產線留在經濟條件、工業體系更加完善之本國，如此概念與去工業化發展模式，是有相當大的差別。

德國在工業 4.0 推動面上，根據德國本身在全球製造業中的傳統優勢，機器設備與生產線自動化方面為其強項，藉由雲端系統整合生產過程中產生之大數據，透過即時分析與回饋，進而進行機台設定參數之微調，將生產過程的生產流程透明化，自產品的製造端提出智慧化轉型方案，達成生產機具、生產排程、庫存管理、供應鏈管理、配銷策略等系統，進行整合。

在工業 4.0 的情境下，現場的操作人員，根據不同的客製化需求，輸入至每個產品晶片中，再由生產線上的機器設備，以感應裝置讀取相關的數據，並且根據事先設計好的程式，將生產線自動調整出該產品的製造程序，這樣的方式，大大的解決了上述大量生產與客製化之間的不協調。在工業 4.0 時代的數位經濟，不是僅靠智慧化的工業生產線即可，還必須要藉由大數據的技術，來讓企業與客戶之間的一切資訊，能夠進行最佳化的整合。換言之，誰能掌握客戶和產業的大數據，誰就能夠贏得更多的市場佔有率，也就可以將智慧工廠的技術轉化成現實的經濟地位。換言之，跨領域企業的巨頭結合，勢必成為一個趨勢。例如：掌握大數據的 Google 和亞馬遜（Amazon）等美國的網路巨頭，和以智慧型技術見長的西門子（Siemens）企業，可以進行跨領域結合，相得益彰。

工業 4.0 更穿越現實世界與虛擬世界之間的界線，將兩個世界徹底結合為一。德國的專家認為第四次工業革命，最主要的驅動力，是一個高度智慧化的產業物聯網，這種產業物聯網靠大數據即時分析技術，以物聯網為核心，舉凡工廠的製造流程、產品協同設計（Collaborative Design）、技術升級、使用者服務等各個環節，都被這個智慧型網路所環抱。一個工業 4.0 之工廠具有以下面向之總和：智慧化製造、自動化生產、數位化生產、資訊整合，如圖 1-34 所示。

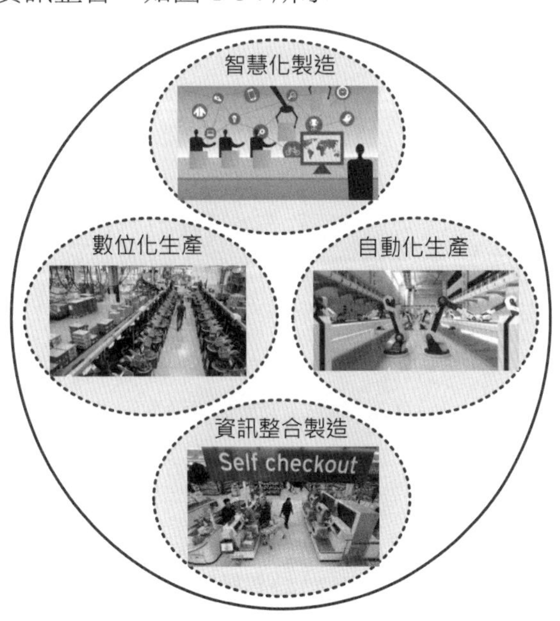

圖 1-34　工業 4.0 工廠具有之面向

回顧 2008 年的全球金融海嘯襲擊，世界各國都紛紛陷入經濟不景氣的困境，但德國卻仍然保持一定的經濟發展。在先進的國家紛紛將製造業外移的時候，德國依然堅持要發展本國的實體經濟，以其先進的製造業跟高科技的相輔相成，來支持德國走向燦爛的未來。因為德國的製造業，如果不能即時進行新的工業革命，美國的 Google、蘋果、微軟等美國的網路巨擘，正不斷地以現有虛擬經濟之強大優勢，拓展企業版圖。

當這些美國的網路巨擘，一旦演進成為工業製造國的新巨頭，在此情況下，德國不僅會在網路經濟上落後於世界強國，還可能因工業製造國的新巨頭的崛起，而失去了昔日引以為傲的工業科技。

德國工業 4.0 之核心價值除了持續提升德國製造業之國際競爭力，也推動德國的工業設備持續輸出，並達成市場佔有率，在另一方面，提高德國出售工業設備時之附加價值，以高端服務為訴求，提高獲利能力。在今日，德國工業 4.0 以智慧工廠、智慧生產流程為創新改革主軸，專注於客製化之生產系統，達成生產流程透明化，進行機器設備狀態之即時監控與微調，使機器設備具備自我決策能力，達成智慧化營運生產排程規劃管理。

1.15.2 工業 5.0 之定義與核心價值

當全球組織企業汲汲營營地佈局工業 4.0 的時候，隨著人工智慧、工業物聯網、5G 時代的來臨，更多的組織企業已經著手於工業 5.0 結合本業，工業 5.0 是一個未來的工廠圖騰。工業 5.0，開宗明義，就是在製造過程中加入更多的人性。芬蘭諾基亞（NOKIA）公司的企業 Slogan 為 Connecting People 與『科技始終來自人性』，事實上，就是工業 5.0 之精神所在，不得不欽佩 NOKIA 早在多年前，即看到全球組織企業的未來。

人機界面（Human-Machine Interface）一直是全球製造業努力追求的目標，而現在的機器人（Robot）在無人工廠（或稱關燈工廠），已扮演關鍵性之角色。因工業 4.0 強調少量多樣（Small-volume Large-variety）的客製化生產（Tailored-made Production），在這個前提的延伸下，工業 5.0 便會更專注於如何進行真人與機器人之完美結合，真人的創意思維元素與機器人之結構性與重複性之工作，在最終產品的上面，這正是工業 5.0 的主軸。

工業 5.0 實際運作的場景，可以詮釋為在關燈工廠中，機器人不斷地揮舞著各種工具進行重複性的生產工作，而真人則在現場監督機器人，是否能夠將真人的創意元素結合在實際運作當中，如此情節已經在全世界各地的工廠裡，慢慢地發生了，因為現今組織企業必須要快速回應客戶對於客制化的需求與滿意度，而透過了人工智慧、工業互聯網、5G、擴充實境、虛擬實境的完美結合，如此運作模式，已經成為組織企業運作的標竿方式，藉以降低成本並提高競爭力。如此一來，機器人負責處理高重複性的結構化業，真人則專注於提高生產流程中其他步驟的價值，落實創意元素之實踐。

協作型機器人（Collaborative Robot），簡稱為 cobot。協作機器人是一種用於在共享空間內，真人與機器人於近距離內，進行直接人機交互的機器人。協作機器人與傳統工業機器人不同之處，在於傳統工業機器人應用中，機器人與人類接觸是隔離的，而 cobot 則是與真人有互動，以共同完成傳統工業機器人無法單一完成之事件。如圖 1-35、1-36 所示，即為前開敘述之實際應用場景。

圖 1-35
資料來源：https://s.wsj.net/public/resources/images/IV-AA434_NEWTEC_G_20130607113028.jpg

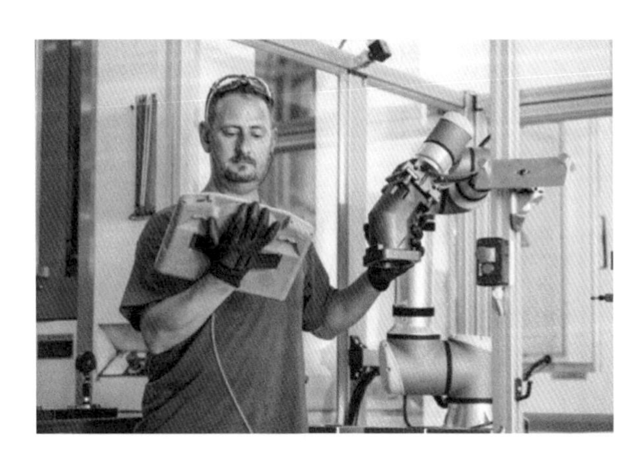

圖 1-36
資料來源：https://www.designworldonline.com/new-ur16e-cobot-designed-for-heavy-duty-applications/

綜觀工業 4.0，如果可以在生產流程中，融入適當的真人創造力思維，共同參與生產流程，自動化（Automation）才能為組織企業落實創新與提升競爭優勢，因為如果生產流程中只有機器人單一運作，就如同傳統工業機器人的自動化生產流程，傳統工業機器人只會做被指示要做的事情，不僅需耗費大量時間與心血進行相關程式的撰寫，一成不變之生產流程，勢必缺乏創意元素之結合。cobot 之價值在於可和真人於近距離一同協同作業（Collaborative Operation）。Cobot 應用於接手呆板、重複性高、危險性之工作，而真人則聚焦於進行產值更高的創意思考部分。

因此，在不久之未來，工業 4.0 中之「網宇實體製造工廠」，將逐漸轉變成工業 5.0 中之「人類網宇實體系統」。在工業 5.0 之運作下，真人和 cobot 一起運作之同時，真人可以教導 cobot 完成相關工作，並在它們犯錯時加以糾正，形成對 cobot 之系統反饋，透過人工智慧中之機器學習（Machine Learning），cobot 可修正處理原則與方針，相關文獻使用數位雙胞胎來形容上述情節，如此一來，組織企業才能製造出消費者所需的大量個性化（Mass Personalization）暨差異化（Differentiation）之產品。

1.15.3 智慧製造（Intelligent Manufacturing）

自 2011 年開始，主要工業國家相繼追求智慧製造（Intelligent Manufacturing），而德國長久以來在工業製造居領先地位。而美國在川普上任後，美國第一（America First）成為執政口號，擬將勞力密集的製造業搬回美國，創造更多就業機會。德國如何持續維持國際競爭優勢，正考驗著德國政府對工業 4.0 的完整布局。智慧製造是一個複雜的系統工程，原則上，包含下面幾大元素：製造執行系統（Manufacturing Execution System, MES）、融合虛擬生產與現實生產的物聯網系統、使用智慧型機器人取代傳統工人的自動化生產線、高度智慧化的生產線控制系統等，如圖 1-37 所示，為智慧製造涵蓋之範疇。

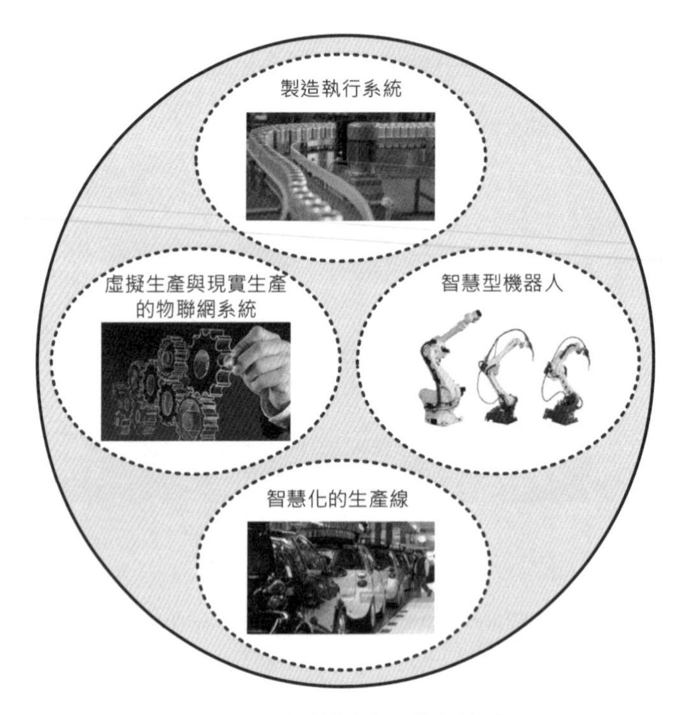

圖 1-37　智慧製造涵蓋之範疇

如果沒有以智慧軟體系統貫穿上述元素，就無法達到整體智慧製造之管理暨決策之最佳化，也就無法打造一個真正的智慧製造系統。智慧製造此一概念，在美國，就是所謂的工業網際網路和先進製造；在日本，就是所謂的工業智慧化。智慧製造不僅是更新原有之生產線，同時還要在 ICT、物聯網、服務網路，加強力道，以期對製造業進行高階整合和全面性的智慧化改造，目標為涵蓋整個產業價值鏈的系統工程。

智慧製造的核心價值，就是運用大數據分析，協助產業預測生產問題。在以往，台灣製造業靠技術的優勢來締造經濟規模，而台灣引以為傲之工具機產業，不斷思考如何協助客戶優化生產，並極力即時解決客戶面臨的生產問題、進而提高生產效能與效率。然而，這股草根性極強之思維模式，在未來全球競爭環境下，將面臨極大之挑戰。未來台灣工具機業者必須要創造更大附加價值，例如：工具機業者要能預測他們的客戶在製造中會產生的問題，進而事先協助客戶排除障礙。美國奇異（GE）成立了工業物聯網（Industrial IoT）系統，運用大數據即時分析機制，可準確預測機器的未來性能，在適當時間就介入維修，而不是等到生產線出了狀況才緊急搶修。

工業物聯網是個全新的物聯網時代，數以億計具有嵌入式技術的設備，可以即時無縫互聯、在網路安全確保無虞的情況下，得以自主式進行互動。工業物聯網涵蓋機器到機器的通訊，換言之，工業物聯網中，機器可以與其他機器、物件、環境、基礎設施等，進行即時互動和通訊，而不須人為力量的介入。而互動和通訊將產生大量相關資料，這些大數據經過處理和分析之後，即成為極具決策力的資訊。工業物聯網不斷地演進，也正改變著整個相關工業領域，使這些工業領域更加優化，可以用更高之效能與效率進行運作。工業物聯網將人、機器、雲端大數據連結在一起，形成全球性的工業製造生產價值鏈，透過無所不在之網路環境，由雲端系統產出之決策資訊，將生產排程和客戶服務進行完美結合，會在醫療、交通、製造、能源等方面，產生革命性之變化。

在工業 4.0 時代想要達成近零故障的生產狀態，感測器則是關鍵成功因素，優質的感測器必須具有高度之穩定性，隨著時間的流逝，環境的改變，感測器本身得以隨環境而進行優化調整，讓生產線上操作員不用時時監控生產系統，藉以降低生產成本及提高生產效能與效率。由於 ICT 日新月異，感測器與通訊軟體之結合，就能自實體的世界，跨足到虛擬之世界，進而達到精準預測之功能，而這正是虛實整合系統，將機器與 ICT 結合，構成工業 4.0 的核心。然而因為每部機器會有不同的差異性，但透過大數據即時分析，就可產生具決策的資訊，適時地將機器進行微調，降低機器出狀況之風險。在工業 4.0 時代，在客戶使用產品的同時，如果搭配大數據分析之機制，將客戶端使用產品的相關以雲端儲存方式加以收集，並進行線上即時分析，不但可作為使用者客製化產品的重要參考依據，也可探索使用者產品價值鏈之盲點，進而發掘並立刻處理尚未曝光的問題。以製造業機台為例，使用大數據線上分析，可與終端客戶之需求連結在一起，而這些隱藏性的寶貴資料，透過決策支援系統，可自動決定生產排程中所需要的機台設定參數之微調，進而得以實現整個上、下游生產鏈價值鏈之整合，使生產資源的利用效率更優化。

1.15.4 先進國家工業智慧化構想

根據相關的統計資料顯示，在日本工廠中，平均每 10,000 名的工人，有 306 個機器人；在韓國工廠則為 287 個；在德國工廠則為 253 個；在美國工廠則為 130 個；而目前在中國，只有大概 21 個。而日本的工業 4.0 構想，則有別於德國、美國之規劃。日本的工業智慧化構想則延伸了以往對於無人工廠之憧憬，很明顯地，這和日本高齡化社會有密切之關係。日本要打造的工業 4.0 無人工廠，需要多種先進技術之整合，而這些技術則涵蓋了彈性製造以達客製化之需求、智慧型機器人即時控制技術、生產安全即時監控技術、機器設備與各零組件即時運作狀況之監控技術等。

根據相關資料顯示，美國製造業在 2010 年的產出稍高過中國一些，但比日本高出三分之二。而德國的製造業的產出在當年，只有美國的三分之一，儘管如此，製造業並沒有為美國的民眾帶來更多的就業機會，在 2012 年，美國人民參與製造業的比例，約 9%。2016 年美國 3 月製造業產能，意外下降 0.3%。美國 3 月工業產出環比下降 0.6%，是過去 7 個月內第 6 次下降，創 2015 年 2 月以來最大降幅，顯示美國製造業仍然因為海外需求的疲軟，而面臨相當之壓力。

美國在 1965 年提出的 Cybernetics，就是虛實整合系統的前身，而美國國家科學基金會（National Science Foundation, NSF）在 2006 年也正式提出 CPS 的概念。相關文獻指出，德國認為 18 世紀藉由水及蒸汽的力量，當作動力來源，是工業 1.0 時代；20 世紀初的使用電力為動力來源，造就大量生產，則是工業 2.0 時代；而 1970 年代開始的以相關電子裝置及 ICT 來修正人為影響因素，以增進工業製造的自動化的程度，則是工業 3.0 時代；目前正進入工業 4.0（Industry 4.0）時代，工業 4.0 是一個德國政府提出的高科技戰略計劃，用來提升製造業的電腦化、數位化、與智慧化。換言之，就是實體物理世界和虛擬網路融合的階段。

基本上，美國的 CPS 與德國工業 4.0，其核心精神就是要將現有傳統製造業藉由大數據分析（Big Data Analytics）與物聯網整合，進行智慧化轉型。前三次工業革命所解決的問題均是已發生，換言之，也就是可見的；而工業 4.0 主要解決的問題則是未發生的，也就是未見的。例如；生產機器設備的零組件耗損造成的機器產能下降或機器性能衰退等，是屬於隱藏式的問題，工業 4.0 的精神就是要將前述的現象透明化，並且要在未發生前，就進行預防性的智慧型防範，以提升整體製造系統之效能與效率。

相對照下，美國的軟性服務和德國的硬性製造，相互輝映。儘管美國採用工業網際網路的概念，來詮釋工業 4.0，但這和德國的基本理念是一致的，也就是把虛擬的網路經濟和實體的製造業整合為一，並推動製造業的智慧化升級與商業模式革命性的改變。不難看出，德國工業 4.0 的策略更著重在硬性製造，並以智慧製造與智慧工廠為核心，在此基礎上發展出物聯網、服務網路、智慧城市等相關計畫。自客觀條件分析，美國的製造業在技術上並不亞於德國，但美國主要的問題是工廠因為本土勞動成本的上升，而必須將工廠外移到海外，導致製造業難以增加本土的就業機會。相對的，德國並沒有像美國，有出現製造業空心化的現象。

不容諱言，貫穿虛擬、現實世界之關鍵技術在於 ICT，而美國的矽谷正擁有獨步全球的相關技術，這是美國在邁向工業 4.0 時，一個很大的競爭優勢。近年來，客製化產品生產，已成為市場趨勢，而少量多樣的生產模式，是一種未來的趨勢。在工業 4.0 環境下，每項產品從原始設計、量產、彈性化生產組裝、智慧型配送、服務銷售等環節中，產生之所有數據，均會被忠實的記錄下來，儲存在雲端大數據資料庫中，這些資訊最終會回饋到企業的相關單位，再透過雲端大數據資料庫中心，挖掘出使用者潛在的消費傾向與需求，以修正產品生命週期中，各階段可以改良的部份，並調整生產過程之相關決策。

德國的智慧生產線優勢是智慧型機器人與植入產品標籤的智慧晶片整合運作，而美國智慧生產線的優勢則是工業大數據和相關配套資訊系統之整合。工業 4.0 對製造業而言，不管是在零組件裝配或切削加工，均著重於效能、效率、精密度。工業 4.0 就是利用佈建眾多感測器，讓機器能夠自我判斷本身的狀態，透過大數據與決策系統，機器能夠進行自我檢視、自我預測，進而能達到自我調整，以優化整個生產流程。透過大數據分析處理，管理者可透過即時線上分析來做決策，並不是以經驗或直覺防範問題的發生，目地在預防生產過程狀況之產生。換言之，就是在機器尚未產生問題的時候，就可以預知機器之狀況，甚至就預先進行維修保養，而不是在機器發生問題時，才急於搶修。德國工業 4.0 與美國虛實整合系統，其核心精神就是傳統製造業，必須利用物聯網和大數據分析，進行智慧化的轉換，進而讓相關產業得以升級，具備國際競爭優勢。

一般而言，傳統的生產銷售模式，產品製造商將貨品賣給客戶後，生產價值鏈就告一段落。工業 4.0 強調的概念，以貨品為中心，將使用者所產生的大量數據，儲存在雲端系統，經由大數據分析，創造高附加價值之服務。例如：即時的線上大數據分析，在客戶同意下，就可遠端遙控客戶端之機器而進行微調，或當作未來生產新機器之參考，製造廠商不僅僅只是將產品賣給終端客戶，而是延伸生產價值鏈到雲端系統，而且終端客戶可即時獲得真正客製化的服務，解決個別之問題。如此一來，不僅使用者在市場獲得競爭優勢，產品製造商也因此而獲得更多的利潤，可謂雙贏（Win-Win）。

長久以來，德國以堅固的實體經濟和穩紮穩打的製造業，在國際間佔有相當之競爭優勢，就算在上一波之金融海嘯衝擊下，依然表現亮眼，而美國政府也意識到早期在美國本土去工業化後，在現今所遇見的衝擊與挑戰，正因如此，美國總統川普上任後，強調將海外製造業移回美國本土，創造更多就業機會，台灣的鴻海集團前往美國威斯康辛設廠，獲得美國總統川普大大讚賞。2018 年 6 月 28 日，鴻海集團在威斯康辛州面板新廠廠區正式舉行動土典禮，美國總統川普和鴻海集團總裁郭台銘親自出席，如圖 1-38 所示。

圖 1-38　美國總統川普和鴻海集團總裁郭台銘出席威斯康辛州面板新廠動土典禮
(資料來源：https://technews.tw/2018/06/29/5-points-of-foxconn-in-usa/)

德國工業 4.0 和美國 CPS 戰略計畫，兩者均包含製造模式、生產設備、產品智慧化的改造。德國工業 4.0 較注重智慧製造，而美國 CPS 戰略計畫則較注重智慧服務；德國工業 4.0 以製造業設備為主軸，而美國 CPS 戰略計畫則以工業物聯網為主軸；德國工業 4.0 聚焦於產品生產流程與供應鏈之整合服務，而美國 CPS 戰略計畫則聚焦於使用者服務鏈與價值創新之整合服務。德國工業 4.0 以博世（Bosch）、西門子（Siemens）、SAP 等公司為代表企業，而美國 CPS 戰略計畫則以思科（Cisco）、IBM、奇異（GE）等公司為代表企業。以美國 GE 為例，其創新商業模式為自傳統的發動機供應商，透過雲端大數據即時分析，將其服務延伸至客戶端之引擎維修管理、風險評估、設備自我健檢並進行微調等加值服務，進而成功轉型為航運資訊服務供應商，擴大企業營運模式。

1.15.5 6C vs. 6M

工業 4.0 所延伸的新商業模式有幾個特徵，涵蓋有虛擬生產與現實生產、一體兩面的網路化製造、藉由物聯網與智慧工廠直接連結的自我組織適應性強的物流系統、終端消費者可以全程參與生產線的全方位客戶製造工程。工業 4.0 所延伸的新型的商業模式，不僅會單單影響一個公司的發展，還會推動整個商業網路價值鏈的重新組合，這就意味著每一家工業 4.0 企業，都必須重新思考新商業模式所帶來的衝擊，進行最優質的產業佈局。臺灣的工業 4.0 應以提升產品的附加服務價值為主軸，以顧客端之價值鏈缺口為主軸，提供客製化智慧服務，藉以維持國際競爭力。

相關研究也指出，工業 4.0 包括大數據的 6C 系統及製造業的 6M 系統。大數據的 6C 系統包涵 Cloud（雲端）、Connection（物聯網連結）、Cyber（虛擬網路）、Community（社群）、Content（內容）、Customization（客製化）。而製造業的 6M 系統包涵 Material（材料）、Method（方法）、Machine（機器）、Measurement（測量）、Model（模型）、Maintenance （維護）。由於 6C 與 6M 之結合，可實現智慧工廠內部的水平、垂直資訊之整合、供應鏈與客戶的端的資訊無縫連結。製造業的 6M 系統，是製造生產過程的資訊化與自動化，透過系統整合，將整體生產製造流程，達到自動化與最佳化。

6C 之範疇：

- **Cloud（雲端）**：雲端運算的普及配合大數據的運作，透過雲端運算，可以達成企業快速回應機制。
- **Connection（連結）**：在物聯網的時代裡，萬物相連、互相牽制。
- **Cyber（虛擬網路）**：在虛擬世界的環境裡，虛擬環境所產生的經濟規模可能遠大於實體產業。
- **Community（社群）**：透過社群網路、網路 2.0 / 3.0 的方式，可匯集群眾的力量，來達到預知潮流的趨勢。
- **Content（內容）**：豐富的內容，透過物聯網連結，資訊更加透通。

- Customization(**客製化**):客製化是讓顧客滿意的最佳方式之一,在工業 4.0 的環境裡,可以使用彈性製造系統方式,以少量的生產線,生產多樣化的客製化產品。

6M 之範疇:

- Material(**材料**):根據物料需求規劃(Material Requirement Planning, MRP),而產生產品所需要的最小耗材,並通過智慧供應鏈管理,達到生產流程運作最佳化。
- Method(**方法**):針對所欲開發之產品,以自動化產生製程,並隨時進行最佳化微調。
- Machine(**機器**):機器與機器(Machine to Machine, M2M)透過物聯網,可以直接溝通,而不需要透過人為力量的介入,藉以提升效能與效率。
- Measurement(**測量**):全面品質管制(Total Quality Control, TQC)的落實與即時生產過程的監控,以確保高品質產品。
- Model(**模型**):根據所要生產的產品,產生電腦化的模擬系統,可進行生產流程微調。
- Maintenance(**維護**):機器與雲端資料庫之間,可以透過物聯網直接對話,當錯誤產生時,可進行智慧型即時自我修復功能。

綜觀現有之情況,雲端運算、智慧型演算法、工業物聯網等相關技術逐漸成熟發展,在此情況下,組織企業應已具備佈局大數據的基礎,而在工業 4.0 的時代,透過 CPS 技術的運用,可以讓生產設備進行智慧型的自我診斷,當生產設備發生問題時,可透過網路即時進行故障排除的協同診斷,以大數據資訊進行自我修復、自我學習的方式,儘快解決生產設備所遭遇之問題。換言之,每一個生產設備不是一個單獨立的個體,可以透過無所不在的網路系統,對於整個生產系統內的所有設備元件,進行雙向溝通,達到協同合作的目的。透過工業 4.0 的雲端大數據分析,當生產設備機能耗損或故障時,大數據所提供的資訊,就可回饋到智慧型生產系統,生產設備即可主動地避免設備耗損或故障的產生。在生產排程運作過程中,生產設備所產生的相關大數據,經過即時分析、資料探索,相關資訊可以回饋到生產設備的製造商,幫助製造商了解客戶端設備的缺失,而製造商可在未來設計相關產品時,改進產品功能,藉以提供更優質之專業服務。

1.15.6 創新 2.0 vs.工業 4.0

創新 2.0(Innovation 2.0)之應用,可以讓人們瞭解因 ICT 發展,給社會帶來深刻影響,而引發的科技創新模式的改變,換言之,即面向知識社會的下一代創新。創新 2.0 是自專業科技人員實驗室所研發出科技創新成果之產出,使用者自以往被動式使用,而轉為使用者直接參與共同創新平臺,以達技術創新成果的研發,並進一步加以推廣應用的全部過程。廣義而言,創新 2.0 的範例,包括 Web 2.0、開放程式原始代碼、自由軟體等。由於 ICT 快速地發展,促使科技創新模式巨大的改變,一般大眾可以在知識社會條件下直接參與創新過程，以使用者為中心的創新 2.0 模式，將帶給我們全新科技創新的發展，更廣闊的視野和更高的原動力。

創新 2.0 之主旨，也是鼓勵所有人都能參加創新，利用 ICT 所構建之知識平臺，以社會實踐為舞臺，邀集群體智慧之加入，如果創新 1.0 是以技術為出發點，創新 2.0 就是以人為出發點，並以人為本的科技創新。由於物聯網的發展，為創新 2.0 提供必要的基礎設施，在物聯網的助力下，使用者將政府單位、相關產業、研究機構，共同進行技術創新，而第四次工業革命的到來，將進一步促成社會群體的創新能力與智慧製造。憑藉 ICT 的物聯網，將會讓使用者與智慧工廠，融合為一，希望能讓每個創意，都能夠轉變成技術創新，將成果彰顯出來。在創新 2.0 的時代，其核心理念，就是以使用者為中心，透過開放式平臺與知識共用，達成社會各個領域的創新活動。

由機器人自動運作的智慧生產線已經逐漸在工廠中實現了，這意謂著工業 4.0 勢不可擋。工業 4.0，追求客製化生產和個性化消費，並將虛擬世界、現實世界合而為一。然而在工業 3.0 時代，若使用者要參與設計，意謂著使用者要先把需求，先告知企業的產品設計師，設計師再將設計圖交給工廠相關人員。而工業 4.0 時代的消費者，可以直接將需求下達給智慧工廠的機器人，在設計階段就能夠完全按照自己的客製化需求，來訂製自己想要的客製化產品，並且透過智慧型網路，視覺式地參與整個設計、生產、組裝、配送的流程，達成與智慧工廠全程無縫隙的溝通。

工業 4.0 策略的主題之一，就是要把傳統的集中式控制生產模式，轉變成為分散式增強型控制的生產模式。在過去傳統生產模式，是由企業決定產品的規格，這種舊思維，將會逐漸被消費者決定產品規格之智慧生產模式所取代，這對於企業和消費者而言，都是革命性的思維改變。之所以會如此改變，正是因為虛實整合系統將虛擬世界與現實世界合而為一，工業 4.0 時代的智慧工廠，成為消費者可以從產品設計的最前端，一開始就參與整個產品生命週期的活動，工業 4.0 之智慧工廠有如一座透明工廠，每個環節均可以透過系統軟體呈現，輕鬆清楚掌握。

智慧工廠透過數據交換來實現人、機器、資訊之間的溝通，也是連結人、機器、資訊的最主要平台。人、機器、資訊一體化後，將與生產化搭配，成為智慧化生產的一體兩面。我們來看一個虛擬世界與現實世界融合為一的商業模式：有位搭捷運的年輕人，用手機掃描牆上的 QR Code，直接在手機上下單，使用手機付款，購買 5 件個性化 T-shirt，並且直接將手機內的相片當作 T-shirt 製作素材，上傳到智慧工廠，智慧工廠接到訊息後，依該年輕人手機定位之處，找尋最近的生產工廠，開始生產線上所有相關運作，該年輕人透過網路虛擬工廠的呈現，掌握了製程的進度，也可自虛擬工廠的模擬軟體得知產品的外觀，也可透過軟體的呈現，得知 5 件個性化 T-shirt 將被快遞公司宅配到府，該年輕人可滿心歡喜地在家等候產品。

智慧工廠的作業讓消費者有了全新的體驗，而這點也正是網路經濟的核心。整個產品的生命週期，將透過虛擬視覺化技術與無所不在智慧型網路，完整的呈現在消費者的眼前。因此，企業在未來如果做不到上述的情節，就會被不斷被翻轉的商業模式擊敗。

工業 4.0 的到來，人類將進入高度智慧化生活的紀元，所有相關的應用領域，都會被納入工業網際網路體系中，虛擬網路經濟不再獨立於現實世界之外，而會與現實世界完全融合為一，從 O2O、世界的地極到另一端，沒有虛擬網路經濟與工業 4.0 涵蓋不到的地方，人類生活方式將被徹底顛覆。未來的工業 4.0 計畫，其生產形式會以具高度靈活度之智慧生產線，以滿足大量個性化生產之需求，同時又能確保大量生產的高效率。此外，網路世界的客戶和企業的合作夥伴，將會廣泛地參與整個業務運作、生產流程、價值創造的過程。而工業 4.0 的智慧生產與高品質、快速回應的個性化服務，將被整合至整個虛實整合系統價值鏈中。

在工業 4.0 時代下，生產設備已具智慧製造功能，透過數量龐大的感知器，收集大數據，並透過智慧軟體即時分析、挖掘相關資料，獲得決策性之資訊並不斷地與外部環境互動，生產設備可不斷進行自我檢視、自我調整，根據生產器械本身目前之狀態，進行自我微調，以達產能優化之目標。無庸置疑，工業 4.0 就是要透過生產設備智慧化，將製造業的附加價值極大化。雖然生產設備已具備高度的自動化功能，生產設備也必定會有零組件耗損或故障時刻，進而造成組織企業的產能下降，甚至大筆花費以解決相關之問題。

在傳統製造業中，產品生產排程的過程中的不確定因素，有些可以量化，有些則無法量化，有些可見，有些則不可見，而這些因素均會使決策者無法進行組織企業資產的有效運用，甚至讓系統管理者下達偏差的決策。工業 4.0 之精神，就是要藉由智慧化生產系統，藉由即時大數據分析、CPS 技術之回饋，而預見生產設備之健康狀態下坡，以提早進行預防維護，並透過智慧化系統，將生產設備之產能不斷地進行優化。

工業 4.0 的智慧服務以整體產業鏈，將產生之大數據進行資料採礦為主軸，並以智慧型回饋系統，提供給產業鏈各節點上之客戶，並依相關資訊，進行客製化之智慧服務，同時可以協助產業鏈中的協力廠商，進行相關生產流程與供應鏈之優化，目標是提升整體產業鏈之價值與國際競爭優勢。換言之，工業 4.0 的智慧工廠，其生產機器藉由雲端大數據之回饋，具有自我檢測、自我認知、自我預測、自我判斷、自我微調等功能，而以上的功能，也可以協助終端使用者了解生產機器的元件耗損情況、得以適時地介入，進而即時進行元件修復或更換，以避免生產機器因故障，而造成生產線之停擺。

在工業 4.0 的智慧工廠中，生產器械之自我察覺、自我調整、自我預測，是生產系統中之監測與回饋之重要功能，以上的功能可以協助機器操作者了解生產器械的元件耗損狀況、健康情形，進而即時進行元件維修，避免生產器械因故障而造成之停機，造成損失。而隨時藉由 CPS 與智慧工廠之映射，也可提升產品之品質，實現預測製造的目標。CPS 處理之大量資料可以和相同生產器械進行比較，進而了解生產器械的運作狀況，進而即時進行相關維修，將生產器械之效能與效率保持在最佳化之狀態。以上相關資訊也可以反饋到生產器械製造商，當作生產下批器械之修正參考，透過 CPS 與智慧工廠之映射，達到無憂慮之生產，換言之，在工業 4.0 架構下，透過智慧分析診斷工具，來實踐預測分析。

美國與德國在科技領域之成就，是有目共睹。美國政府提出確保美國先進製造領先計畫（Ensuring American Leadership in Advanced Manufacturing），讓美國工業界重新定義生產價值鏈，再次出發。美國所提出之計畫與德國工業 4.0 主軸不同之處，是美國將第四次工業革命的核心，定位為結合製造與服務為一體的工業網際網路。

美國奇異（GE）公司，擁有強大的科技實力與全方位服務提供者，奇異一直採取多元化的經營策略，在很多的領域中都具有領先的地位。奇異具有厚實的技術根基，也掌握多數產業的行銷管道，奇異要實現工業網際網路，是指日可待的。GE 公司所提出的工業網際網路，與德國的工業 4.0，是殊途同歸的。奇異認為工業網際網路藉由大數據之成熟技術，來取得使用者資訊，再用智慧軟體分析其消費傾向，進而精準的掌握其客製化需求。如此一來，精準的客製化生產與行銷，可避免資源浪費，進而降低生產成本。美國也把發展智慧工廠，視為工業網際網路的一個重要面向，美國未來的智慧工廠設備與產品，可以藉由物聯網自動進行即時溝通，然後將相關數據上傳到企業的雲端平臺，透過雲端運算，可以快速發現問題所在，並即時提出最佳化的解決方案，提升智慧工廠效能與效率。

美國工業網際網路可結合產品生命週期管理系統，產品的設計階段、組裝過程、行銷管道、回收作業等過程，都可透過虛實整合系統，將虛擬世界與現實世界結合為一，如此一來，就打破企業和客戶之間的藩籬，這將使企業的營運效率大大的提升。換言之，美國的工業網際網路策略，致力於模糊智慧與機器的邊界，目地是整合於一體。德國向來以精實的硬體製造能力，傲視全球，而網路經濟發達的美國，則著重發展軟體開發、智慧網路、大數據分析的軟性的服務能力，德國人著眼點，在於智慧製造等工業領域，而美國人的工業網際網路，則是利用 ICT，來翻轉工業領域的傳統模式，兩國的發展重點雖不同，但殊途同歸。在未來，不論美國的工業網際網路或德國工業 4.0，工廠的生產流程將透過虛擬成像技術，呈現在各種行動裝置，使製程變得視覺化與可控制化，具備智慧工廠之要素。

在歐洲，發展網路產業的重要障礙之一，就是網路速度相對較慢，且普及化也相對較低。目前韓國的高速頻寬普及率約為 95%，而德國大概只有約 74%。由於網路基礎建設仍有相當之改進空間，以致於歐洲在網路經濟競爭中落後美國，甚至也可能被新興的中國所追趕。工業 4.0 的思維是翻轉全球製造業的浪潮，未來智慧工廠之生產將落實具效能、效率與高彈性度的大量個性化生產，並以低成本達成上述之目標與縮短產品上市時間。消費者可以大量參與並享受個性化訂購之樂趣，並可與相關機器互動，真正感受到整個產品生命週期與生產流程的參與感。

1.16 O2O（Online to Offline）

O2O 又稱離線商務模式，是一種由線上行銷，帶動線下營銷的新型態消費模式。透過將線下商店的相關訊息，推送給線上用戶端，吸引其至實體店面進行消費，從線上數位行銷轉為線下消費。此種模式特別適合需要親自到店消費的商品與服務，例如：餐飲、美容美髮、戲劇表演、連鎖健身中心等。

O2O 意謂著自網路到實體的虛實整合商業模式。O2O 可以使組織企業自網路行銷、客戶關係管理、到企業營運獲利，均有整體提升之能力。相關學者指出 O2O 較狹義定義是指消費者在網路上購買實體商店的商品成服務，然後再實際進到實體店面消費。O2O 消費者透過實體商家的推薦，在線上進行付費機制，相關業者再進行成效評估。虛實合一的電子商務模式，勢必是大勢所趨。

O2O 這個名詞肇始於美國折價券網站 Groupon（酷朋），而遺憾的是 Groupon 自 2015 年 9 月 22 日起已停止在台灣地區之營業。（註：Groupon 為全球最大的團購網站之一，每天都會有低價的折扣優惠，透過購物平台，每天提供不同的優惠券提供給客戶集體進行選購。Groupon 創於 2008 年，在美國芝加哥成立第一家公司，隨後就在多倫多、波士頓、紐約等城市遍地開花。目前在北美約有 150 個據點、歐洲 100 多個，涵蓋全世界 49 個國家，500 多個城市。而會員超過 1 億 1 仟萬人。）

O2O 也因大環境因素出現一些變形方式。一般而言，就是極力將潛在消費者從虛擬網路上，帶到實體店面。在過去，對虛擬網路採取觀望態度的實體商店，逐漸開始 O2O 之商業模式。有趣的是，在實體店面獲取愉快的消費經驗，使他們回到虛擬網路上，尋求以集體議價之商業模式，消費動機自 Offline 反過來到 Online 進行資訊匯集。

無庸置疑，載具（Carrier）在 O2O 中具有關鍵性的角色，實體 IC 卡片、NFC 裝置、QR Code、手機 App，都期待以簡便且友善的操作界面，自引導潛在顧客，而大舉建立組織企業與消費者共構的生態圈。我們不難看到在實體企業逐漸轉戰網路市場，連鎖餐廳、飯店住宿、醫美診所、連鎖運動中心、特色商圈等，已透過智慧型手機線上單、線上付費，逐漸形成另一個新興商業戰區。時下行動裝置讓消費者隨時都可 online，而且便於資訊的串聯，不僅使線上購物更為機動，也增加消費另類愉悅感，在同儕間更會形成一股潮流。

實體店面在 O2O 具關鍵性角色，正因為顧客實體消費行為在此產生，相關服務如果不是一次到位，消費者之不愉快經驗也會隨著 Online 而發酵，不滿意的消費者將透過社群網路，大肆 PO 文，如此將造成消費者望之卻步，不論 Online 前端設計如行吸引人、付款機制如何安全、消費流程如何減化，O2O 也將註定失敗。

O2O 行銷策略有許多優點，像是可以提升供應鏈效率、降低獲取客戶的成本，透過與消費者的線上互動，能夠更加了解其實際需求、購買偏好及習性，進而以此作為經營決策以及安全庫存調節的調整依據。

基本上，O2O 可從三個面向作探討：企業即媒體、產品即關係、服務即營銷。企業善用本身的媒體力量傳達相關品牌資訊及理念；進而提供以顧客為中心的產品與服務，建立與顧客之間的長久關係；透過服務及產品的內容體驗，使消費者對其產生信任及依賴。

O2O 營銷模式的核心是線上預付相關款項，用戶完成線上支付的這一行為，就好比購買行為成立的一項指標，提供 online 服務的互聯網專業公司才能夠因此確立自身從中獲利。不論是 B2C、C2C 或 O2O，都是在消費者完成線上支付後才形成完整的商業型態。對於主要提供服務性消費、且不重廣告營收的 O2O 模式來說，線上支付更是至關重要。

1.16.1 O2O 商業模式的產生背景

電子商務經營模式包幾種模式，例如：企業跟企業之間的 B2B，線上交易、企業跟消費者之間的 B2C，如線上購物、消費者跟消費者之間的 C2C，例如：線上拍賣。以及最新的概念：線上跟線下之間的 O2O。

雖然線上消費交易的發展已趨於成熟穩定，但從整體消費行為來看，線下消費的人數比例仍是遠高於線上消費交易的比例，因為實體店面的消費行為，仍然為商務核心所在。也因此，O2O 這種將線上消費者吸引到線下實體店面的商業模式，才會油然而生，而且逐漸成長中。

1.16.2 O2O 的應用－社區 O2O

社區 O2O 的市場範圍非常廣泛，從教育、醫療保健、物流，到購物、房地產，食衣住行，皆包含其中，且每一個市場都具有很龐大的商機及發展潛力。社區 O2O 的概念是以集體住戶為出發點，讓科技深入使用者的生活，使其生活更加便利。

社區洗衣服務就是一項值得持續開發的市場，尤其在台灣這樣子的工商社會，很多家庭都希望晚上會有人來收衣服並且燙衣服，所以社區 O2O 這樣子的服務就能夠深入群眾，做到線上消費、線下享受服務的一個機制。

1.16.3 O2O 成功案例－airbnb

airbnb 是一個提供使用者非常方便之線上訂房工具，透過故事行銷以及社群行銷活動（例如：instagram）等方式，塑造獨特的品牌形象、進而擴大世界的響應。此外，airbnb 也在許多小地方下功夫，例如：精緻的官網排版設計、每季發行的插畫風旅行雜誌 Pineapple，體貼的設計與服務為使用者創造難忘的訂房體驗。如圖 1-39 所示即為 airbnb 臺灣官網。與傳統 O2O 的認知不同，airbnb 品牌成功的關鍵即是：跳脫單純傳遞訊息、媒合兩造的第三方平台角色，建立屬於自己的品牌價值，並且靠自己挖掘線上使用者、發展內容以及創造專屬的顧客體驗。

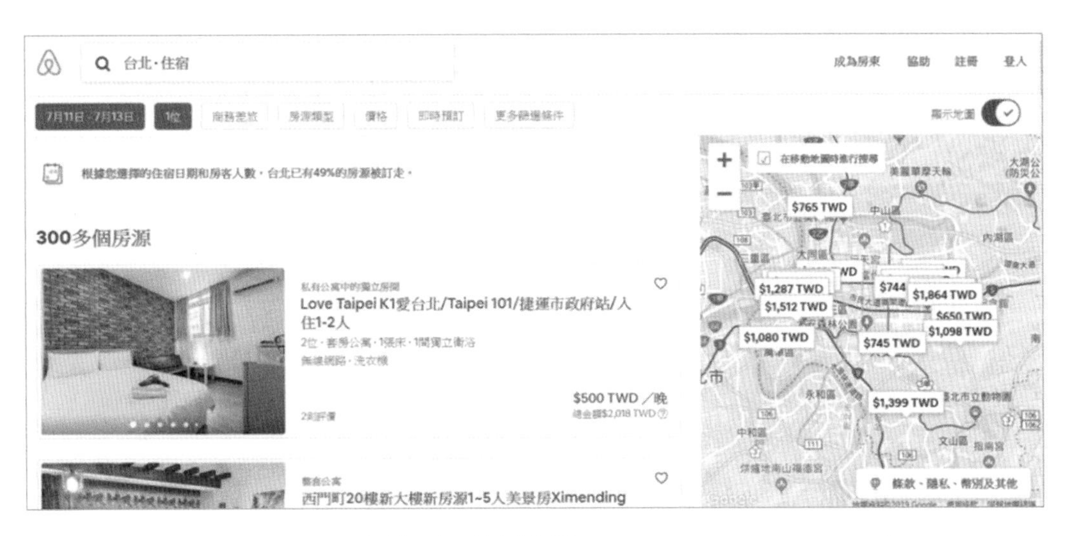

圖 1-39　airbnb 臺灣官網 (資料來源：https://www.airbnb.com.tw)

1.16.4 STARBUCKS（星巴克）O2O 發展

星巴克為了加強與客戶間的緊密互動，盡可能提供更多便利的服務，希望成為客戶心中除了家庭、工作場所之外的第三個專屬空間。例如：2001 年星巴克和微軟合作，開始於門市內提供付費的 Wi-Fi 服務；2010 年 7 月，進一步將 Wi-Fi 服務改為免付費且無需註冊、無時長限制。此免費提供的 Wi-Fi 網路服務，成功吸引大量線下客戶前往消費。

星巴克利用一些主流社交網站（例如：Facebook、Twitter、YouTube、Pinterest、Instagram、Google+等）營造線上社區，在年輕的互聯網消費者中建立起良好的品牌形象，成為各大社群網站中最受歡迎的餐飲品牌之一，同時與線下實體店鋪相互配合、促進門市銷售。星巴克在移動支付（Mobile Payment）領域也投入許多，2011 年 1 月星巴克發佈了移動支付的客戶端，同年交易額即超過 2,600 萬美元。

1.16.5 UNIQLO（優衣庫）發展

UNIQLO 運用 O2O 為線下門市導入流量、提高銷售量，其提供的服務包括於線上發佈最新商品資訊、服裝搭配參考、優惠券的發放、藉由網路定位功能搜尋附近門市等，吸引線上消費者至實體店面進行消費。

在實際運作方面，UNIQLO 結合實體門市及手機 APP，進行多管道銷售服務，將線上與線下雙向融合，如 UNIQLO 手機 APP 中提供的優惠券及二維條碼皆是專為實體門市設計，而同樣的，店內商品的優惠券和二維條碼也只有 UNIQLO 的 APP 才能掃描識別，雙向的交流能同時實現增加實體門市來客數以及提高專屬 APP 的下載量和使用率。如圖 1-40 即為 UNIQLO 在智慧型手機 APP 中提供的優惠券。

圖 1-40
資料來源：https://www.uniqlo.com

1.17 OMO（Online Merge Offline）

2017 年 9 月 1，創新工場李開復博士在主題演講中提到了一個新名詞：OMO。李博士認為互聯網的成長確實已經某種程度接近飽和狀態，而線上與線下的混合發展，則是一個趨勢。O2O 演進到 OMO，已是電子商務另一種發展。

OMO 是一個線上與線下融合的世界，也將對未來電子商務帶來相當之衝擊。隨著電子商務消費型態之轉移，O2O 逐漸進化到 OMO。而中國在此一波電子商務發展過程中，可自新零售、共享經濟與人工智慧（Artifical Intelligence, AI）應用看出端倪。

1.17.1 OMO 的應用－中國摩拜單車

中國在行動支付的重大創新變革，加再上具有 AI 核心技術的感測器，電腦視覺感知程度逐漸融合實體世界，將商店、交通、醫療、學校等現實世界的場景和行為，透過即時大數據分析，轉化為即時可用資料，進而融入實體世界。舉例而言，在中國的摩拜單車（Mobike）是一家從事經濟共享的單車運營的公司，每輛摩拜單車的智能鎖中的太陽能 GPS 和通訊模組，讓使用者可以藉由智慧型手機，隨時定位、隨時預約和使用就在附近的摩拜單車。使用者到達目的地後，也無需停靠在固定的停車樁上，可就近停放在路邊合適的區域，只需關鎖即可實現電子付費結算，帶給都會民眾極大之方便。摩拜單車如圖 1-41 所示，所搭配之智慧型手機 APP 如圖 1-42 所示。

圖 1-41

資料來源：https://zi.media/@yidianzixun/post/947iJX

圖 1-42

資料來源：https://kknews.cc/tech/mb2e69.html

而摩拜單車所造成的效應，正逐漸將線上與線下的界限移除。在使用者騎行過程中，各種感測器會把用戶的移動座標，和其他相關資料傳輸到雲端伺服器，進行雲端運算。在中國，各大城市每天的數百萬摩拜單車，產生約 25TB 的資料，形成了大型的物聯網系統。此外，摩拜單車雲端運算採用 AI 來分析即時交通狀況，並適時進行供需平衡，以期將效率進行最大化。共用單車摩拜的出現，產生了電子商務另一個新興模式。一輛單車停在戶外，即可吸引大量的使用者。線上融合線下的商業模式逐漸出現，造就了 OMO。

由以上例子得知，OMO 的時代到來，放眼現今全世界，智慧手機廣泛地被使用，AI 逐漸地落實、整合性的支付體系、感測器普遍地建置、ICT 技術不斷地突破，都將促使 O2O 將演變成 OMO 時代。

但是，中國摩拜單車的無樁運營模式，也給社會帶來了不少負面效應和爭議。例如：大量擠占社會公共資源、影響城市形象、暴露公民素質等，中國摩拜單車的運作也陸續出現了諸多爭議及負面消息，例如：人為管理缺失、回扣文化、押金難退等，在國外部分城市甚至遭到清退的局面，就 OMO 商業模式而言，中國摩拜單車的發展過程，雖是個失敗的案例，但仍然值得我們去探討與分析。

1.17.2 OMO 商業模式之特色

在 OMO 時代，其商業模式有以下幾個特色：

- **線上線下的流量會雙向融合**：我們了解 O2O 的商業模式是單方向自線上到線下，但 O2O 的商業模式則是線上線下的流量會雙向融合。在市面上，已經有新零售的業者，先透過線上下單，使用電子支付體系付款，透過大數據進行消費行為收集，消費者線下進行體驗後，再將消費者線下使用意見與偏好回饋至大數據系統，吸引消費者使用智慧型手機之 APP，隨時進行線上消費與線下體驗，新零售的業者依據大數據之分析（例如：消費者購物習性、購物歷史紀錄、線上庫存、線下容量、隨機促銷計畫等），將主動薦送相關商品給消費者，並透過社群網站進行多次數位行銷，如此一來，線上流量線下流量的分界點就模糊，進而融合在一起。
- **社群商業模式成型並去中心化**：新零售的業者，構建社群商業模式，透過社群中互動、推薦的方式，促使商機之形成，新零售的業者具備有線上、線下一體化的營運服務體系，而消費者到消費者、情境到情境的推播，構建出去中心化的社群商業模式。而行動支付體系之成熟，個人對企業、個人對個人之支付機制，更具彈性與便利性。
- **AI 的廣泛應用**：目前智慧手機上的普及，使用手機購物付款方式，逐漸取代信用卡或現金，而手機在所產生之大數據，可廣泛收集使用者消費前後之相關訊息，透過 AI 即時分析與決策，會在線上、線下間產生融合之效應，很多電子商務的商業模式，均會因此而產生重大改變。

1.18 元宇宙（Metaverse）的興起

2021 年 10 月 29 日，臉書（Facebook）宣布更名為 Meta！此一舉動，震驚全世界資訊通訊科技（ICT）領域。元宇宙（Metaverse）名詞來自希臘文的「超越」，也意味著在未來的虛擬世界，什麼都能做。Meta 將成為臉書的母公司，統一運作全球熱門的四個智慧手機應用程式：FB、IG、WhatsApp 與 Messenger。自 2021 年 12 月 1 日起，FB 在紐約證交所（New York Stock Exchange, NYSE）之交易代碼會自 FB 轉成 MVRS。

圖 1-43 臉書（Facebook）宣布更名為 Meta (資料來源：Facebook)

宇宙元是一個虛擬世界，換言之，下一代行動網路和社群媒體（Social Media）會植基於沉浸式模式（Immersive Model），不再只是以文字、圖片方式進行互動，而是以社交 3D 虛擬空間，所有參與者共享沉浸式體驗，即使參與者非以實體出席活動，但在虛擬的共同場域中，可以共同完成相關事務。舉例而言，西方的聖誕節與中國人的過年，都可透過一個具有去中心化的線上 3D 虛擬環境來進行，讓人不禁聯想，除了 ICT 持續突飛猛進之客觀因素(例如:5G 行動網路之商轉與 6G 行動網路之積極研發)，全球因 COVID-19 疫情之肆虐，視訊會議取代傳統之實體會議，也推波助瀾了前開場景之誕生。無庸置疑，元宇宙時代之來臨，對於線上電玩、商業交涉、線上教育、跨國房地產銷售、全球虛擬博物館、歐洲虛擬音樂會與歌劇表演、已故之世界級歌手或音樂家，可以再度與樂迷們一起在虛擬世界一起重溫舊夢，極致的科技，將再一次化腐朽為神奇。

元宇宙時代之落實，以技術面切入，在此虛擬環境中，需藉由虛擬實境（Virtual Reality, VR）眼鏡、擴增實境（Augmented Reality, AR）眼鏡、人工智慧、5G 寬頻基礎建設（Infrastructure）、區塊鏈（Blockchain）、比特幣（Bitcoin）、智慧型手機、個人電腦或平板裝置，相關產業在元宇宙概念被詮釋時，紛紛開始反應在股價上，受到全球投信業者青睞，可謂後疫情時代的新主流概念。

元宇宙是社交媒體科技的下一步進化主軸，FB 寄望元宇宙可以突破現在 ICT 的極限，從新的思維模式改善人們的連結性，讓虛擬市界的參與者更有存在感。元宇宙是混合式社交體驗，透過 AR 技術投射（Projection）到實體世界，以 3D 模式呈現，以虛擬分身（Avatar）活動，而 FB 則希望可以將 AR 技術投射與 3D 模式，無縫接軌整合在一起。在不久之未來，社群媒體之加入，有如跳進一個全新概念之虛擬空間，上網者將會更有意義的加入網路世界，而不是花更多的時間其，概念有如圖 1-44 所示。

圖 1-44　元宇宙讓上網有如跳進一個全新概念之虛擬空間 (資料來源：Facebook)

元宇宙概念之興起，也逐漸帶領相關產業再度起飛，各行各業也因元宇宙在不久之未來，相關概念產業會漸漸在全球浮現並落實，也因此會創造全球大量之就業機會。如圖 1-45 所示，構建元宇宙的協立廠商，在客觀上可涵蓋以下領域：

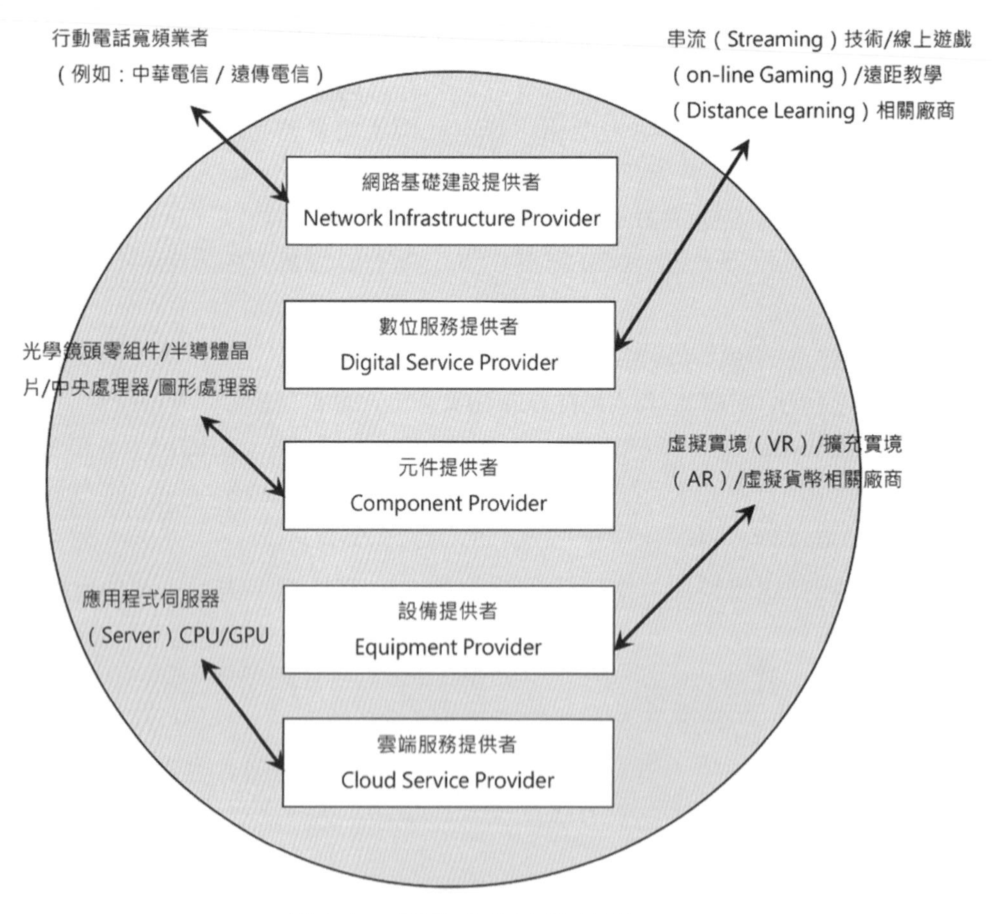

圖 1-45　構建元宇宙的協立廠商

- **網路基礎建設提供者（Network Infrastructure Provider）**：此面向包含行動寬頻業者（例如：中華電信/遠傳電信），5G 寬頻之商轉與 6G 寬頻之積極研發，提供無需考慮頻寬（Bandwidth）之高品質運作平台。
- **數位服務提供者（Digital Service Provider）**：此面向包含線上即時串流（Streaming）技術/線上遊戲（On-line Gaming）/遠距教學（Distance Learning）相關廠商，在穩定行動行動寬頻業者運作下，尤其在後疫情時代，相關產業應有爆發式之成長。
- **元件提供者（Component Provider）**：此面向包含光學鏡頭零組件/半導體晶片/中央處理器/圖形處理器，在元宇宙之虛擬實境（Virtual Reality, VR）/擴充實境（Augmented Reality, AR）穿戴式（Wearable）裝備上，具有關鍵性效果之影響。
- **設備提供者（Equipment Provider）**：此面向包含虛擬實境/擴充實境/虛擬貨幣相關廠商，不論是頭盔（Headset）或是眼鏡（例如：Google Glass），如圖 1-46 所示，在元宇宙中之角色扮演，具有舉足輕重之關鍵因素。

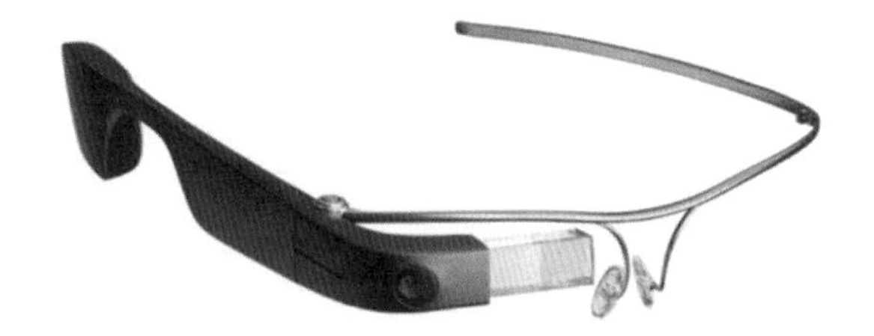

圖 1-46　鈦架鏡框的 Google Glass EE2 (**資料來源**：Google)

- **雲端服務提供者（Cloud Service Provider）**：現今現實世界每秒產生之大數據（Big Data）已儲存在雲端，提供全球跨組織單位之即時截取與運用，在元宇宙之虛擬世界中，應用程式（Application Program）伺服器 / CPU（Central Processing Unit）/ GPU（Graphics Processing Unit），提供無所不在（Ubiquitous）之運作空間，雲端服務提供者對於元宇宙，具有不可憾動之地位。

宏達電（hTC）於 2022 年 6 月，推出全球首支元宇宙手機 HTC Desire 22 Pro。hTC 表示，希望以有競爭力的價格，加速推廣元宇宙平台與相關產業之推動。此次 hTC 經過近一年半之淬鍊，首度發表新款智慧型手機，目前市面上之相關類似功能之產品則必須透過另外下載 App，或是與其他相關程式連結，才能串接元宇宙應用。這支元宇宙手機可直接整合介面，讓使用者直接連結 hTC 自建之元宇宙平台 VIVERSE，讓消費者直接進入元宇宙世界。HTC Desire 22 Pro 內建多款 VIVERSE 相關應用，安裝可連結頭戴式（Head Mounted）裝置 VIVE Flow 的 VIVE App，也提供管理個人虛擬資產（Intangible Asset）的 VIVE Wallet，提供使用者進行簡易數位資產管理，並透過連結 VIVE Market 進行消費，有助於相關用戶更接近元宇宙地氣之應用。如圖 1-47、1-48 為宏達電全球首支元宇宙手機官網圖資介紹。

圖 1-47　全球首支元宇宙手機官網圖資介紹 (資料來源：https://www.htc.com/)

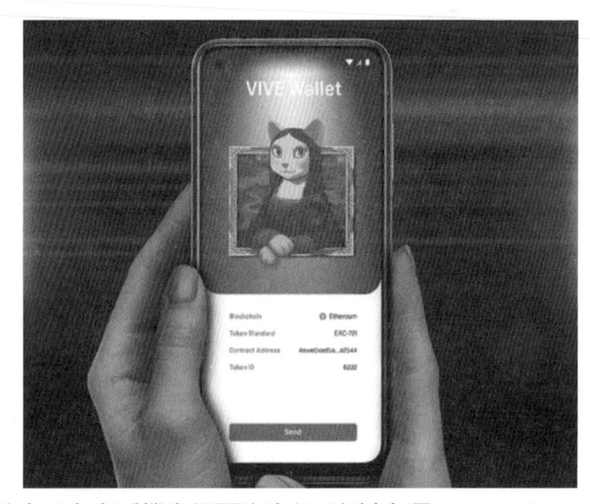

圖 1-48　全球首支元宇宙手機官網圖資介紹 (資料來源：https://www.htc.com/)

1.19 非同質化代幣（Non-Fungible Token, NFT）

非同質化代幣（Non-Fungible Token, NFT），為一種被稱為區塊鏈（Block Chain）數位帳本上的資料單位，每個代幣可以代表一個獨特的數位資料，作為虛擬商品所有權的電子認證或憑證。是在區塊鏈上產生的獨一無二代幣，每個代幣代表著獨特的數位資料，例如圖片、音樂、影片、或是社群貼文等，並能證明你的擁有權。

換言之，非同質化代幣可以代表數位資產（Digital Asset），如畫作、藝術品、聲音、影片、遊戲或其他形式的創意作品，加以數位化之精神於原創作品上。雖然作品本身是可以無限複製的，但這些代表它們的代幣在其底層區塊鏈上能被完整追蹤，故能為買家提供所有權證明。

隨著虛擬貨幣 Blockchain 浪潮的興起，一股 NFT 風潮正在席捲全球。NFT 是根據以太坊（Ethereum）ERC721 之標準為基礎，具有不可分割、不可替代、獨一無二的特性。它與同質化代幣（例如比特幣）的概念剛好相反。每一枚 NFT 上都會有一個編碼，具有不可替代、不可分割、獨一無二的特色。數位檔案可透過 Hash Function（雜湊函數）來計算 Hash Value，而 Hash Value 為獨一無二，只要任何一個 bit （位元）有經過變動，雖然肉眼無法辨識差異性，但仍會得到一組不同之 Hash Value。

舉例來說，如圖 1-50 所示為紐約市之照片，經過計算工具線上處理，得到如圖 1-49 之 MD5 Hash Value。

圖 1-49　New York City (資料來源：Courtesy from photos.123telugu.com)

我們使用 fileformat.info 網站所提供之（https://www.fileformat.info/tool/hash.htm）線上計算工具，計算出該圖之 MD5 Hash Value 為如圖 1-51 所示。

Original text	*(binary only)*
Original bytes	ffd8ffe000104a4649460001010100480048000ffe20c5849... (length=943692)
Adler32	25e922d6
CRC32	a624bac1
Haval	f9806df9581649f39516ee1e337f8205
MD2	2f3837a293cf67bb506f378c191d5766
MD4	3e7f030f7f8b5ec620347d7f0109f042
MD5	87dca290df748662fefaae1bba723213

圖 1-50　NYC 之原始 MD5 值

如果我們使用小畫家軟體，在原圖之右下方黑色區域，打上一個小黑點，在原圖上完全看不出來，但在數位鑑識（Digital Forensics）專業知識上，原數位創作已經過竄改或破壞，該數位產品之價值也有極大之可能崩盤，為了證明前開論述，我們以同樣工具與方法，在一次計算該圖之 MD5 Hash Value，得到之數位證據（Digital Evidence）

如 1-51 所示。由圖中之 MD5 Hash Value 原 NFT 之數位創作，已不是原創作者之第一手稿了，完美詮釋 Block Chain 數位帳本上之精神。在台灣之 Yahoo 奇摩也成立了 NFT 專區，如圖 1-52 與圖 1-53 所示。

Original text	*(binary only)*
Original bytes	ffd8ffe000104a46494600010101004800480000ffe1002245... (length=1171826)
Adler32	209f4afa
CRC32	43b262c0
Haval	32ca0a4c21f0aa5c6887bfb4ffbea6d9
MD2	569031dc817c85ec4b6b1e055eed885f
MD4	c469fe01602ef198224f3310b34bbda6
MD5	074b517b2c617a97d63a7b86dce118ad

圖 1-51　經過竄改或破壞 NYC 原圖之 MD5 值

圖 1-52　Yahoo 奇摩成立了 NFT 專區 (資料來源：www.kimo.com.tw)

圖 1-53　Yahoo 奇摩成立了 NFT 專區 (資料來源：www.kimo.com.tw)

1.20 課後習題

一、問答題

1. 何謂 EDI？使用有何好處呢？
2. 2000 年之電子商務泡沫化，是否意謂著電子商務不再盛行，請提供您之看法。
3. 何謂電子商業？與電子商務有何差異性？
4. 請舉出有名的電子交易市集，嘗試指出他們在電子商業中所扮演之角色。
5. 何謂電子商務之通訊媒介？而連結上網的方式有那些？請舉例說明。
6. 請指出有哪些網路社群、線上遊戲、微型部落格，在你看來，具有哪些特色。
7. 電子商務中的無線上網扮演之角色為何？
8. 何謂 Web 1.0、Web 2.0、Web 3.0？
9. 何謂雲端運算？有何商機？
10. 何謂 IoT？有何商機？
11. 何謂 O2O？有何商機？
12. 何謂 OMO？有何商機？
13. 何謂元宇宙（Metaverse）？有何商機？
14. 全球首支元宇宙手機有何特色？
15. NFT 有何電子商務商機？

二、選擇題

(　) 1. O2O 又稱離線商務模式，是一種由線上行銷，帶動線下營銷的新型態消費模式。透過將線下商店的相關訊息，推送給線上用戶端，吸引其至實體店面進行消費，從線上數位行銷轉為線下消費。以下之選項何者為 O2O 能增加運行便利度的主要操作要件？

(A) 載具（實體 IC 卡片、NFC 裝置、QR Code、手機 App etc.）
(B) 內需市場
(C) 優惠折價卷
(D) 尋求短期回報的流動資金

(　) 2. 下列何者雲端運算之敘述何者錯誤？

(A) 降低設備成本　(B) 更快速的運作
(C) 即時審閱、審核　(D) 網速需求低

( ) 3. 關於離線商務模式的運作，下列何者企業沒有使用？

(A) airbnb 跳脫單純傳遞訊息、媒合兩造的第三方平台角色，建立屬於自己的品牌價值，並且靠自己挖掘線上使用者、發展內容以及創造專屬的顧客體驗。

(B) 星巴克在移動支付已累積超過 700 萬的行動支付 APP 用戶並利用一些主流社交網站營造線上社區，在年輕的互聯網消費者中，建立起良好的品牌形象。

(C) NIKE 找出 NBA 頂級的人氣球星，為其量身訂做符合球星個性及想法的籃球鞋，以製造高品質、高水準、高價位的形象。

(D) UNIQLO 運用提供的服務包括於線上發佈最新商品資訊、服裝搭配參考、優惠券的發放、藉由網路定位搜尋附近門市等，吸引消費者至實體店面進行消費。

( ) 4. IOT 的全名為？

(A) 晶片製造商 (B) 軟體服務公司

(C) 創投顧問公司 (D) 物聯網

( ) 5. 行動商務是使用者以行動化的終端裝置透過行動通訊網路來進行商業交易活動。較狹義的定義為透過行動化網路所進行的一種具有貨幣價值的交易。下列何種企業適合使用行動商務？

(A) 跨國企業 (B) 知名精品

(C) 食品公司 (D) 以上皆是

( ) 6. 社群網站（Community Website）為 Web 2.0 的重要代表，精神在於集合眾人的智慧，彙整於網路上，充分達到資源共享的目的。下列何者不屬於社群網站？

(A) Facebook (B) Twitter (C) Plurk (D) YouTube

( ) 7. Web 1.0 之觀念是由網站之內容服務提供者，將想要在網頁上呈現的文字、圖片、數據，先存儲在資料儲存區（Data Deposit）中，再透過 Web 伺服器端的程式，來回應客戶端的請求，取出資料儲存區之內容，再使用網頁編輯器（例如：Adobe 的 Dreamweaver CS4），將事先設計的模板（Template），藉由動態產成的 Html 語言，透過用戶端的瀏覽器，將結果呈現在使用者眼前。而 Web 1.0 會轉型成 Web 2.0 之主因下列何者為非？

(A) 更新時要仰賴系統管理者才可修改網站之內容

(B) 只能使用網頁編輯器，或者是先設計好的後台程式（Backend Program）

(C) 更新重擔加諸在系統管理之上，導致管理更新速度緩慢

(D) 中心化之趨勢過於明顯，導致資訊交流崩解成資訊交易

CHAPTER

電商之智慧行動生活

學習重點

先解釋智慧行動生活之定義，並闡述智慧行動生活如何在我們生活中運作，緊接著就穿戴式裝置（Wearable Devices）的應用、環境感測器（Environmental Sensor）、智慧家庭（Smart Home）、智慧城市（Smart City）、智慧政府（Intelligent Government）相關議題切入，提供同學們研究與思考，願您成果期豐碩。

2.1 5G 智慧行動生活之實際相關應用

原則上，5G 與早期的 2G、2.5G、3G 和 4G 行動網路一樣，而 5G 網路是數位訊號蜂巢式網路，在這種網路架構中，供應商（Carrier）覆蓋的服務區域，切割為許多被稱為蜂窩的小區域。基地台藉由高頻寬光纖或無線，與電話網路和網際網路相連。當使用者從一個蜂窩移動到另一個蜂窩時，他們的行動裝置將自動切換（Switch）到新蜂窩中的頻道，行動通訊完全不受影響。

一般而言，5G 網路的競爭優勢在於資料傳輸速率，遠遠超越先前的蜂巢式網路。5G 傳輸速度最高可達 10 Gaga bit per second，比先前的 4G LTE 蜂巢式網路快 100 倍。由於，5G 網路資料傳輸更快，對於講求智慧型移動裝置傳輸速度的重度使用者，提供前所未有之感受。5G 針對工業物聯網、無人駕駛汽車（Automated Guided Vehicle）、商用無人機（Commercial Drone）等新技術的應用，網路延遲時間，由於 5G 高頻譜的關係，讓訊號繞過障礙物的能力不如 3G 和 4G，但如果更密集式的架設 5G 網路，可以減緩這傳送範圍小的問題，原本 3G 和 4G 網路可以距離較遠的架設基地台，但由於 5G 網路傳送範圍小，需更密集架設基地台。

一般而言，Google maps 規劃路徑的方式分為開車、大眾交通工具與步行三種。若選擇開車的方式，Google maps 會顯示出數個建議的路線規畫，此外，使用者還可以選擇是否避開高速公路與收費站；若選擇大眾交通工具，其建議的路程會包含許多組合搭配，例如：公車直達、轉車或配合步行等等，可以隨自己的需求做調整。

此外，Google maps 的景點服務非常貼近我們的日常生活，能夠查詢附近有的超商、停車場、餐廳、觀光景點等，也可以使用虛擬實境方式，直接線上參閱目的地附近之地貌，當然 Google map 也提供詳細的景點資訊，例如：照片、電話、營業時間、評價等等，圖 2-1 所示即為 Google maps 之手機導航功能。

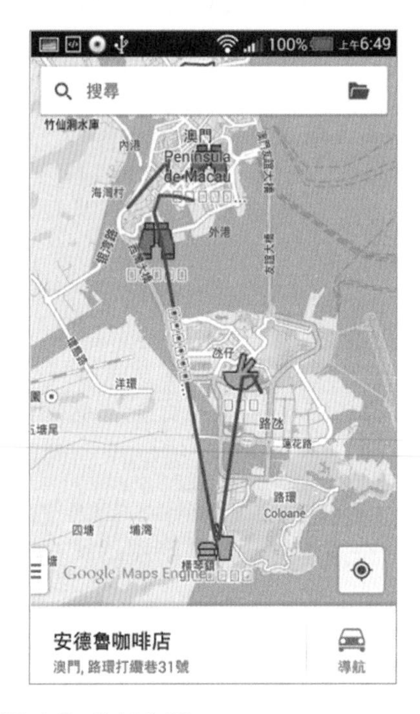

圖 2-1　Google maps 之手機導航功能 (資料來源：http://www.playpcesor.com/2013/10/google_28.html)

而 Google maps 之定位和導航夠透過地名或地址的輸入，直接連結該地的街景圖並進行即時導航，Google maps 可以放大、旋轉的方式對照位置與方向，常是自助旅遊者的必備工具之一。此外，自助旅遊者亦可使用其中的 My maps 功能，建立屬於自己的旅遊規畫地圖，就算在異國也能走透透。Google maps App 可和 Gmail 做結合，旅行社所寄發之 e-mail，如圖 2-2 所示，可以自動化直接寫入個人之行事曆，如圖 2-3 所示。

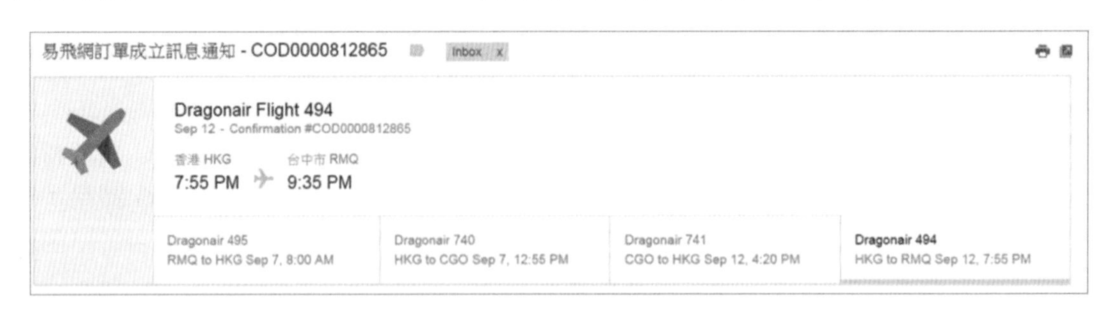

圖 2-2　旅行社所寄發之 e-mail

圖 2-3 自動化直接寫入個人之行事曆

Apple Maps 是一套由蘋果公司研發的電子地圖服務，也是 macOS、iOS 以及 watchOS 系統中預設的地圖服務軟體。Apple Maps 之特點為該 System 程序採用向量引擎，提供逐向導航（Turn by Turn Navigation）、路況訊息、Flyover、Siri、本地搜索等功能。而逐向導航可在汽車即將轉彎時，在圖形界面提供 3D 視圖，顯示當下前進道路的訊息，系統會主動提供相應的語音訊息以提示駕駛。而當汽車進入轉彎時，相機角度也會有動態之變化，讓使用者更加容易駕馭行車路線。如圖 2-4 所示，為筆者於美國舊金山街頭，見到 Apple Maps 之攝影機，由工作同仁徒步取得圖資之照片。

圖 2-4 為筆者於美國舊金山街頭，見到 Apple Maps 之攝影機

圖 2-5 Apple Maps 在荷蘭道路上的使用狀況 (資料來源: https://www.actualidadiphone.com/)

2.2 穿戴式裝置（Wearable Devices）的應用

近幾年來，因應智慧型手機與雲端應用的盛行，加上各種電子裝置與感測器所帶動的物聯網應用，讓智慧生活無所不在，在人類史上寫下燦爛的歷史。穿戴式裝置產品仍是以手腕類為主流，例如：手錶、手環等產品。而這些產品大多是從智慧型手機所延伸出來的配件（Accessories）。

而穿戴式裝置的應用範圍非常廣泛，包含頭、臉、耳、頸、肩、手（指、腕、臂）、背、胸、腰、四肢等人體各部位都可以有穿戴式裝置的應用，如圖 2-6 所示。根據使用者的需求，也可衍生出各種功能的產品。例如：為了滿足運動生理學上所需之資料，穿戴式裝置可將運動者之心跳、體溫直接上傳雲端並即時提供回饋給運動者，做出建議或警告。在休閒方面，穿戴式裝置可播放音樂、分享社群軟體訊息；在健康產業方面，穿戴式裝置可與醫療機構配合，提供如長期照護者之重要數據監測、一旦家中老人或幼兒佩戴，能隨時自動向家人通報其目前狀況。

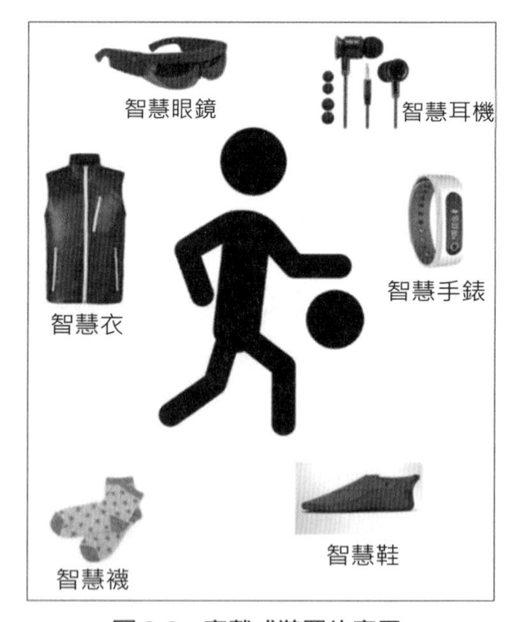

圖 2-6 穿戴式裝置的應用

根據工研院 IEK 的調查，ABI Research 指出行動照護（Mobile Health；mHealth）的穿戴式裝置出貨量達 1.6 億套之需求。而工研院也展出許多有關健康管理的居家生理檢測穿戴式裝置及相關技術，以下列舉其中三項做說明：

1. **醫療級的連續式血氧監測腕錶**：此裝置能夠以光學方式計算血氧濃度，可用於監測日常活動中的血氧濃度和脈搏數，此裝置之準確度非常高。此外，該裝置還可結合 APP 與雲端服務，應用於運動耗氧、過勞、人體代謝、睡眠呼吸中止等健康監測管理，在 COVID-19 疫情期間，扮演關鍵性角色，如圖 2-7 所示。

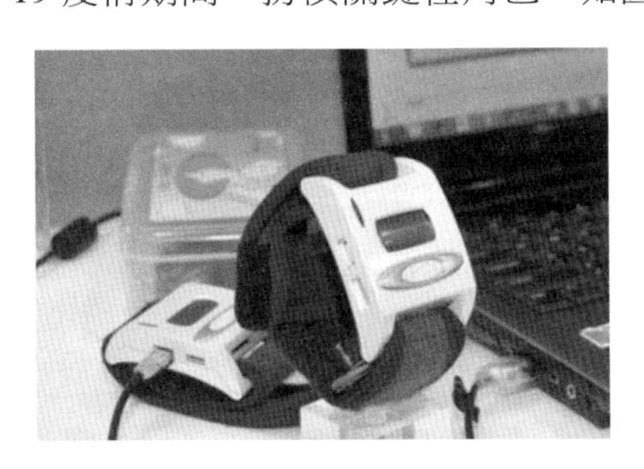

圖 2-7　醫療級的連續式血氧監測腕錶 (資料來源：http://www.itri.org.tw)

2. **微型奈秒脈衝近場非接觸感測（NPNS）心跳錶**：此裝置可以進行人體心跳狀況評估，此裝置之特點包含即時的生理資訊通報、非接觸式的訊號感測與無線資料傳輸、長時間的連續監測等等，如圖 2-8 所示。

圖 2-8　微型奈秒脈衝近場非接觸感測心跳錶 (資料來源：http://www.itri.org.tw)

3. **健康智慧椅**：此裝置為針對久坐椅子的年長者而設計，期將量測的感應裝置嵌入至椅子上，可用以測量體重、血壓、血氧、心跳以及運動量，測量的結果亦可顯示於 Android 智慧型手機或平板電腦上，並透過雲端、分享給親友等方式做到全方位健康管理，如圖 2-9 所示。

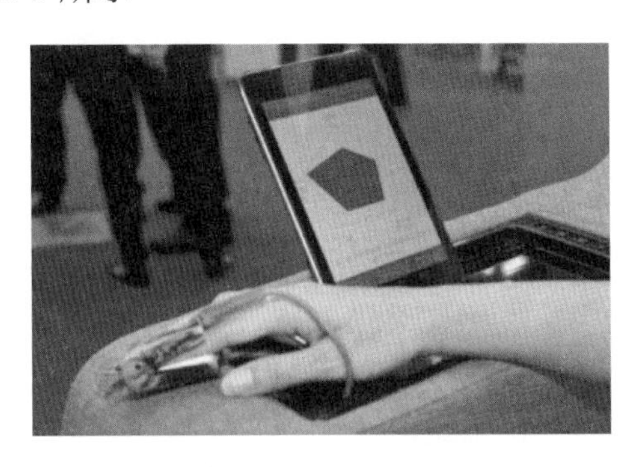

圖 2-9　健康智慧椅 (資料來源：http://www.itri.org.tw)

2.3 環境感測器（Environmental Sensor）

將來，環境感測器的功能將涵蓋計算空氣中的濕度、溫度、輻射量、汙染物的含量、所處位置的經緯度、海拔高度等等。經過數千年，人類對地球資源的過度開發與使用，已嚴重反應到我們現今的生活環境中，空氣汙染（如細懸浮微粒 PM2.5）已成為人們的一大隱憂。因此，氣體（Gas）感測的相關應用，將會是環境感測器未來的首要關注方向。藉由相關環境感測器的數值顯示，可以清楚得知我們身處的環境是否有汙染物、細懸浮微粒 PM2.5 或有毒氣體含量是否過高的問題。目前，針對空氣中紫外線感測的應用，相關廠商已開出穿戴式裝置，並將其結合於帽子、化妝包、髮飾，甚至是高爾夫球桿中。此裝置能有效提醒使用者在當下身處的環境中，UV 指數是否有超標的疑慮，以達到警示的作用。

另一項環境感測器的應用，為俄羅斯銀行 Alfa-Bank 與 Jawbone 智慧手環的結合。Alfa-Bank 將客戶的存款利率與智慧手環連結在一起，當客戶在跑步運動時，其穿戴的 Jawbone 智慧手環會自動計算其跑步距離，而隨著跑步距離的增加，客戶的存款利率也會跟著調高。此創意行銷的方式，讓消費者的生活與該品牌緊密相連。

在國內，華碩 ZenWatch 結合兆豐證券，推穿戴式金融服務。現今很多智慧健康錶均可提供相關民生與商務資訊。例如：當日股價走勢、期貨/選擇權、股票申購通知、指數行情、國際財經新聞、個股新聞等，亦可以自行設定價量觸發警示，當價量到達設定值時，系統裝置會自動提醒使用者。此穿戴式應用為行動商務人員，創造出前所未有的穿戴式金融服務體驗，人類生活又多了另一種展新的層面，如圖 2-10 為 ASUS VivoWatch 5 智慧健康錶。

圖 2-10　資料來源：http://www.asus.com.tw

2.4 智慧家庭（Smart Home）、智慧城市（Smart City）

物聯網（IoT）即是將萬物透過網路互相串聯在一起，彼此之間能夠藉由觸發，產出不同的應用。在我們日常生活中，早晨鬧鐘響起，其鈴聲觸發窗簾感應器自動拉開窗簾，陽光立刻灑入房間，接著觸發智慧插座開關，烤麵包機開始預熱、咖啡機亦同時啟動，收音機頻道隨著起床的動作，跟著開始播放，按下手機 APP，空氣感應器即開始分析空氣中的物質成分，並在有異常時，由中央空調系統進行清淨，透過健康手環，進行每日的健康狀態檢測，透過雲端系統整合分析，以確認生理機能是否一切良好無異常。這些想像中的智慧家庭場景，已不再只是不切實際的科幻小說，目前已有許多智慧家庭的相關產品推出，例如：門窗感應器、警報器、紅外線偵測器、智慧雲插座等。

目前市面上，各家 Gateway 與互相聯結 IoT 的溝通技術，都具備省電低耗能的優點，而其共同優點就是省電低耗能，換言之，互相連結的 IoT 裝置，能夠倚靠一個小電池維持非常長久之時間，而相較於耗電量高且需插電使用的 Wi-Fi 技術相關產品，更適合用於佈建智慧家庭 IoT，再加上精緻的機體設計，提供高質感與性能的智慧家庭生活應用。一般而言，智慧家庭的基本架構來自於雲端，需透過與手機 App 連結以進行操作與控管，言下之意，物聯網的應用仍離不開智慧型手機。在不久的未來，雲端大數據（Big Data）的分析，裝置能夠根據使用者的習慣將這些數據資料與機器人（Robotics）做結合而自動執行。如圖 2-11 所示，為相關業者提出之智慧家庭示意圖。

圖 2-11 智慧家庭示意圖 (資料來源：http://www.digitaltrends.com/)

基本上，智慧城市的概念是透過無所不在的網路、感測器和大數據處理技術的結合應用，以提升整體城市的能源使用效率，並且有效維護及管理公共建設。以大都會常見之停車位一位難求問題，可以透過無線網路，即時查出目的地目前的車位狀況，避免在市區茫然地尋覓。當離開停車場時，以智慧型的收費系統為例，其除了投幣機外，亦可接受信用卡、手機 APP 行動支付等方式進行繳費，因為如果可以節省市民投入硬幣和找錢程序的時間，就能簡化相關庶務。如圖 2-12 為智慧型手機停車指引 App，圖 2-13 為智慧型停車指引感測器。

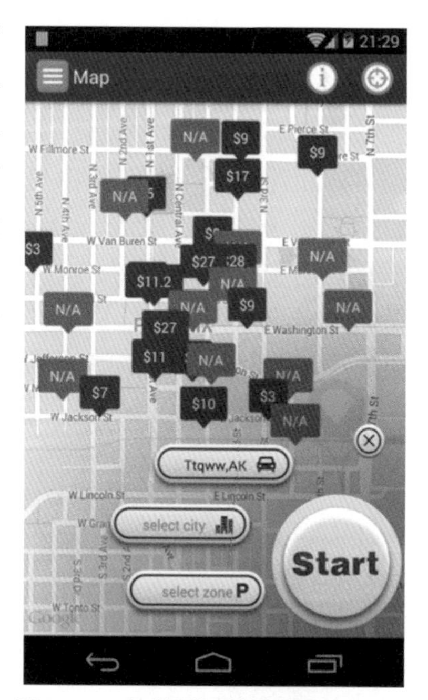

圖 2-12 智慧型手機停車指引 App

(資料來源：https://play.google.com/store/apps/details？id=com.quickode.pangousa)

圖 2-13　智慧型停車指引感測器 (資料來源：http://www.smartparking.com/)

根據財團法人資訊工業策進會相關資料顯示，在經濟部技術處的支持下，資策會智通所，長期投入智慧綠能相關技術研發，特別規劃展出屢獲 R&D 100 全球百大科技研發獎、俄羅斯莫斯科「阿基米德國際發明展」銀牌獎、日本東京國際發明展銀牌及台北國際發明暨技術交易展「發明競賽區」金牌之【In-Snergy 智慧綠能聯網解決方案】，將此套整合軟體、硬體、通訊及平台的解決方案，以實境應用的方式，能夠有效率地提升能源管理、使能源皆能發揮其最大之效益。目前此解決方案更進一步針對不同的節能需求，一口氣於台北國際電腦展中，推出四大綠能解決方案：智慧綠能家庭管理、智慧照明管理、企業能源管理、再生能源監測管理，透過準確的電力監測、雲端智慧統計分析、遠端遙控，可提供一系列完整的智慧綠能聯網平台。【In-Snergy 智慧綠能聯網解決方案】，目前已透過技術授權、共同開發等方式，協助相關廠商整合解決方案，進而進軍國際市場，期盼能藉此帶動台灣智慧綠能相關產業鏈業者整廠輸出、以台灣資訊通訊科技能量做後盾，促進產業創新營運模式、開創台灣智慧綠能相關產業新願景。

有特別針對企業用戶所設計的【企業能源管理解決方案】，它能具體協助中小企業透過系統的導入，分析企業的用電習慣，進而找出任何可能的節能方案，再藉由調配尖、離峰的用電、需量控制等方式，減少電費不必要之支出。此系統已導入國、內外超過 300 家的工廠及營業場所，成功協助企業透過有效的能源管理與運用，省下 10~20%的能源。如圖 2-14，為相關業者提出之智慧家庭能源管理示意圖。

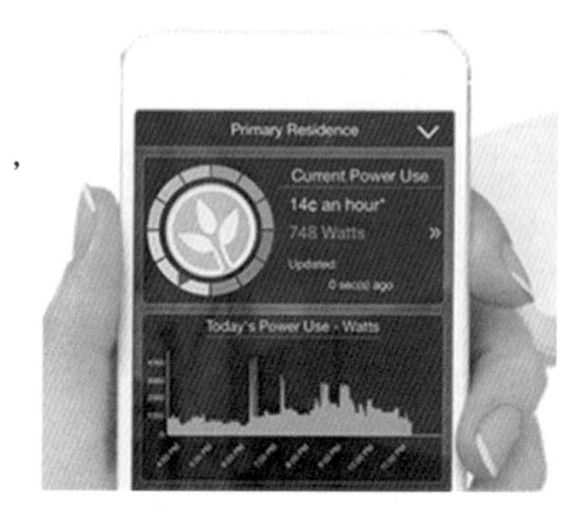

圖 2-14　智慧家庭能源管理示意圖
(資料來源：https://bluedot.com)

而「智慧綠能家庭管理解決方案」整合家用電器，全天候智慧診斷，目前已累積逾 3,000 戶的家庭使用經驗，透過整合一系列硬體設備、以簡單的安裝設定即可使用的系統，消費者即可透過智慧型手機 APP 了解家中即時、歷史用電狀況，亦可藉由智慧插座針對設備進行相關排程的控制、電力過載的斷電保護、遠端遙控，協助每位消費者輕鬆打造智慧綠能家庭。

而車用物聯網的應用，主要包含頭部姿態監控模組駕駛行為感知技術，及國道貨車動態過磅系統。頭部姿態監控模組駕駛行為感知技術是藉由車速讀取器、角度感測器以及駕駛所配戴的角度感測器三者做搭配，能夠判斷駕駛的頭部姿態是否正確，若有異常即會警示告知，此項系統能夠讓駕駛人在駕駛的過程中更加安全，避免憾事發生。國道貨車動態過磅系統是指貨車在經過特定範圍時，其車號、載重量等資料會經由加密的無線訊號方式，傳送給車載機，並且立即能夠得知其載重量是否有超標，如圖 2-15 所示。

圖 2-15　車用物聯網的應用 (資料來源：http://www.itri.org.tw/)

2.5 智慧政府（Intelligent Government）

根據相關資料，新北市早在 2015 年的國際智慧城市論壇（Intelligent Community Forum, ICF），再度榮獲全球 21 大智慧城市（Smart 21 Communities）的佳績。透過大資料分析，能顯示城市生活之下的未知模式，而城市計畫推動者，必需要能夠抓住這些潛藏的機會，進而作出明確的判斷與決策，進而改善市民的生活與工作模式。提升生活品質其智慧城市的核心建構理念包含三的面向，簡稱 3O：一體政府（One Government）、開放政府（Open Government）、掌上型政府（Government On Hand）。

1. **一體政府**：概念為打破區域與機關間的縱、橫向資訊不流通，為使市民能夠享受更方便的服務，必須打破資訊的藩籬。例如：透過雲端科技之運用，使各區域的市民資料能夠加以整合在一起，不受戶籍所在地限制，方便跨區域的資料調閱與管控。此外，市民亦可透過無所不在網路，跨區進行各業務的申辦服務。國外許多城市開始朝大資料城市邁進，例如：芝加哥、阿姆斯特丹皆在城市中建置大量感測器，將蒐集到的資料打造城市數位儀表板，再進一步利用這些資料，來提供更好的市民服務。但是更重要的是領導者如何利用這些資料來改變工作、生活及愉樂，並開始與城市互動，這才是城市能轉變的關鍵成功因素。
2. **開放政府**：其主要概念為讓公共資料透明化。透過雲端大數據儲存、運算與應用的方式，將各類型資料彙整後，開放給市民進行閱覽，以提供民間單位利用或進行學術研究。政府單位應致力研究新世代經濟與社交發展，以及寬頻經濟帶來的影響，進而分析城市如何應用資訊通訊科技（ICT）技術創造就業機會和經濟發展策略，並推動區域性計畫。知識工作力、寬頻建設、數位包容力、創新力、市場推動力、永續發展能力，均為政府單位之重要考量方向。

3. **掌上型政府**：隨著資訊通訊科技的蓬勃發展，新北市除原本提供各項市民網路資訊及線上申辦服務等，更積極落實多元化的行動化便民服務機制，目地就是要打造新北市的智慧生活，達成智慧政府，如圖 2-16 所示，為新北市行動應用服務之掌上型政府 App。

圖 2-16　新北市行動應用服務之掌上型政府 App
(資料來源：https://wedid.ntpc.gov.tw/Site/Policy?id=103)

2.5.1 行動支付服務（Mobile Payment Service）的應用

根據相關文獻指出，台灣於 2015 年正式進入行動支付元年。例如：到速食店消費、搭捷運、公車，很多場合，只需要用手機「嗶」一聲，即完成繳費手續；在路邊看到餐廳的智慧型 QR code 海報，用手機點掃瞄點餐，手機線上付款後，回到家中，甚至就可享用已經送達的餐點，行動支付的出現，讓生活變的簡單。簡而言之，行動支付即是將信用卡、悠遊卡等虛擬化，再存到行動載具(例如：智慧型手機、iPad、Mini iPad）中，使其變成電子錢包，在實體店面中，只需用它輕鬆「嗶」一聲即完成交易，空中下載（Over the Air）信用卡行動支付時代已經來臨。據美國 ABI Research 預估，全球近端行動支付交易規模，在 2017 年超過 1910 億美元，且每年將以平均 35%幅度成長。

圖 2-17　手機行動支付 (資料來源：http://news.housefun.com.tw/)

隨著智慧型手機、平板的廣泛使用，數位行動經濟的時代也將來臨，在不久之未來，到自動櫃員機（ATM）提款，即使沒有帶實體 IC 晶片卡，也可提款。兆豐銀行就與台灣行動支付合作，推出行動金融卡手機提款方案，2015 年底上線，一般民眾只要持有內建行動金融卡的智慧型手機，就可拿著智慧型手機、平板到 ATM 機器，進行智慧型手機提款，可做到無卡提款的服務，可謂智慧型無卡提款機時代來臨，如圖 2-18 為智慧型無卡提款機。

圖 2-18　智慧型無卡提款機(資料來源：http://www.lifetimes.tw/)

台灣行動支付公司早於 2015 年初，推出 PSP TSM 平台及 t wallet APP，已約有 20 餘家銀行透過該平台，發行手機信用卡，及約 15 家銀行發行行動金融相關業務。持有手機信用卡的的消費者，可以在全台約 5 萬、全球約 260 萬家標有 Visa PayWave、MasterCard Paypass 的特約商店，進行感應式 NFC 刷卡消費，非常實用方便。如圖 2-19 為 Visa PayWave，如圖 2-20 為 MasterCard Paypass。

圖 2-19　Visa PayWave (資料來源：https://www.ekapija.com/en/news/1239944/contactless-payments-in-restaurants-mcdonalds-launches-visa-paywave-technology)

圖 2-20　MasterCard Paypass (資料來源：http://androlib.blog.hu/2014/08/07/mastercard_paypass_a_leggyorsabb_fizetesi_mod_a_fesztivalokon_is)

持有行動金融卡的消費者，可在 t wallet 或兆豐、凱基及元大銀行的行動 ATM 上，使用轉帳、繳費、餘額查詢等相關金融服務。當然，提款、繳稅相關功能服務，也很快就可付諸實現。屆時客戶出門，就可以不用帶傳統金融卡，用手機就可以遙控兆豐銀行 ATM 機器進行吐鈔，民眾只要持有已內建行動金融卡的智慧型手機，到 ATM 前選擇手機提款，再依照畫面指示，輸入手機號碼、銀行交易驗證碼、提款金額、金融卡密碼後，就能讓提款機吐鈔。

2.6 課後習題

一、問答題

1. 穿戴式裝置（Wearable Devices）的應用為何？
2. 何謂環境感測器（Environmental Sensor）？
3. 何謂智慧家庭（Smart Home）？
4. 何謂智慧城市（Smart City）？
5. 何謂智慧政府（Intelligent Government）？
6. 何謂行動支付服務（Mobile Payment Service）？

二、選擇題

（　）1. 下列何者為智慧行動生活的相關應用？
(A) Google Map　(B) Clash of clans
(C) Dcard　(D) Hearthstone

（　）2. 目前有哪些從智慧型手機所延伸出來的配件？
(A) 智慧手錶　(B) 智慧手環
(C) 可與手機連動的平板　(D) 以上皆是

（　）3. 關於環境感測器之功能合者有誤？
(A) 可計算空氣中的濕度、溫度
(B) 可計算目前輻射量、汙染物的含量
(C) 可以傳簡訊
(D) 可得知所處位置的經、緯度、海拔高度

（　）4. 工研院發展出許多有關健康管理的居家生理檢測穿戴式裝置及相關技術，下列選項何者為非？
(A) 醫療級的連續式血氧監測腕錶
(B) 體重計
(C) 微型奈秒脈衝近場非接觸感測(NPNS)心跳錶
(D) 健康智慧椅

（　）5. 目前有將環境感測器應用於生活的公司，下列何者為是？
(A) 豐田汽車　(B) 大立光股份有限公司
(C) 統一集團　(D) 俄羅斯銀行 Alfa-Bank

(　) 6. 下列何者為智慧家庭的相關產品？
(A) 門窗感應器　(B) 警報器　(C) 智慧雲插座　(D) 以上皆是

(　) 7. 以下為智慧城市的舉例敘述，何者未使用到其生活概念？
(A) 使用後照鏡以確認是否超出停車格。
(B) 離開停車場時，以智慧型的收費系統，其除了投幣機外，亦可接受信用卡、手機 APP 行動支付等方式進行繳費。
(C) 智慧型停車場之地面車輛感測器，為智慧型停車指引感測器。
(D) 停車位一位難求問題，可以透過 3G/4G 無線網路，即時查出目的地目前的車位狀況，避免在市區茫然地尋覓。

(　) 8. 智慧城市的核心建構理念包含三個面向，簡稱 3O，請問下列選項何者正確？
(A) 一體政府(One Government)　(B) 開放政府(Open Government)
(C) 掌上型政府(Government On Hand)　(D) 以上皆是

CHAPTER

電商之客戶關係管理（CRM）

學習重點

先解釋電子商務中客戶關係管理（CRM）之定義，並闡述何謂客戶關係管理，在電子商務中，佔有極為重要之地位。然而想要成功地導入客戶關係管理，亦有其關鍵成功因素，本章也針對以上列舉部份，詳加介紹。同時，本章亦列舉CRM之國內、外領導廠商，讓同學在畢業進入職場時，就能先具備CRM實作系統中之相關概念。再來，針對 CRM 在電子商務之應用實例與策略，在本章中亦有詳加介紹，而 CRM 在電子商務未來發展之趨勢，也在最後章節中加以分析，同時也針對本土之CRM發展環境，加以闡述CRM在電子商務之應用實例與未來發展趨勢。

3.1 何謂客戶關係管理（Customer Relationship Management）

所謂的顧客關係管理就字面來說，就是企業為了建立新顧客，並且維持既有的顧客關係，且和顧客保持良好的關係。就廣義而言，是運用資訊科技，加以整合交易前端的資料收集、中段的市場分析，與後段之銷售、後勤的客戶服務管理，提供客戶量身訂做的溝通管道，來提高客戶的黏著度及企業營運效率，做好顧客的服務品質，加強顧客滿意度（Customer Satisfaction），保持顧客忠誠度（Customer Loyalty），提高顧客利潤的貢獻度。

經由持續的溝通觀察所有行銷管道，並與顧客進行互動，而且透過建立完整的客戶資料，加以整合、分析，了解客戶的生命週期和顧客個人及分群的行為和特性，掌握最有價值的客戶及其財務需求，為各類型客戶量身訂製符合個別需求的商品，提供讓顧客認同的產品（Product）及服務（Service），並透過各種有效率的多重通路行銷出去，藉由顧客所累積的終身價值，提升企業的競爭力與獲利力，協助企業達成長久獲利的目標。

由於網路與資訊軟體之普遍使用，企業與顧客間之互動亦愈加頻繁，在電子商務時代，不同行銷管道與策略，使得企業與顧客間之關係愈趨複雜。對企業而言，CRM是既可開源、又能節流的新營運策略，所謂的開源是指企業能收集、跟蹤和分析每一個客戶的資訊，了解顧客的新消費習慣，同時能夠發掘新的市場機會；而節流是指通過對業務流程的全面管理，來降低企業的成本，使得能夠更精準有效的行銷，更自動化地服務客戶，藉以提升顧客滿意度及忠誠度，以提高企業服務形象與品質。因此，CRM 在有形與無形中都可為企業帶來潛在助益。

著名的麥肯錫（McKinsey）管理顧問公司指出，顧客關係管理是持續性的關係行銷（Continuous Relationship Marketing）。企業運用不同產品，以及不同的通路，來滿足不同顧客群的個別需求，同時能夠持續進行，隨著顧客消費行為的改變，進而調整銷售策略。企業必須要能夠區分顧客的差異性，將目標鎖定在未來對企業利潤有貢獻度的顧客，而可以將不同客戶加以分門別類，以節省對企業利潤無任何貢獻度的行銷成本，將目標鎖定在有價值的顧客關係上。根據《財星雜誌》所列的一千大企業當中，僅有不及 30%的企業對於最有價值的客戶關係有明確的認知。

近年來「顧客關係管理」已成為許多企業所關心與努力的焦點，很大的原因，當然是因為商業競爭愈趨激烈，要維繫既有顧客的忠誠度並不容易，更遑論開拓並維持新客源；其次的原因，則是隨著事業體的擴展、顧客接觸面的增加以及全球化的競爭環境，因而導致顧客資料與管理事務的日漸增加，已非傳統的管理方法所能因應。

顧客關係管理（CRM）是近幾年很熱門的術語，大家都想運用 80/20 法則（80%的營收來自 20%的顧客），但是如何才能辨認出這些有價值的顧客？如何才能讓留客率增加？十年前行銷大師皮柏（Don Peppers），提出一對一行銷的概念（One To One Marketing），以個人化行銷活動與服務，來創造競爭優勢，這可以算是顧客關係管理的一個重要起源。

在國內顧客關係管理仍有很大改進空間，而 CRM 的概念於 1997 年開始成長，一些歐美大企業如美國電話電報公司（AT&T）、花旗銀行（CitiBank）與戴爾電腦（Dell）等，便已經率先推動了。即使他們目前只推行了一部分，卻已有顯著成效。但在一個顧客要求節節升高，同業競爭日益激烈的環境，能否真正做到，則有賴策略與科技的配合。而班恩顧問公司（Bain）針對全球高階主管進行管理工具調查發現，72%的受訪者表示，他們希望使用 CRM，這個比例比起過去之調查高數倍之多。

顧客關係管理，正是所有企業都要面對的課題。儘管顧客關係管理愈來愈受重視，但是它目前還沒有一個精確的定義。但是可以確定的是 CRM 將在未來數年擔負企業流程再造（Business Process Re-Engineering, BPR）的重要角色。因為面對全球運籌的必然趨勢，企業必須從他們現有的客戶關係中，增加附加價值和利潤，並同時吸引帶有利潤的潛在客戶（Potential Customer），以維持企業的競爭力（Competitiveness）。

CRM 最早發源於美國，在 1980 年代初期，就有所謂的接觸管理（Contact Management），專門收集顧客與公司連繫的所有資訊，到了 1990 年代初期，演變為包括電話服務中心與支援資料分析的客戶服務（Customer Care）功能。由於各企業已意識到，顧客滿意度會影響企業獲利，因此如何維繫顧客忠誠度及滿足顧客需求，就成為企業主關心的議題，正因為企業界已經開始將焦點放在所謂前台（Front Office）的顧客互動上。

因此，包括行銷及銷售過程自動化等技術領域，都可以視為顧客關係管理的模組。由於顧客關係管理主要的目的是和顧客建立密切且持續的關係，同時強化購買產品及服務的需求，所以擷取每一位顧客的資料，探知顧客的活動與相關需求，就成了顧客關係管理非常重要的概念。

由於網路發展快速，伴隨著各種應用與資料來源的建置—包括 ERP 系統、操作型 CRM 與銷售自動化（Sale Force Automation, SFA）應用，改變了企業與顧客之間的互動、收集顧客資訊的作法。然而也因為如此大幅增加了決策者進行決策時所需的資訊量。那如何善用這些資訊，將其轉換成有效的策略與行動，以保有舊客戶、增加新客戶，是現今各企業所面臨的大挑戰。

知名學者 Kakakota 曾舉出相關經典研究統計數據如下：客戶會將使用產品後的抱怨，透過網路告訴全世界；在過去非網路的時代，一個抱怨的顧客會讓平均九個人知道其不愉快的經驗，而在現今網路經濟時代，他可以把這些經驗讓全世界都知道。那如果在事後補救得當，70%的不滿意顧客仍會繼續與該公司往來。然而，要將新產品或是新服務銷售給一位新的顧客的成本是將其銷售給一位舊顧客的 6 倍。對一個新的顧客推銷期成功機會只有 15%，但是像一個曾成交的舊顧客推銷的成功機會卻有 50%。也就是多留住 5%的現有戶，就可為公司提高 85% 的獲利率。而且目前 90%以上的公司在銷售與服務整合方面，仍為做好支援電子商務的必要準備措施。

所以要做好顧客關係，首先必須要了解顧客的行為，從顧客過去所累積的交易紀錄中，找出顧客的行為模式和顧客有關聯的各種趨勢關係，因而幫助企業能夠以更客觀的角度制定決策，以滿足顧客的實際需求。安迅公司（NCR）很早便協助電信及航空公司，落實顧客關係管理概念。該公司認為顧客關係管理導引企業不斷地與顧客溝通，了解與影響顧客的行為，因此能主動地爭取新客戶與掌握老客戶。

CRM雖然能為企業在景氣與不景氣下帶來助益，但是CRM的應用範疇相當廣泛，從一張型錄、一通抱怨電話到設立 CTI Call Center、WEB 以及後端（Back End）的銷售自動化、資料倉儲（Data Warehousing）、資料探索（Data Mining）、決策支援系統等，都是需要全面性的加以整合考量，任何一個環節的疏忽，都會使 CRM 的效果大打折扣，甚至完全失敗。有些人認為擁有大量客戶的服務業才需要推動 CRM，然而，事實上製造及代工業（Original Equipment Manufacturing, OEM）等其他行業，也同樣需要 CRM。即使企業的客戶僅是少數幾個大訂單廠商，也同樣要做好客戶關係管理。

否則，顧客在相同品質及服務下，價格將會是唯一的考量。同時，可以根據客戶個別購買行為，提供專為客戶量身訂作的服務。主要應用範疇為，前台分析的系統，此系統可協助廠商，確實獲悉客戶的購買模式及習慣，因此，可強化客戶之行銷及銷售分析。此外，現今的製造業與代工業都強調多樣化，因此，升級成為「服務製造業」而能夠快速滿足客製化的服務，在對這個充滿競爭的製造業而言，更顯得十分重要。

CRM 的效用雖然十分的廣泛，但是卻必須要與企業之商業策略結合，同時與企業內各資訊系統徹底整合，同時要適時地檢討分析結果與實際成效的差異，如此才能夠發揮 CRM 真正的效益。在全球經濟不景氣之下，各企業都緊縮各種預算投資，唯獨 CRM 系統逆勢成長。原因是，開發一個新消費客戶所花的成本與資源，遠超過對現有的顧客進行產品促銷，而當大多數企業都透過了 CRM 留住原客戶，不景氣的當下，沒有 CRM 系統的企業將會失去更多客戶，而產生營運更加困難的情況。

而顧客關係管理系統導入，可以為企業經營帶來以下效益：

- **協助推展行銷業務**：公司企業導入 CRM 之後，能夠依據該系統整合分析後的資料，發展客製化（Customized / Tailored made）的產品給消費者。例如：信用卡公司可以依據 CRM 系統的資料分析結果，將顧客進行分類與分群，同時依不同顧客購買偏好，來寄發不同之郵購目錄；而保險公司則可依顧客年齡與婚姻狀況，來預測顧客未來可能購買保險的種類，但不可侵犯個人隱私權。
- **提升經營績效**：CRM 系統所強調企業的流程設計應該以顧客為導向（Customer-Oriented），而非以產品為導向（Product-Oriented）。因此，企業採用顧客關係管理後，可以減少新產品開發費用及風險，同時可以減低行銷費用，進而提高公司營運績效。事實上，多數的金融業者都認為，引進顧客關係管理不僅能夠穩定既有的客源，還能積極有效的開拓業務。另外，也經由增加對顧客需求的了解，進而提升了服務顧客的品質，以而提高經營的績效。
- **提升顧客服務的品質與公司的形象**：企業在導入 CRM 系統之後，可以利用 CRM 的電腦電話整合 Call Center 功能，將前後端的資料加以整合，由於客服人員可以根據電腦資料庫所提供的顧客背景資料，以及所使用的服務功能，直接在電話線上快速回應以滿足顧客的需求；進而減少顧客的抱怨，還能提高顧客忠誠度。此外，銀行、信用卡中心等金融業者率先採用 CRM，除了著眼於創造業績之外，也期待可以藉此將金融業提升至服務業的層次，塑造新的企業形象。

CRM 是整合行銷、銷售、客戶管理、服務、分析…等功能的系統，應用資訊科技來強化企業的商業智慧（Business Intelligence, BI），並對於客戶關係管理策略重新來定位整合。企業必須充分的瞭解客戶的需求，才能和客戶間建立互動關係，對客戶進行行銷，創造訂單及利潤。在針對潛在客戶管理，與顧客往來和所有相關作業的規範管理、買賣合約、銷售和行銷活動等需要而提供的工具管理軟體。CRM 功能元件包括一組聯絡中心的基礎模組及四組模組：銷售、服務櫃檯、售後服務和市場行銷。

企業導入 CRM 系統的動機

企業導入 CRM 系統的動機相當多，且各家公司因為其本身歷史背景、企業文化、經營理念、管理模式…等的不同，會有許多的動機。可以大致上歸納為以下面向：

1. **蒐集潛在客戶，培養客戶，此步驟以銷售為重**：行銷及促銷方案的管理與分析，案例管理、銷售協助、業務管理。提供客戶最大的滿意程度，建立客戶的品牌忠誠度，此步驟以提昇企業的品牌權益為重：快速以及精確的服務品質，提昇產品與服務績效。
2. **分類與建立模式**：藉由 CRM 的分析工具與程序，可以將顧客依各種不同的變數分類，並分析出每一類消費者的行為模式，如此可以預測在各種情況與行銷活動情況下，各種類別顧客的反應程度。例如：藉由分析資料可以知道，哪些顧客一收到廣告促銷郵件，就毫不考慮丟到垃圾桶，或是對哪一類的促銷活動有所偏好，甚至那些潛在顧客已經不存在了。這些前置作業，能夠有效地找到適當行銷目標，能夠依不同類別需求的顧客給予滿足不同的需求，同時可以減少管理行銷活動成本增加行銷的效率。透過自動化銷售、機會發掘，以多樣化的互動管道建立。整合公司企業各部門的顧客資料庫後，將會有助於將不同部門產品銷售給顧客，也就是交叉銷售（Cross Selling），不但可以增加公司的銷售機會，更可以擴大公司的利潤，同時減少重複行政與行銷成本，更可以鞏固與維持顧客的長期關係。
3. **規劃與設計行銷活動**：麥肯錫顧問公司指出，傳統上企業對於顧客通常是一視同仁，而且定期推行顧客活動。但在顧客關係管理實務中，這是不符合經濟效益的。重點是花錢要花在刀口上，更要產生更大的效益。而顧客若是出現異於模式的消費行為，則可做為事件行銷時之參考。行動電話業者之顧客成長數量經常超過預期，如果這些電信公司系統在電話接通順序上，對大通話量及小量使用的顧客一視同仁，前者將因為總是在重要時機無法接通而轉換系統商，而後者卻不會因此增加通話量。
4. **例行活動測試、執行與整合**：傳統上行銷活動一推出，通常無法及時監控活動反應，最後必須以銷售成績來斷定。然而，顧客關係管理系統卻可以過去行銷活動資料分析，搭配 CTI Call Center 與網路服務中心，即時進行活動調整。當公司進行一項行銷活動後，透過打進來的電話頻率、網站拜訪人次，或是各種反應的統計，行銷與銷售部門可以即時增加或減少人力與資源的調配，以免顧客向隅徒生抱怨，或浪費資源。而透過電話或網路系統與資料庫的整合，更可以即時進行交叉行銷，增加銷售機會同時可以滿足不同類別的顧告給予不同產品。
5. **實行績效的分析與衡量**：客戶關係管理系統是透過銷售活動記錄與顧客資料的總合分析，建立出一套標準化的衡量模式，衡量施行成效。目前顧客關係管理系統的技術，已經可以在出差錯時，順著活動資料的模式分析，找出問題出在那個部門，甚至那個人員，即時的加以檢討改善。

CRM 系統的各種程序必須加以整合，形成一個不斷循環的作業流程。如此才能以最適當的通路，在正確的時點上，適時提供適切的產品與服務給正確的顧客。創造企業與顧客雙贏的局面，以及持續的關係，同時增加企業本身的競爭力。如圖 3-1 所示，為以上建立 CRM 之相關注意面向。

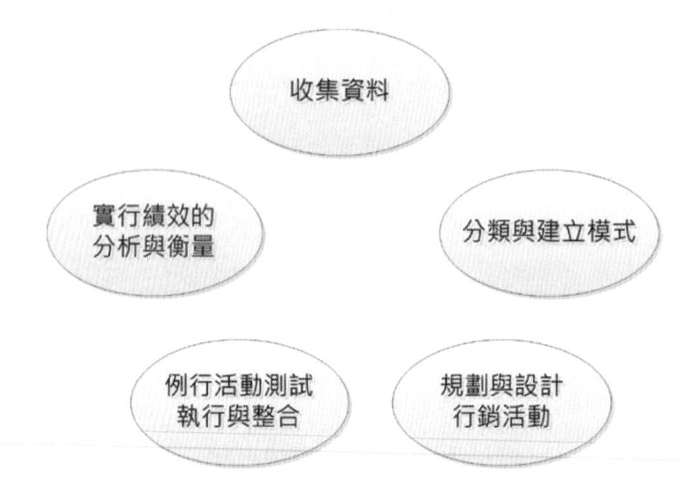

圖 3-1　建立 CRM 之相關注意面向

企業導入 CRM 所遇到的瓶頸或障礙

- **成效不如預期的理想**：許多企業在推動 CRM 專案之後，雖然系統已經成功的上線了，但是發現先前所預期達成的目標和經營績效都沒有達成。甚至許多企業在推動 CRM 之前，並沒有清楚明白的預期目標。
- **專案推動的預算、時程失控**：專案推動沒有專責的負責人員和推動計劃，完全被廠商牽著鼻子走，或是專案乏人關心。專案推動的過程中，由於各相關單位不斷地提出新的功能需求及要求功能變更，導入整個專案的預算和時程不斷的追加、延遲。相關配合部門在專案的分工進行過程中，由於本位主義、對於專案的不重視、人力或時間安排的不當，導致分工進行的延遲或停滯，進而影響整個專案進行的時程。配合廠商在人力、經驗或是技術能力…等的不足，影響整個專案的進度。高階主管支持度不夠，或是整個專案的推動流於形式或口號。
- **業務或管理方式改變，員工不願意配合**：由於專案推動的過程中，對於許多公司原有的作業方式、作業流程、工作標準都可能有重大的變革，許多公司的資深員工不願意配合，甚至發生扯後腿的情形。

系統導入的關鍵成功因素

- **高階主管的全力支持**

  企業在推動各種重要的改革時，都需要高階主管的全力支持。例如：ISO、MRP、ERP、SCM、CRM…等專案系統。由於這些專案在推動的時候通常具有投入金額高、專案時間長、牽涉部門廣泛…等特性。所以這些專案在推動的時候，如果沒有高階主管的全力支持，無論在財力、人力、物力、時程等上，都很難加以掌握，而整個專案計劃失敗的機率就會大為提升。

而且通常 CRM 專案在推動的過程中，對於公司的一些作業方式，都會有大幅度的改變，許多公司資深的員工對於改變的恐懼心理，如果沒有透過高階主管不斷地溝通與強化信心。專案執行的過程中，常常會受到許多不必要的阻礙和抗拒。甚至由於人性的弱點，許多害怕改變的員工還會在私底下搞破壞。因此，高階主管的全力支持可以強化所有參與人員的信心與決心，更可以透過不斷的公開說明，強調改革的原因與效益，來使得許多原本抗拒的心理轉而支持。

- **深度思考影響企業績效的重點**

企業在評估投資 CRM 專案前，最好能夠先深度的自我省思，了解企業目前經營管理績效上的主要問題究竟是什麼，導入 CRM 之後能否解決這些問題？才來決定是否要導入 CRM 專案。例如：公司產能不足、成本過高、庫存失控、財務管理問題、產品品質、原物料供應失控、人事安排不當、人員素質問題、激勵制度不當等問題，並非 CRM 系統所能夠解決的。而對於這些的問題，應該根據問題的本質，先解決管理制度或導入 ISO、ERP、SCM 等系統。

而且企業在檢討的過程中，必須要逐層的檢討，尋求問題發生的真正原因，而不是僅僅提出表面的原因。例如：公司發現由於客戶的抱怨或問題越來越多、服務人員的人力不足，所以認為導入 CRM 可以降低服務人力的成本，提升單位時間的客戶服務量。事實上，如果深入檢討，或許將會發現其實客戶大部分 Call-in 的原因是因為產品的品質問題。所以在這種情況下，或許加強生產管制、品質控制或提升研發的水準，對於公司的經營績效會有比較明顯的改善與幫助。

- **建立明確的預期達成目標**

CRM 導入失敗的另一個重要原因是許多企業對於導入 CRM 專案沒有明確的達成目標，以致於人力、經費、時程失控，將企業寶貴的資源浪費在許多不重要的環節。例如為了一些不重要的事項，任意要求追加系統功能、修改程式，造成時間延遲、預算追加，而這些問題其實都可以預防的。因此，企業在推動 CRM 之前，一定要將系統導入的預期目標明確地條列出來。

而且預期達成目標一定要有執行上的優先順序。例如某些預期目標是一定要達成的，某些可能不是那麼重要，如果沒有達成也沒有關係。對於這樣的優先順序要清楚明白的標示出來。因為在企業有限的時間、金錢、人力、物力狀況之下，很難一次就達到完美的境界。所以區分優先等級，以作為挑選合作廠商、產品及推動系統上線時的依據。如果當預期達成目標很多時，建議應該分階段來實施及達成，避免推動期間過長、項目太多，造成專案進度的失控。

- **尋找適合的 CRM 產品型態**

  由於目前市面上的CRM產品供應商很多,使得企業在選擇產品及合作夥伴時,很難做抉擇。所以必須很謹慎地去選擇適合自己公司的系統。

運用顧客關係管理成功的關鍵成功因素

CRM 導入成敗的最主要原因之一，就是使用者的配合情況不佳，與資訊系統導入的最大障礙是一樣的。這個問題從幾十年前就一直存在，尤其是業務人員，因生性獨立自主，但不太喜歡受到約束，儘管企業有銷售自動化等多項 CRM 系統功能，卻因為業務部門人員不願意使用，而使得無法發揮 CRM 的預期效益。除了人為因素以外，顧客關係管理解決方案的成功，尚有以下的幾項要素：

- 建立良好的企業與顧客的互動管道，同時可以加以整合運用。
- 建立並擷取所有顧客的歷史，以分析出潛在的顧客群。
- 依據利潤貢獻度區隔顧客。
- 客服人員須能即時存取顧客的相關資料，並利用該資料與顧客進行互動。
- 需要得到高階管理者的全力支持，以及適當的資源。
- 建立實驗組與對照組，以證明其推動的成效。

顧客關係管理是一種反覆不斷的循環關係，即時不斷的將顧客資訊轉化成為顧客關係資料。顧客關係管理是一個包括知識發掘、市場規劃、顧客互動、分析與修正四個循環過程，如圖 3-2 所示，為顧客關係管理的四大循環階段。

- **知識發掘**：即依據顧客過去歷史資料明細，透過資料擷取，加以剖析顧客資訊，以界定市場商情與投資策略。包含了顧客確認及顧客區隔，讓行銷人員可以使用詳細的資料，以便做更好的決策。
- **市場規劃**：指定義特定顧客產品，並提供通路、時程關係。協助行銷人員先行定義特定的活動項目、行銷計畫、事件誘因及通路偏好，以增加預期的銷售量，同時可以節省行銷成本，並隨時調整其策略運用。
- **顧客互動**：運用各種互動管道與辦公室前端應用軟體包含顧客服務應用軟體、業務應用軟體，互動應用軟體等，經由整合後之分析資料，提供顧客及時的資訊及產品，包含顧客服務及申訴管道，加強與顧客之間的互動關係。
- **分析與修正**：是指運用與顧客互動的相關資料，加以分析修正，亦指以分析結果為主體，持續不斷地修正行銷策略，並調整顧客關係管理的做法。

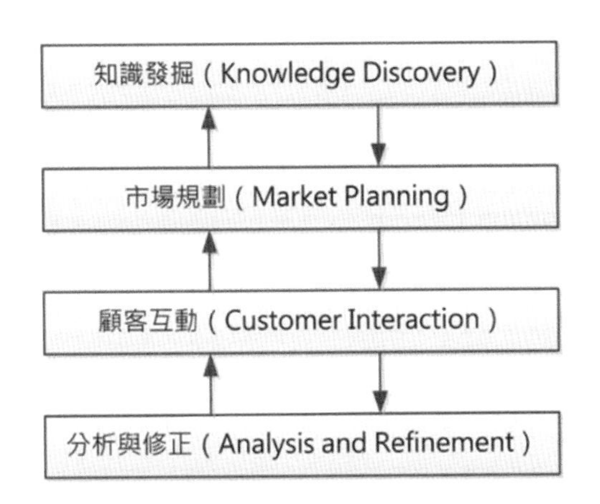

圖 3-2　顧客關係管理的四大循環階段

3

3.1.1 個案剖析：CRM 之國內外領導廠商

目前 CRM 的領導廠商仍是以 Siebel 為主，但是甲骨文（Oracle）、思愛普（SAP）、仁科（PeopleSoft）等也都積極發展中；而艾克（Akup）由 CTI 轉型推出的跨平台 eFC 銀行貴賓理財系統，鎖定多家公民營銀行，未來將陸續競逐貴賓理財等金控大餅。相較於其他電子商務的應用，CRM 應用多半與前端有關，也就是企業的最前線，回顧國內產業應用發展過程，金融業算是較早發展的，早期在信用卡的業務上，因為競爭激烈，於是紛紛引進電腦電話整合（Computer Telephone Integration, CTI）技術來彌補傳統客戶服務中心（Call Center）的不足，但隨著業務的拓展，客戶數量日漸增加，如果只是單純被動等待客戶發出疑問，早就無法去應付行銷需求，於是便將客戶資料庫加以分析，使得通路互動型、資料分析型在未來也將出現大量的需求。

在企業採購 CRM 的調查中，甲骨文（Oracle）、思愛普（SAP）已成為企業採購時的首選，亦即成為首要的 CRM 選購方案領導廠商，至於 Siebel 雖已退出台灣市場，但因在全球具備高品牌知名度仍居第三，而安迅資訊（NCR）在資料倉儲的市占率仍為第一，顯示出其分析型 CRM 的龍頭地位，i2 則是在於製造業 CRM 中佔有一席之地，至於仁科（PeopleSoft）則是以中型企業來獲取企業的青睞，成為不同類型 CRM 的市場區隔導向。

3.1.2 個案剖析：程曦資訊集團（Chain Sea InformationGroup）

程曦資訊集團於 1993 年 8 月成立，多年專注於 CTI、CRM 及 Call Center 系統的提供，是國內提供從客服中心規劃、交換機建置、CTI 導入、產品研發、專案製作、承攬客服維運、顧問服務與教育訓練等服務的公司。

程曦資訊集團在 2001 年成立 Call Center School，聚集豐富的 Know-How、經驗及業界實務，提供 Call Center 一站解決（One-stop service）的服務。2004 年開始承接勞委會職訓局之就業服務科技客服中心的業務，因為績效卓越，於 2006 年直接續約。程曦是國內唯一從系統、營運、人力提供 Total Solution（全方位解決方案）的廠商。

程曦資訊集團在金融服務業及政府機關陸續成功建置了中國信託、兆豐銀行、第一銀行、彰化銀行、台北市政府、高雄市政府、台北捷運、高雄捷運、寶來證券、元大證券、明台產險、華南產險、Viva 電視購物…等豐富完整的建置經驗。亦於 2001 年在中國成立分公司及 Contact Center 事業單位。

自 2004 年起跨足業務流程外包（Business Process Outsourcing, BPO）。BPO 意味著組織企業將檢查業務流程，以及相應的職能部門，外包給供應商，並由供應商針對這些流程進行專業重組。BPO 是將職能部門的全部功能，例如: 事務處理、政策服務、索賠事務、人力資源或財務解決方案等，都轉移給供應商，已進行相關任務之履行。

採用 BPO 所帶來的競爭優勢：

1. 程曦資訊集團富有豐富的專案運作之經驗，不論是在內部流程、內外溝通，或是法規上的問題，能精準掌握企業需求的系統，引導企業在顧客經營管理裡，提供符合顧客需求的服務，使企業提升利潤與績效。
2. 程曦資訊集團著重於客服人員教育訓練，兼顧了人員專業技能及心理建設，以最短的時間，為企業快速發揮 Call Center 系統的運作。

如圖 3-3 所示，為程曦資訊集團的網站。

圖 3-3　程曦資訊集團的網站 (資料來源：http://www.chainsea.com.tw)

3.1.3 個案剖析：鼎新電腦

鼎新成立於 1982 年，提供企業 e 化的服務，依照企業 e 化的需求，提供一系列的完整服務。鼎新於客戶關係管理系統服務中，以客戶關係資料為中心導向，建立銷售活動管理、服務維修支援及行銷活動等功能系統，並與後端交易系統做整合，提供許多通路的管理，收集高品質潛客資訊，透過快速資料搜尋，讓前端與客戶密切的單位，可以即時得到正確且符合顧客需求的服務資訊，快速回應客戶需求，並讓客戶接觸狀況和所有通路管道共享，讓客戶服務訊息標準化，讓服務最佳化。如圖 3-4 為鼎新電腦的網站。

圖 3-4　鼎新電腦的網站 (資料來源：https://www.digiwin.com)

鼎新 CRM System 可利用系統蒐集的市場與顧客需求的資料，了解顧客需求與市場變化，進而鎖定銷售目標，擬定適合的行銷策略，整合通路，並利用最有效的管道將產品推廣至市場，並將流程自動化，增加客戶忠誠度以達成客戶滿意度，並提升企業的競爭力。

鼎新資訊指出，CRM 落實顧客管理關係的步驟：❶建立完整客戶資料、❷整合的客戶資訊、❸精確的客戶情報、❹量身訂作的產品及服務、❺有效的多重通路管理、❻了解客戶生命週期、❼掌握最有價值的客戶、❽取得終身價值。

鼎新客戶關係管理系統的優勢：

1. **完整模組化管理系統，企業 e 化快速且容易**：鼎新 CRM 系統針對企業 e 化需求而設計，可以根據客戶的需求，模組化系統導入，節省企業導入的時間，並且有效地降低導入成本。
2. **導入時程短，相對成本低**：鼎新 CRM 系統牽涉部門較少，意見容易整合，且基本資料的項目少，軟硬體購買成本較低，因此導入時程很短。

3. **高度彈性的資訊整合系統架構**：透過流程引擎（workflow engine）與高寬頻無線網路技術，將 web 與鼎新資訊的 Workflow ERP 進行整合，當企業建置 Intranet 或 Extranet 時，可藉由分散式架構（Distributed Architecture），達成遠端資訊交換與分享，而企業內外與企業相互之間的資訊也可透過 web 獲得，完成即時之資料拋轉。

3.1.4 個案剖析：通用數碼

通用數碼多年來經營客戶關係管理系統的領域，瞭解企業可以利用一套快速導入、操作簡便且價格合理的業務管理工具，進行提升企業服務品質。因此，通用數碼以專業的經驗，輔導企業成功導入 CRM 系統，結合最新的 ICT 資訊技術，推出「GD-CRM 顧客關係管理系統」作為企業創造利潤的最佳輔佐應用程式。GD-CRM 是一套符合企業到跨國公司的客戶關係管理需求，GD-CRM 顧客關係管理系統包含了許多不同類型的模組，例如：系統維護管理模組、潛在客戶管理模組、銷售管理模組、客戶服務管理模組、訊息平台管理模組、討論區管理模組、RSS 管理模組等，企業可以依照公司內部不同的需求，導入適當的模組來使用，以提高企業的績效。GD-CRM 利用 web 的介面設計，結合企業 e 化的實務經驗，提供快速上線的捷徑，並且保留客製化的調整空間，讓企業可以在最短的時間內，正式上線使用符合人性化操作模式與習慣的模組，並且兼顧企業的文化與需求。

圖 3-5 為通用數碼 GD-CRM 協助企業的行動 App，藉由 GD-CRM 的應用系統，讓企業的每一個部門在與客戶接觸時，都能得到一致、快速且完整的經驗，並且提供明確、快速的服務，使得在客戶心中建立品牌形象與價值。同時，也可以透過組織企業的知識管理系統，讓客服的經驗得以傳承或者追蹤，圖 3-6 為通用數碼的網站。

圖 3-5　通用數碼 GD-CRM 協助企業的多種面向
（資料來源：http://www.my-gd.com/mygd）

企業導入 GD-CRM 管理系統效益：

- **操作容易、快速資料上線**：通用數碼提供完整的使用手冊與線上教學，以人性化的操作介面，快速上手，使用者可直接匯入現有的客戶資料，不需要再重新輸入，以減少資料重複性或不一致性。
- **效果易見**：可以結合國內外卓越企業的管理實務經驗，整合先進的資訊科技，所完成的系統既快速又穩定，並且可以立即得到各種分析報表，掌握商情，進行運籌管理。

企業導入通用數碼 GD-CRM 所帶來的優勢：

1. **快速開發潛在客戶**：行銷部門可進行促銷方案管理與分析，利用明確的目標管理已進行高準確度的行銷活動，提供更符合顧客需求的良好服務，用以留住現有的客戶，並積極尋求潛在的顧客。
2. **提供顧客滿意度，建立品牌忠誠度**：透過該系統可以掌握須需要服務的顧客，進而提供良好、精確的專業服務，以提升競爭優勢。
3. **建立顧客消費行為模式，提供符合顧客需求服務**：藉由該系統的運作，可以建立多維度的互動管理，同時可以簡化現有的運作程序，以達到銷售自動化，並即時提供快速的優質服務，使企業主的收益達到最大化，造成雙贏局面。

圖 3-6 通用數碼的網站 (資料來源：http://www.my-gd.com/mygd)

3.2 CRM 在電子商務之應用實例與策略

3.2.1 個案剖析：P&G

由於消費者對品牌忠誠度日漸低落，再加上無法直接掌握消費者的喜好，因此，如何凸顯企業品牌的獨特性，一直都是消費日用品公司最大的挑戰。世界最大消費日用品公司之一的 P&G（China），希望藉由導入美商艾克 CRM 系統，提供消費者更先進的個人化服務，增加客戶對企業的信任度。因為消費日用品屬於產銷體系，客戶通常是到零售點（如超市、量販店、或是連鎖店）購買，企業與客戶之間的接觸大多是靠廣告與售後服務，無法做到近距離甚至是一對一的接觸。

因此，為了吸引客戶購買，企業間的競爭往往變成流血價格戰。然而，根據調查，價格並不是消費者選購商品的第一考慮因素，相反的，消費者對企業的信任（包括有形、無形的商品，與服務的品質保證）才是最重要的。P&G（China）體認到企業在提高品質的同時，還應該注重調整企業運作流程，因此採用美商艾克的客戶關係管理系統。

美商艾克的 E-mail MasterR 提供 P&G（China）發送個人化電子郵件，並可追蹤郵件發送，有效執行電子郵件行銷。E-mail MasterR 可協助企業透過自動信件回覆的機制，做到預約發信、大量發送、支援多重專案與客戶，提高電子郵件服務效率與降低人工成本，並強化內部流程自動化整合。

同時，透過與後端分析機制結合，提供消費者個人化的電子郵件。例如：一封美容用品的電子郵件，信件內容可以針對消費者個人的膚質與季節性，提供適合的美容用品名稱與相關的促銷活動，讓消費者感覺到他的確需要這樣的產品，進而刺激其購買意願，大幅地提高成交機率。

在激烈的市場競爭中，企業在不僅要維持商品的質與量，更要瞭解與掌握消費者的喜好。特別是在消費品市場中，消費者對企業的滿意度直接影響到企業的銷售量，因此，如何服務好每一位消費者就成為企業關注的焦點。當然，維繫客戶關係不能僅僅停留在良好的態度上，提供專業化、個性化的服務、讓消費者覺得受到企業的關懷，這才是客戶關係管理的關鍵，如圖 3-7 所示，為 P&G 的網站。

圖 3-7　P&G 的網站 (資料來源：https://www.pgtaiwan.com.tw/brands/)

3.2.2 個案剖析：研華科技

研華科技，為國內最大的 PC-based 自動化製造廠商之一，創立於 1983 年，旗下共分網路暨通訊電腦事業群（NCG）、嵌入式電腦事業群（ECG）、及工業自動化事業群（IAG）。建構全球化網路下單的業務體系，並提供客戶完整的售前（Pre-Sale）/ 售後服務（Post-Sale）。

研華科技為國內自有品牌工業電腦，和自動化製造的領導廠商，生產模式著重於少量多樣客製化（Customized），主要的銷售體系為自行掌握重要客戶（Major Account）的直銷（Direct Sales）模式及透過各地經銷商提供加值服務的間接銷售模式（Indirect Sales），加強兩種銷售模式的銷售效率與獲利率，是公司的重點之一。

同時，根據技術服務部門的服務分析報告，研華在客戶服務上，經常遭遇到間接銷售體系中，顧客維修的問題，服務部門無法有效的掌握顧客資訊，包括客戶是誰，何時購買，購買的機型，過去維修的紀錄等資料，使得許多支援服務的溝通效率不佳，與經銷商聯絡調閱資料，更是花費不少的時間，造成顧客服務的抱怨及不滿的情形。所以改善顧客的交易資料掌握與提高服務的效率與滿意度，就成為公司對顧客和經銷商的承諾和目標。

所以客戶關係管理體系的建立及跨部門資訊的整合，就成為其中一項重點工作。當初研華在推行 CRM 時，就清楚的訂定策略性的目標，以提高顧客滿意程度及管理良好的顧客關係為前提。

研華在經過審慎的評估後，決定採用知名的 CRM 解決方案供應廠商－美商 Siebel 的軟體系統，來規劃整個 CRM 解決方案架構。在客戶資料庫管理及應用時，強調研華目前為跨國經營公司，國外市場大都委託分公司和當地經銷商，提供加值銷售服務，所以在 CRM 中客戶資料庫的建置規劃，採取資料庫分散式管理，開放予各地的技術服務部門或是業務部門存取，並由當地的技術人員提供服務，同時與總公司保持資料同步（Synchronization），落實銷售全球化，服務在地化的理念。CRM 模組導入的主要效益

研華導入 CRM 的模組，並完成與企業內 ERP 系統，做全面的整合，現在導入的部份是以面對顧客端的銷售及服務部門的功能與整合為主，其它功能模組及海外分公司上線，乃至於前端行動使用者的智慧型手機，目前則是進入測試或是陸續上線。

研華在落實 CRM 的推動上，未來的想法還包括：

- **整合企業資源管理系統**：目標是從顧客銷售、詢價，到確認訂單之流程完成整合，使用者一次輸入資料，不用跨系統；減少人為錯誤與提升作業效率，當然，提升顧客的滿意度，是最終的目的。
- **行動通訊的整合**：研華讓業務人員，可以隨時隨地透過行動電話或是 PDA，查詢最新的產品報價、庫存、或是客戶資料，讓銷售人員掌握快捷便利的資訊優勢，隨時隨地服務顧客。
- **建立資料倉儲，藉由資料探索發掘顧客行為**：CRM 模組的建立主要目的之一，即在建立完整一致性的顧客資料庫，將來計劃擴增為資料倉儲，可以進一步利用資料採擷技術，找到顧客的採購行為及態度，做為往後產品決策及差異化行銷的依據，真正做到個人化的顧客服務與關係管理，如圖 3-8 所示，為研華科技的網站。

圖 3-8　研華科技的網站 (資料來源：http://www.advantech.tw/)

3.2.3 個案剖析：元大證券

就企業 e 化而言，元大證券表示：「券商是 e 化程度最深的一個行業。」由於業務性質的需要，證券業在交易面，早就採取電腦撮合，加上股票集保制度，現在券商與客戶的各項業務互動，幾乎全透過資訊通訊技術完成。目前元大京華不論在交易、內部管理、客戶管理、資料倉儲等方面，皆已建置完整先進的資訊管理系統。

元大證券，一直朝客戶關係管理的目標前進，對券商來說，由於與客戶互動的頻繁互動，很適合導入 CRM，來進一步來創造公司業務與客戶需求的雙贏。該公司與麥肯錫、勤業等顧問公司，討論導入 CRM 的準備工作。隨後花了半年時間，即完成資料倉儲系統的建置，而後進行前後台整合（Front End & Back End），並著手從事一對一服務系統的建立，如圖 3-9 所示，為元大證券的網站。

雖然 CRM 是許多企業的理想，但從國外業者的導入經驗來看，成功率大約只有半成，所以元大證券在從事這項導入工作的時候非常謹慎。由於資訊技術發展迅速，許多企業在建置應用系統的時候，很容易花大筆金錢和時間去建造一個未來不實用的系統，造成資源浪費的爛尾樓資訊系統。因此，該公司在建置 CRM 時，特別注意不躁進，採取逐步建置的腳步，每個建置階段，找尋最適合的供應商搭配，此外，特別注意系統的開放性，在設計時，預留了將來再擴大的空間，以利未來擴充的需求。

圖 3-9 元大證券的網站 (資料來源：http://www.yuanta.com.tw/)

除了 CRM，元大證券，目前也持續進行與集團內部包含期貨、投信、投顧等關係企業的企業資源整合（Enterprise Resource Integration, ERI）工程。這項異業整合系統，將有助於未來在集團內部交叉行銷（Cross Selling），整合工程的經驗，未來也可應用到邁向金融控股公司以後，更全面的資訊系統整合工程。

3.2.4 個案剖析：戴爾科技（Dell Technologies）

戴爾科技，在 1984 年由 Michael Dell 成立。戴爾科技以直接經營模式的信念，完全以顧客為導向，依顧客所要的規格組裝電腦，以接單後生產（Build to Order, BTO）模式，直接將電腦銷售給顧客，不需經傳統的經銷商，節省經銷管道的成本，同時令顧客得到適當的電腦，又可以讓價格更有競爭力。而傳統之商業模式，則為預測生產（Build to Forecast, BTF）。

- **直接銷售的策略**：使得戴爾科技將顧客設定為整個企業策略的核心，可以將此策略分成兩個領域：資訊的交換及行為限制的交換。
- **以顧客分群做為市場區隔**：一般企業往往會以產品做為市場的區分，而戴爾科技是以不同顧客分群，做為市場的區隔目標。使其能夠更接近顧客的需求，也較能掌握關鍵的行銷資訊，同時，也可以較有效地預測未來的市場需求，降低營運成本。
- **將顧客的知識納入產品研發過程**：戴爾科技會透過行動裝置，要求客服人員與顧客溝通，以了解顧客的喜好與需求，認真地考慮顧客對產品的意見，同時在研發產品階段時，加入其意見，開發出顧客真正喜歡的產品。例如：顧客會要求戴爾科技在出廠時的產品，要加上訂購公司的財產標籤，而戴爾科技一直能夠提供顧客這樣細微的需求。

- **電子商務的導入**：戴爾早在 1994 年推出了 www.dell.com 的網站，初期這個網站，只提供公司及產品簡介以及技術支援，並透過電子郵件信箱，來進行規格訂購及報價的服務，然而 1995 年時，已可以在網路上提供線上組裝選擇規格及報價下單之流程。同時，戴爾科技針對企業客戶，還提供戴爾頂級網頁（Dell Premier Pages），企業內部員工，可以利用密碼進入戴爾之專屬網頁，在線上選擇他所需要的電腦規格或服務，再行統一採購，以大量降低採購之成本，真正落實 e-procurement cost down 之精神。無線行動裝置成為戴爾科技直接銷售模式的強大工具，也是戴爾科技與客戶間，資訊交流的重要通道。
- **建立虛擬整合社群**：戴爾同時也提供其累積的資料庫，與客戶及供應商分享。使顧客在線上，可以了解其訂購產品的最新狀態，而供應商也可以即時了解其庫存狀況，以準備如何補貨及供貨事宜。

行為限制的交換，就是在經濟學上所謂的「限制條件的交換」，倘若賣方可以清楚的體認買方的疑慮，並且能夠主動提出某些交易條件，就能提高交易完成的機率。例如：因為戴爾科技的直接銷售模式，可能會使消費者擔心軟體的設定不好，或是硬碟主機版故障時會求助無門。因此，戴爾科技提出了幾項制條件以取得客戶的信任：

- **提出三十天退款（Refund）保證。**只要在三十天內，顧客對產品不滿意即可退款的服務。
- **提供到府維修（On-Site Service）的服務。**對於企業的用戶，戴爾科技還特別提供到府維修的貼心服務，特別對於較大的企業，如波音公司，還提供常駐人員，協助即時處理各種技術問題。由於 COVID-19 疫情全球肆虐，傳統之 On-Site Service 也逐漸轉成以遠端遙控（Remote Access & Control）之方式，透過無所不在（Ubiquitous Networks）之寬頻網路，可於千里之外，即時解決客戶之燃眉需求。在臺灣科學園區，有很多自歐美購買之機台，24 小時運作，一旦機器出現故障，原廠相關技術工程師，可立即自歐美遠端簽入（Remote Logon）到機台，並立刻展開系統調控（Tune Up），當下立刻解決機台問題並即刻運作。
- **對顧客資料保持絕對機密。**戴爾科技成功的直接銷售模式，並非只是口號，而是透過實際的溝通，去了解顧客的真正需求，運用其組織架構與企業精神，以顧客滿意為宗旨，歷經了長期的努力，才能夠獲得顧客的信任，也才有今天的戴爾科技。如圖 3-10 所示，為戴爾科技之網站。

圖 3-10　戴爾科技之網站 (資料來源：https://www.dell.com/zh-tw)

3.2.5 個案剖析：聯邦快遞

聯邦快遞（Federal Express，FedEx）是目前全球大規模的快遞運輸公司之一，提供隔夜快遞、地面快遞、重型貨物運送，創立於 1973 年 4 月，，提供快速便捷的服務，主要競爭對手包括 DHL、UPS 及美國郵政（USPS）。創始者為前美國海軍陸戰隊員，他有句名言：「想要稱霸市場，就得要先滿足兩項要件，首先讓顧客的心跟著你走，再讓顧客的錢包，也跟著你走」。這個目標是非常不易達成的，因為競爭者很容易以削價競爭策略搶走客戶，因此聯邦快遞的理念，是提高服務水準，才是長久維繫顧客關係的必要條件。

聯邦快遞運用無線寬頻網路與智慧型移動裝置，將 FedEx 定位為「全球運籌專家」，運用有效率的智慧物流（Smart Logistics）團隊及強大的電子化工具，為全球各種不同規模企業，提供快速便捷的運籌管理支援。聯邦快遞的顧客關係管理運作機制，是運用顧客服務線上作業系統，及相關軟體 App，提供顧客最即時、最完整的線上諮詢服務。以 FedEx AsiaOne，打造綿密的亞洲運籌網路，提升服務範圍與滿意度，並且強化員工理念與素質，以加強顧客關係管理。

聯邦快遞為顧客免費提供全球運籌管理服務，同時也替顧客解決其產銷的後勤問題。因此，越來越多的顧客會要求該項服務。所以，全球運籌管理服務，也漸成為聯邦快遞企業內，一個獨立諮詢服務的利潤中心。例如：不同廠商在全世界各地的發貨倉庫，可由聯邦快遞的物流處理中心取代，顧客只有在使用分貨中心時，才需付費，所以顧客的固定成本（Fixed Cost）可以減少。

同時為了使顧客能夠全程掌控交易過程，聯邦快遞早於 1994 年即架設公司的網站，所有顧客可以透過聯邦快遞網址同步追蹤交易狀態，同時該網站還提供多國語言查詢服務，此外，還積極開發線上交易軟體，以協助整合線上交易全程的環節。

聯邦快遞透過資訊通訊技術系統的運作，均透過自動運送軟體在進行，自動運送軟體提供處理接單、包裹追蹤、資訊儲存及寄送帳單等功能，如圖 3-11、圖 3-12 所示，為聯邦快遞的 FedEx Mobile 應用程式。

圖 3-11 聯邦快遞的 FedEx Mobile 應用程式
（資料來源：https://www.fedex.com/zh-hk/shipping/mobile.html）

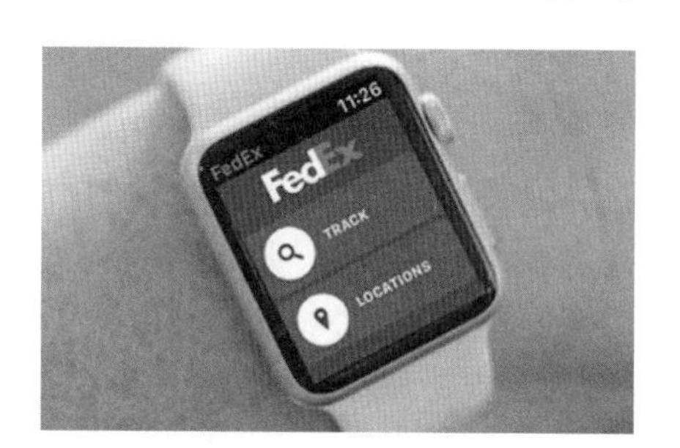

圖 3-12 聯邦快遞的 FedEx Mobile 應用程式

3.3 CRM 在電子商務未來發展之趨勢

3.3.1 CRM 發展現況與市場趨勢

由於無所不在寬頻網路的推波助瀾，使得競爭環境變化迅速，對於許多全球化趨勢而言，最常面臨的是，企業擁有遍佈於世界各地的跨國性企業，這些跨國性企業，必須將分公司的資料庫，加以完全的整合。如此一來，才可以對每一位客戶，以全方位的切入點，來進行檢視與分析，以協助企業能夠做好完整的顧客關係管理系統。而雲端資料庫系統之建置，透過無所不在寬頻網路結合 Web-based 應用程式，更加讓組織企業之 CRM 運作，更加如虎添翼。

現今的企業，大多缺乏一個整合性的多通路銷售支援系統，企業與顧客間的溝通管道，已十分多元化。例如：可經由通訊軟體群組（例如：LINE、WeChat）、社群網路（例如：FB、IG、抖音微電影之置入性行銷），還有傳統業務代表面對面接觸等方式，企業如果無法有效地整合其所有的銷售通路，進一步將其資料全面整合，也就無法依顧客的個別喜好，利用不同的媒介方式，進行銷售服務，那就無法達到事半功倍之效果，故資訊通訊科技融入 CRM，將是一個重大的議題。

3.3.2 我國顧客關係管理發展環境分析

CRM 在國內行業別的應用上，金融業中、各銀行信用卡中心、與電信業者，算是國內 CRM 應用的先驅(Pilot)。在台灣主要的信用卡發卡銀行－花旗銀行與中國信託，為了提供信用卡使用者，更完善的行銷服務，引進電腦電話整合技術，來協助服務中心，對傳統客戶的服務功能。後來，由於電信業務逐步開放，各家系統業者，同樣面對彼此激烈的競爭，於是也提供完整的 CRM 服務。

MIC 針對國內六大行業（銀行、保險、電信、醫療、航空交通和批發零售業），所做的問卷調查所示，國內有許多資訊服務業者，對於本身 CRM 的產品功能與價格，往往沒有一套完整的收費標準，CRM Solution 和 CTI Call Center，對於最重要的分析工具與資料倉儲管理，也尚未有全方位的解決方案（Total Solution）。

CRM 是一項企業流程再造的業務流程管理，企業除了要投入資金以外，人力的適當調度配合，也是相當重要的認知。目前台灣企業導入 CRM 的主要瓶頸在於，初期因為效益不明顯，多數企業主不想等待後續效益發酵，大多數的 CRM 資訊產品服務商，對自身產品的各項功能缺乏說服力，使得多數企業都抱著觀望的心態。

3.3.3 CRM 的發展方向

在 CRM 解決方案的發展中，如今偏向與 ERP 進行企業內部水平作整合。雖然目前 CRM 廠商眾多，但是單獨存在的 CRM 軟體，並無法滿足客戶的需求，他必須和其他軟體（例如：雲端 ERP 軟體、即時大數據分析、人工智慧、資訊安全）整合，才能發揮最大的效果。能完全將前端和後端的軟體，整合在一起的公司，將是最成功的贏家。因為企業都瞭解，如果他們不能把銷售和服務部門的資訊和後台（Back End）聯繫在一起，那它們會流失許多潛在營業額，這些都與 BPR 概念息息相關。

將來的 CRM 軟體，不再只是幫助企業流程的自動化，而是能幫助高階管理者做決策的分析工具。以客戶為主的企業，現在都瞭解到，CRM 的成功，在於有成功的資料收集和資料挖掘。從 CRM 系統收集的資料，是最能幫助企業瞭解客戶的需求與抱怨。而所謂的一對一行銷（One-to-one Marketing），也是注重在瞭解客戶的需求，以便投其所好，促成雙方交易。資料是死的，但是如果能運用一些數學或統計模式，活用大數據分析，把將組織企業的例行性報表資料，解讀成一些商業獲利含金量高之事實，那麼就可成為管理者做決策的參考。CRM資料庫可以改善訂價方式、提高市場佔有率、提高忠誠度和發現新的市場機會。

隨著企業持續往網路發展，CRM 的功能，會廣泛地深入企業組織內，但是新銷售自動化軟體，不可能完全取代傳統的銷售角色。研究調查顯示，傳統銷售會開始注重在直銷和支援這兩大功能，而訂單處理和資訊傳遞，則會通過網路進行。一套軟體系統的成功實施，往往伴隨著從根本上改革企業的管理方式和業務流程。ERP 的建置和給眾多企業，帶來的利益是典型的例證，CRM 也同樣如此。CRM 使企業有了一個在電子商務下，面對客戶的前端（Front End）工具，為組織企業之電子商務 App 在智慧型移動裝置上運行，提供了可以滿足客戶客製化（Customized）需求的工具，能幫助企業順利實現由傳統企業模式，到以電子商務 App 為基礎的現代企業模式的轉化。

現今的客戶關係管理，不能再如同過去依賴銷售人員個人單打獨鬥，而是必須依賴協調整合的行動。公司如果能由過去被動的收集客戶資料，轉為主動建立關懷的顧客關係管理，並透過管理企業與客戶之間的互動關係，來改善和維護客戶的使用經驗，以提高與保持客戶滿意度與忠誠度。如此一來，企業也能在服務客戶的過程中，累積可獲利的能量，以便主動積極找尋商機。

為發揮 CRM 的最大商業效益，企業必須確保客戶資訊於異質（Heterogenuous）ICT 環境中，暢行無阻，提供正確、即時的決策支援。一個完整資訊環境的建立，不僅需要網路或其他企業應用程式的配合，更重要的是一套好的資訊儲存系統，如此才能真正使資訊成為企業生命的泉源，供整個組織充分利用。

好的資訊儲存系統，不僅可幫企業的重要資訊寶藏，找到一個可擴充的保護殼，甚至可幫助企業透過 CRM 來提升組織企業資訊系統帶來之經濟效益。而當企業資訊的儲存、取用與拋轉越來越容易時，資訊系統本身的價值就會彰顯。同時，由於資訊儲存是一個整合的共享雲端儲存區，可容納組織企業所有必要的資訊與知識。因此，企業企業必須部署可以跨越大型、中型電腦和開放系統平台，並能提供最佳化與雲端分散式系統之管理模式，以簡化並即時處理大量客戶資料的管理及分析，進而發揮 CRM 的最高價值，達成其商業目標。

客戶關係管理在國內行業別的應用上，各行各業均如火如荼展開。在金融業中，各銀行信用卡中心與電信業者，算是國內客戶關係管理應用的先驅。而台灣所有的服務業者，也都強烈感受到客戶關係管理系統的重要性，也逐漸從各方面，來著手客戶關係管理的布局。所以客戶關係管理，對台灣的服務業來說，將是一塊兵家必爭之地。

3.4 從顧客關係管理角度看大數據多智慧體系間的合作機制

隨著智慧型移動設備和社交網路（Social Networking）的出現及前所未有的廣泛使用，大量的資料正空前急速的產生。蘊含著大量多元化資料的搜尋引擎，已創造了空前的分散資料流程資訊。因此，有效的大量資料的管理及處理能力給現在的商業組織提出了一個有趣又關鍵的挑戰。實質上，消費者正在廣泛地拓展他們的上網範圍，這使得我們很難在資料獲取和挖掘上，迅速提取到有價值的資料。由於分散式資料庫（Distributed Database）是基於異構平臺的嵌入，企業組織正面臨著不確定的挑戰。為了實現組織戰略目標，在擁有大量的資料的基礎上，有效的制定一個資料探索機制已經成為一個亟待研究的問題。

大數據（Big Data）時代正在經歷著關於資料傳輸、一體化、資料處理技術的嚴峻挑戰。身為自發的個體，隨著人工智慧（Artifical Intelligence, AI）的普及和廣泛運用，智慧代理人（Intelligent Agent）向不同的目標引導著它的行動，並且為了資料的集成而滿足隱性的要求，就像在不同的資料庫之間建立的合作機制一樣。從字面意思上看，在分散式智慧代理中，作為一個資訊處理器，多智慧代理系統（Multi-agent System, MAS）可以實現代理系統間靈活的溝通和合作。

大數據也被稱之為海量資料。大數據的處理對速度有著更高的要求，他有著四個主要特徵：量大、多元化、速度快、價值高。在大數據的時代裡，每個人都是資料的貢獻者。資料的大規模增長管道包括但不局限於以下方面：如 Facebook、IG、抖音、Twitter、微博和微信的社交媒體、電子郵件、視頻、音訊、網路搜索、GPS、流量監控系統，以及其他媒介。無論何時，人們使用這些媒體時，都會留下電子足跡（Digital Footprint）並創造更多的資料。在大數據時代，個人資訊、消費喜好、甚至相關的社交關係圈都能被識別出來。毫無疑問，這樣的資料獲取和資料採擷能為企業的戰略制定提供有價值的線索。

面對如同雨後春筍般崛起的大量資料，如何精準地挖掘資料並找出其中隱藏的有價值資訊成為了新的難題，這促使著組織企業去尋找新的資料處理技術，找出含金量甚高之隱形資訊。MAS 能將大量的資料處理為明確的推理式引擎，從而能為使用者提供客製化的資料結果。MAS 是一種計算系統。在特定的環境下，它由多種互動的智慧原件組成。與智慧原件搭建在一起，MAS 作為資訊處理器，能夠加速與多個智慧原件之間的合作和資訊交互。在新科技的幫助下，用戶能夠及時地、精準地收到想要的資訊。

3.5 課後習題

一、問答題

1. 何謂顧客關係管理？它在電子商務之應用環境下，有何重要性？
2. 顧客關係管理（CRM）中應用 80/20 法則，請問其涵意為何？並請提供個人看法。
3. 企業在導入 CRM 時之關鍵成功因素為何？
4. 請舉出 CRM 在電子商務之應用實例，並提出你的看法。
5. 目前我國顧客關係管理發展之情況為何？請提出你的看法。
6. CRM 模組導入的主要效益有那些？請提出你的看法。
7. 美國 UPS 或聯邦快遞（Federal Express），如何做好 CRM？
8. 假設同學們在網路開了一個賣場，專門販賣手工香皂，請問要如何利用客戶關係管理，來提升這個賣場的業績，請和同學討論，應如何進行。

3

二、選擇題

(　　) 1. 以下何者非顧客關係管理系統導入，可以為企業帶來的經營效益？
(A) 協助推展行銷業務　(B) 提升經營績效
(C) 提升顧客服務的品質與公司的形象　(D) 讓用戶個人資料公開化

(　　) 2. 何者為企業導入 CRM 系統所遇到的瓶頸或障礙？
(A) 成效一如預期順利　(B) 專案推動的預算、時程失控
(C) 員工高度配合　(D) 業務或管理方式有條理

(　　) 3. 以下何者非顧客關係管理的四大循環階段？
(A) 知識發掘　(B) 組織規劃
(C) 顧客互動　(D) 分析與修正

(　　) 4. 以下何者非鼎新客戶關係管理系統的優勢？
(A) 完整模組化管理系統　(B) 導入時程短，相對成本低
(C) 高度彈性的資訊整合系統架構　(D) 使用比較利益法則

(　　) 5. 聯邦快遞是目前全球大規模的快遞運輸公司之一，創立於 1973 年 4 月，全球服務範圍超過 200 個國家，全世界有 44000 個收件中心，同時為全球超過 170 萬個客戶，提供快速便捷的服務。以下何者為聯邦快遞的顧客服務資訊系統？
(A) 自動運送軟體　(B) 顧客服務線下作業系統
(C) 海量資料管理系統　(D) 戴爾頂級網頁

(　) 6. 經濟學上所謂的「限制條件的交換」，倘若賣方可以清楚地體認買方的疑慮，並且能夠主動提出某些交易條件，就能提高交易完成的機率。如：因為戴爾電腦的直接銷售模式，可能會使消費者擔心軟體的設定不好，或是硬碟主機版故障時會求助無門。因此，戴爾提出了幾項制條件以取得客戶的信任，以下何者非戴爾提出的限制條件？

(A) 提出三十天退款保證　(B) 保固期兩年服務

(C) 提供到府維修的服務　(D) 對顧客資料保持絕對機密

(　) 7. FastCRM 是一套以客戶為中心導向的應用系統，擁有作業性、分析性、交易性、互動性、預測性的智慧型電腦軟體系統。在業務面提供經營者快速的管理與策略思考，幫助企業進行與顧客之間的互動，了解顧客需求，辨識客戶貢獻度、熟悉企業與客戶間的關係，何者為企業導入 FastCRM 管理系統效益？

(A) 低成本、低基本門檻　(B) 操作容易、快速資料上線

(C) 效果易見　(D) 以上皆是

(　) 8. 何者非企業導入通用數碼 CRM 所帶來的優勢？

(A) 快速開發潛在客戶

(B) 提供顧客滿意度，建立品牌忠誠度

(C) 建立顧客消費行為模式，提供符合顧客需求服務

(D) 使企業利益最大化

CHAPTER

電商之知識經濟與大數據

學習重點

先解釋知識經濟時代的來臨，並闡述資料倉儲與資料庫如何在我們企業中運作，緊接著就資料倉儲（Data Warhousing）、資料探索的應用、知識管理（Knowledge Management）的導入、商業智慧的運用、大數據（Big Data）在企業之切入，提供同學們研究與思考，願您成果期豐碩。

4.1 知識經濟時代的來臨

電子商務中知識經濟時代之重要性，而組織企業之**無形資產（Intangible Asset）**，在電子商務時代中，更佔有舉足輕重之地位。正因此，組織企業運用**資料倉儲**、**資料探索**、**大數據**機制，藉以提升企業競爭優勢，以上目標，更成為眾多營運電子商務之組織企業，極力追求之下一個企業願景。本章中，逐步為同學介紹資料倉儲、資料探索、大數據在商業界之實際應用，以期在進入職場後可以很快地上線。而一旦有了資料探索後之寶貴無形資產，知識管理就更顯得迫切需要，本章中除闡述知識管理之定義與重要性之外，也將高科技產業運用知識管理的成功案例，逐一向各位介紹，而最終累積下來的無形資產，也逐漸成為組織企業之商業智慧，以期企業能永續經營。

4.1.1 資訊科技的發展

今日競爭的商業環境中，企業必須妥善地保管和應用公司以往取得的資料和資訊，並應付快速變化的市場與環境。也就是 Bill Gates 早期所提出的數位神經系統（Business @ the Speed of Thought）。企業界必須要以如思考一樣敏捷的反應，才能在今日快速變遷的企業中求生存。以往由於沒有利用資訊科技來保存資料並加以應用，以致於企業在運用知識是十分花費人力及時間的。今天，由於資訊科技發達並且普及化的結果，使得資訊科技應用所需的成本大大地降低。因此，運用資訊科技並將資料儲存在電腦中，就可以運用電腦加以管理，以有系統性的方式存取並擷取資料。因此我們必須定義資訊系統以管理資料，依照特定的演算邏輯方式和資料結構來組合，以將資料完整地儲存在資訊系統中，並且有效地加以處理及應用。

4.1.2 知識經濟時代的企業

知識經濟時代的企業－微軟（Microsoft）公司就是一個非常典型的案例，Microsoft以無形資產（Intangible Asset），也就是以知識（Knowledge）做為基礎的公司，其公司的資產就是智慧財產（Intellectual Property），當產品到達成熟階段，就可以毫無限制的進行無形資產複製，複製包裝相同的產品進行全球銷售，其硬體設備成本與傳統產業相較之下，顯然少了很多。

相對於早期工業時代的代表性企業－通用汽車（General Motor, GM）公司，是以有形資產為根基的公司。GM 之廠房設施、員工數量以及相關的機械設備與上下游供應商，與微軟公司相比，微軟的資產營運模式很不同於傳統產業。因此，在這個以知識為競爭基礎的時代，知識與知識管理是十分重要的，《財星雜誌》曾指出，知識管理是繼企業流程再造之後，另一個最熱門的管理話題。

4.2 資料倉儲與資料庫

4.2.1 資料倉儲（Data Warehousing）

資料倉儲的目的是希望能夠整合公司內部及外部雲端的資料，提供決策者一整體且、廣泛的資訊，以利完成策略性的決策，其設計的重要指標就是將資訊系統中的資料，經整合、系統化、結構化後，轉換成為有用的策略性資訊，使組織企業能有效且快速的做正確的經營決策，符合市場的快速變動需求，以提升企業的競爭力。

4.2.2 資料倉儲的特性

資料倉儲之父 Bill Inmon 與 Chuck Kelley 認為，資料倉儲不只是一個資料庫，而且認為資料倉儲為決策支援系統中最重要的核心。因此，將它分成四大特性：

- **整合性**：資料的來源自日常交易之資料庫，並且結合了公司的各種不同資料庫來源，包含了不同資訊系統或作業平台之資料庫，將這些來自不同系統的資料加以整合。
- **目的導向**：資料中被刻意地組合以了解公司組織所需要的資訊。
- **時間的變數**：在資料倉儲中特別重視時間的變化如：年、月、季、週，的動態資料，因此累積了許多歷史資料，並且附加了記錄時間。
- **非變動性**：其歷史資料為靜態，一旦存入資料倉儲中，即不可以被更改，新增的資料將不斷地增加並依時間點的不同累積歷史的資料，提供決策者運用。

4.2.3 資料庫與資料倉儲的差異

- **資料庫與資料倉儲**：資料庫與資料倉儲的操作，在使用方式上不盡相同，往往有許多的使用者，往往會誤將傳統的資料庫與資料倉儲的關念相互混淆。
- **資料庫**：傳統的資料庫其重點在於對單一時點的單一資料處理（One Record at a Time），而且傳統資料庫偏重於擷取詳細之資料以提供中階管理者做為決策參考，且重視資料檔之構成及資料的正規化（Normalization）之過程。
- **資料倉儲**：是注重於某一段時間內之綜合資料（Summary Data on a Given Period of Time），其資料有許多來源，且資料包含許多歷史資料，同時資料不會再異動。亦可以包含一些衍生性、彙整性、摘要性的資料。例如：總合、平均。並且提供大量資料的過去的走向、並且分析預測未來趨勢，注重資料本身所包含的意義以其所提供的訊息，以提供高階主管與決策支援系統做參考。

4.3 構建資料倉儲的階段

4.3.1 構建資料倉儲

資料倉儲的建構是以**資訊主題（Information Subject）**為核心，並且從不同的功能性資料庫中直接取得資料資源，並同時滿足例行性的處理需求，以提供決策者做為決策時查詢的需求。因此可以說是決策支援的資料庫，如圖 4-1 所示。

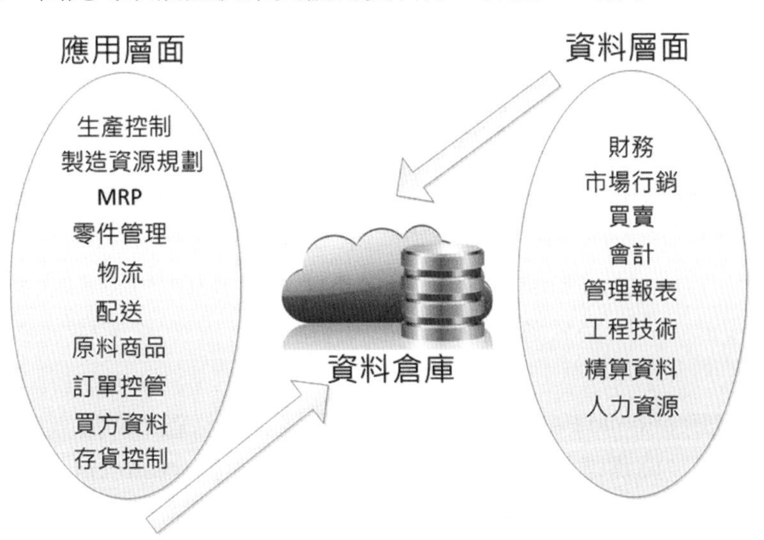

圖 4-1 建構資料倉儲可以從日常的交易記錄，依照不同來源及性質加以大量儲存，提供分析

建構資料倉儲是一個工程浩大、開發期間長、風險性高、需投入大量資金，而且未來需求無法預定；因此，在開發資料倉儲需要長期的規劃，同時要考量組織企業**願景（Vision）**，所以需要 CEO 的全力支持。資料倉儲的資料來源是整體企業，因此除了資訊部門的參與外，仍需要組織企業各部門的合作，整合企業內部的資源與需求，以利開發出適合組織企業的資訊系統。

在實際的運作中，很多企業將傳統式的資料庫和資料倉儲相互混淆。事實上，以上二者操作方式不盡相同。一般而言，傳統資料庫著重於單一時間之單一資料處理，而資料倉儲則鎖定某一段時間內之綜合資料。另一方面，傳統資料庫較偏重於擷取詳細之資料以供決策者參考，而相對地，資料倉儲則較注重於大批資料所提供之趨勢走向。傳統資料庫之使用者多為中層階級之經理人員，而資料倉儲之使用者則為決策支援系統和高階主管資訊系統的使用者。在資料倉儲的建構時，如果企業本身的資訊部門，且在人力、技術上有足夠資源下，建議最好是由企業內部資訊部門自行開發（In-House），而非委外（Outsourcing），較能夠掌握使用者需求，通常會採用雛型法（Prototyping）反覆地開發，因應需求的改變來調整該系統。

4.3.2 資料收集

在資料收集階段中，最主要的工作項目就是資訊需求的評估，所以要先全盤了解企業的現況，並訂定未來的目標，在評估過程中，要充份地溝通，因為建構資料倉儲是企業整體、長程性的大型投資，因此充份的了解企業整體現況與未來發展目標，將有助於建構資料倉儲所需要的資料資源。

在資訊需求評估中，當企業有了明確目標之後，接著研擬目標決策過程，從企業日常的作業資料、歷史資料及外部的資料中收集，經由整合後，將成為資料倉儲中的重要資料項目，最後產生系統需求定義規格，詳實記載使用者的需求。

4.4 資料倉儲的系統分析

4.4.1 系統分析（System Analysis）

在定義企業目標需求及了解使用者需求以後，接下來就是要進行系統分析的階段。由系統開發工作小組將事前所產生的系統需求定義之規格加以評估分析其可行性：

- **技術可行性（Technical Feasibility）**：對於系統軟體及硬體、資料庫架構的選擇（例如：採用關聯式、階層式資料庫、分散式資料庫）、網路架構、系統的存取及回應時間評估。
- **經濟可行性（Economic Feasibility）**：評估開發資料倉儲的效益（包含有形及無形成本與利益）、投資風險及投資報酬率（Return on Investment, ROI）。
- **作業及時程可行性（Operational & Scheduling Feasibility）**：分析使用者對於資料倉儲作業流程是否熟悉了解，以及相關人員的教育訓練。此外，對於系統開發所需時間及進度控管，並分析不同時點的需求差異，並且對於未來資料量的成長加以預期、評估解決方法。
- **法律方可行性（Law Feasibility）**：除了系統中軟體的合法性外，企業外部資料來源、企業內部資料的所有權及隱私權相關問題，是否具合法性（Ligitmacy）。在分析其可行性之後，接下來要對於資訊系統的每一個因素加以分析：如硬體、軟體、人員及資訊處理活動、資料分析。

4.4.2 資料倉儲系統維護（System Maintenance）

資料倉儲的系統開發與一般資訊系統開發一樣，並不是系統開發完成上線後就此結束，甚至比一般資訊系統之後續的維護管理、修改以及使用狀況更加複雜，更是一大挑戰。因為在系統開始上線使用時，就會有大量的使用者及資料產生，在此時原本設計時未考量的問題，會隨著資料量的增加而浮現出來，有些情況是上線前，系統壓力測試時所未見到的。

所以資料倉儲在維護管理及所面臨的狀況要比一般資訊系統開發還要複雜，因此，在維護上要更加的留意。維護時在系統方面要注意資料儲存容量的需求是否符合現有系統，包含未來增加的使用需求，同時資料的安全維護及管理、現有系統設備的效能管理評估等，以考量未來新購設備時作參考依據。另外，在資料量方面，由於資料倉儲的資料量相當大，因此資料的管理要特別的注意。

4.5 資料探索（Data Mining）概述

4.5.1 資料探索

資料探索又可以稱為資料擷取、資料挖掘、資料探勘，其技術是用以將大數據中隱藏的資訊擷取出來。進行資料探索時需要先對於資料的屬性加以定義清楚，且所要處理的問題主題要明確，可以使用分析及演算法，如圖 6-2 所示，為美國阿拉巴馬大學 Data Mining 工具之開發研究成果。例如：人工智慧、決策樹（Decision Tree）、類神經網路（Neural Networks）、統計分析（Statistics Analysis）、模糊理論（Fuzzy Theory）以及定性及定量分析，找出數個變數之間的關係。而傳統的統計方式只是用統計分析方法，逐一分析變數建立模式，而且資料必須是數據化的。

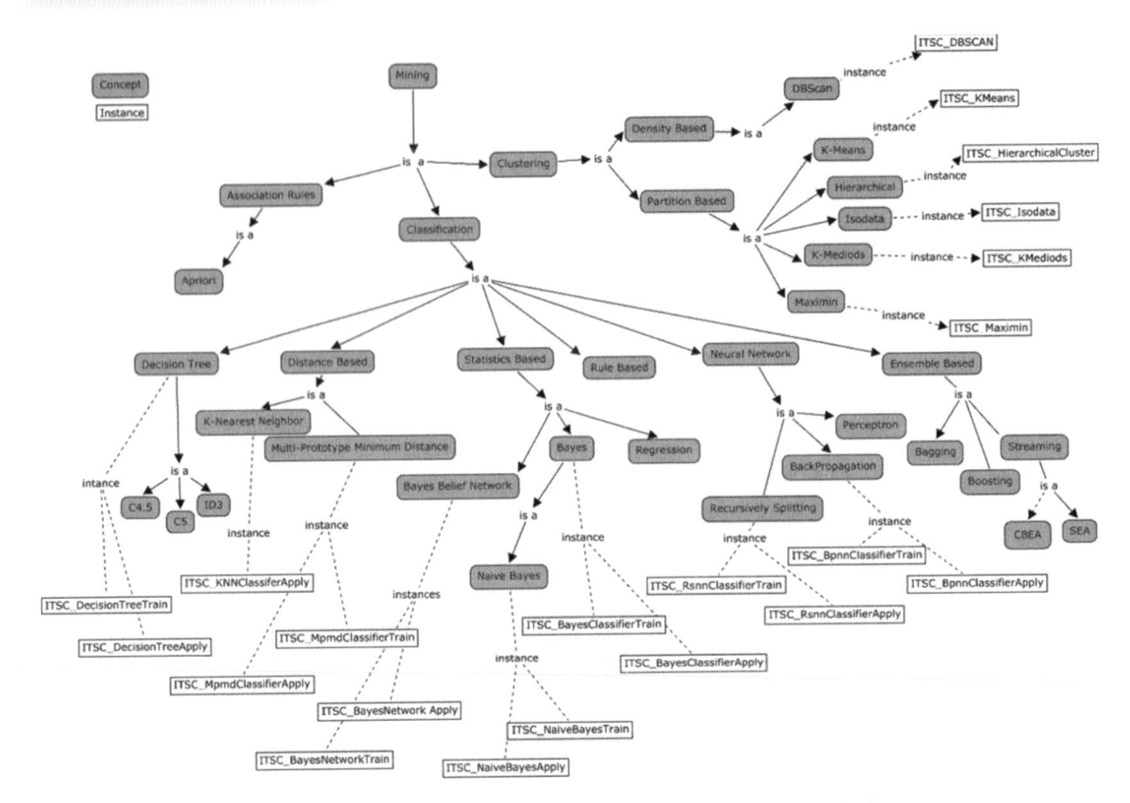

圖 4-2　美國阿拉巴馬大學 Data Mining 工具之開發研究成果
(資料來源：http://www.itsc.uah.edu/main/projects/smart-assistant-mining-sam)

資料探索的資料來源是大量的資料，時常會與資料倉儲相互配合，加以分析不同屬性資料之間存在的資料關係，如：分類問題（Classification Problem）－不同族群之間的特色或特性，例如男性與女性所喜歡選購的產品、關連問題（Association Problem）－某種模式與另一種模式之間存在的相關性，例如：可樂與洋芋片的關係、區別問題（Discrimination Problem）－不同族群之間的差異性，例如：已婚與未婚族群對於跑車與房車的喜好、群集問題（Clustering Problem）－各群集資料之分佈情況與特性、演化問題（Evolution Problem）－某段期間的趨勢變化，例如：股價變化趨勢、民意變化、網路聲量等。目前有好一些相關軟體業者，開發出相當不錯之資料探索應用程式，有興趣之相關業者可以 shopping around 適合之資料探索應用程式。一個經典的範例就是，在美國週五的晚上，超商的啤酒箱旁會擺設較貴或滯銷之嬰兒尿布，因為很多年輕爸爸拿完啤酒後，會不假思索直接抓取旁邊之嬰兒尿布，交差了事，這也是根據超商的大數據，經過資料探索後的商業智慧，目的就是提升組織企業的獲利能力。

4.5.2 資料倉儲與資料探索在商業界之應用

在 e 世紀資訊化的時代中，客戶關係管理顯得十分重要，可以運用資料倉儲與資料探索技術的結合，在大量的交易資料檔案中，探索出其隱藏的特有模式或消費行為，針對消費者喜好的差異，分別給於客製化的個別服務，例如：信用卡銀行可以針對其消費者刷卡消費的類別，加以分析歸納出不同類別的產品型錄，並與各種不同類別的郵購公司做策略聯盟，達到雙贏的目的。

此外，百貨公司或大型賣場，可以依據消費者購買產品之關聯性，規劃出產品擺設的位置與良好的動線，以滿足消費者的需求，如圖 4-3 所示。換句話說，關聯法則（Association Rule）已廣泛應用到商業界，企圖要開發潛在客戶。資料倉儲與資料探索在客戶關係管理的商業運用模式中，就是希望自現有顧客之歷史資料，不僅能想辦法留住舊顧客，更重要的是藉由現有顧客之消費資料，分析出其所隱藏的潛在客戶，找出看不見之高含金量隱藏資訊，才能將行銷費用真正花在刀口上，並為組織企業帶來更大之效益。

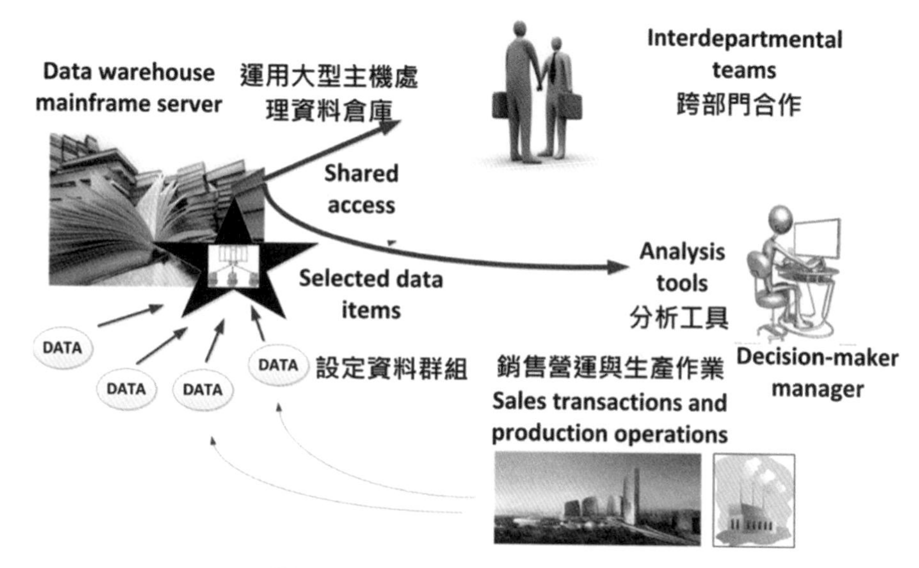

圖 4-3　資料倉儲運作時之系統流程

4.6 知識管理（Knowledge Management）概述

隨著資訊通訊科技及高頻寬無線網路的普及，使得管理人員昔日想做、又無法做到的事，終於可能美夢成真，而知識管理即為其中重要的一個議題。以往組織企業的知識，都是累積在公司成員或員工的腦海中，然而也將隨著員工之離職而消失，無法被有系統地記錄下來，實為企業在無形資產上之一大損失。既使記錄下來做成文件，想要做檢索查閱，卻是十分地繁雜。近幾年來，網際網路及其工具的進步，在這個知識爆炸的時代，知識管理勢必成為未來管理的主流，亦是未來企業決勝的關鍵。

4.6.1 知識管理的重要性

組織企業的策略在於求勝，其底線就是要能夠勝過競爭對手，而知識管理可以長年地累積知識，並且能夠將自然人（即是個人）的寶貴經驗永久且有系統地加以保存於法人（公司）的組織中，不會因個人的離職，使公司無形的資產也隨之流失。重點在於企業必須將個人的知識化為組織的無形資料，並且能有系統、有效率的加以儲存，進一步成為公司的規章制度，如此才能發揮知識管理的功效。

然而這些資料的累積，只靠人工的方式來管理，無法做的盡善盡美，必須運用 ICT 將這些經驗知識加以有系統的保存，並且能夠容易的讀取，在這些大數據中創造新的知識。

4.6.2 知識管理之定義

一般所謂的知識管理，通常都是指組織企業的知識管理而不是個人的知識管理，而知識又可以分為隱性（Tacit）知識與顯性（Explicit）知識二種，所謂隱性知識就是高度個人化的知識，很難將它公式化，因此不易與他人分享。反之，則可以被公式化，也就是從書面化的知識，容易傳授給他人的知識，可以詮釋為顯性知識。

隱性知識包含了技術方面的經驗累積，也就是非正式、難以言傳的「know-how」技能。例如：工藝師父所累積多年經驗，而成就的一身豐富的專業知識技能，是無法用他所知的科學或技術原則。它所包含的心智模式（Mental Model）、觀點及信念，以致使我們無法輕易描述其精髓所在。

4.6.3 創造知識的基本型態

在任何組織企業內創造知識可分為四項基本型態：

- **從隱性到隱性**：指人與人間之分享隱性知識。例如：麵包師父教授學徒如何學習製作麵糰。雖然麵包的製作材料及流程可以用文字化加以表示，但是麵糰的製作必須用多年經驗及感覺才能完成，例如：師父教授徒弟「以一定比例的水及麵粉，加上酵母菌後，加以搓揉成麵糰約 5 分鐘左右，且感覺微熱...等」。到底約 5 分鐘是指 5 分鐘半還是 4 分鐘半，而所謂微熱是攝氏幾度，無法完整的以文字化表示。這是所謂隱性到隱性的傳授過程，也就是社會化（Socialized）。
- **從顯性到顯性**：就以上述製作麵包的例子延伸，麵包店的所有師父將製作點心及麵包的材料明細及基本流程加以文字化後，不同師父的書面資料中，彼此以文字化交流其心得，在不同的材料明細及製作流程中，或許可以發現另一種更好且更具獨特的產品，同時加以文字化記載製作的方式，這是顯性和顯性知識之間的交流，也就是整合（Combination）。
- **從隱性到顯性**：在以上所提到的顯性與顯性製作麵包的例子中，當麵包師父在彼此以文字化交流中，當他發現另一獨特產品時將它所想到的製作過程及方法，寫下來以文字表示時，此過程是隱性到顯性的傳過程，也就是表達（Articulation）。
- **從顯性到隱性**：以製作麵包的例子中，新進的學徒看著師父所留下的文件，學習如何製作麵包；或者是麵包師父看著其他師父所寫下的製作新式麵包的文件，加以學習製作，此過程可以說是從顯性到隱性，也就是內化（Internalization）。

4.6.4 知識的迴旋（Spiral of Knowledge）

在知識創造的公司中，上述言四種型態交流互動，形成一種知識的迴旋。其過程中把隱性知識轉化成顯性知識過程稱為表達（Articulation）；而利用轉化後的顯性知識擴大個人的隱性知識這過程就稱為內化（Internalization），也是知識迴旋中最關鍵的步驟。其實，隱性知識除了技能之外，還包含心智模式和信念，因此從隱性知識轉化到顯性知識，其實就是表達個人的觀點與信念。

4.6.5 知識管理的挑戰

知識管理的過程，首先是創造新知，然而新知的創造可以來自於組織企業內部或外部。組織企業內部知識，可以將員工的經驗加以累積，進而成為企業的無形資產；而外部的知識來源是從供應商、顧客及競爭對手得到之經驗。如何有系統地創造新知，對知識管理是一大挑戰。同時，員工的心態也是相當重要的。倘若每個員工無法發揮團結的力量，認為與他人分享就會降低自己的競爭力，且抱著多一事不如少一事的心態，那麼要做好知識管理將是相當不容易的。因此，公司的組織文化需要去推動，使員工們能充份發揮其專長，並且能夠彼此分享其經驗。

知識管理的過程包含了知識的「創造、編碼、擴散」，新知在創造後，企業所面對的問題是要如何持續不斷地去「創造」新知，在創造新知後，如何將這些知識加以分類編碼（Codification），因為有效率的分類編碼，是知識管理之必備要件，如此才能建構良好的知識庫，也才能夠使這些創造的知識，加以整合運用。

但是，就算有了新知識及知識庫，如何讓員工能夠運用得當，就是要將組織的知識加以制度化，另外，知識管理必須要建立誘因機制（Incentive Mechanism），讓員工願意使用所建構的知識庫，因此亦要有配套的誘因機制，而台積電的教戰手冊就是典型的例子。其實知識管理最困難的問題，在於如何使員工願意分享知識、如此才會有知識累積，而最佳的機制當然是組織的文化，組織的文化將創造出這種無形的力量，使員工主動願意分享知識，如此知識管理就成功一半了。很多同仁擔心，將自己專業精華知識分享出去，多年之心血馬上被其他同事取代。

這種理念文化的推動，並不是短時間內可以完成，必須得到CEO長期推動與支援，培養出員工互動與互信的觀念，主動地分享自己的經驗，使組織能快速且有效地累積知識，並創造並建立學習型的組織，對於過去經驗的學習、競爭對手的分析等，做好知識管理，方能提升企業組織的競爭優勢。

4.6.6 知識長（Chief Knowledge Officer, CKO）

CKO這個名詞是近幾年當資訊時代來臨，出現在管理世界不久的職稱，在當以知識為競爭基礎的時代中，他們所扮演的角色日漸重要。他們的主要任務是將公司所擁有的知識，做最大且最有效的利用，以協助公司達成目標，為公司創造價值（Value）。

當知識在企業資源中扮演的角色逐漸加重，一些有遠見的企業 CEO 認為知識將是未來企業唯一主要的資源，憑藉知識資產的企業才是最具競爭力的企業。因此開始著手將散佈於員工身上以及部門間的知識，加以收集、整合、研發、創新，並且指派一位資深的高階主管來主導知識管理的工作，並委以 CKO 這樣的職稱。

這個名稱最早出現在財務及管理顧問公司等專業機構，這些公司並沒有龐大的有形資產（例如：工廠、機械設備等），他們的最重要資產就是人，其實就是指儲存於人類腦中的知識。因此，他們也是最早意識到知識管理對公司的重要性。CKO 的主要工作內容大致歸納為以下幾點，基本上可代表現階段企業對於知識管理工作內涵的認知：

- 發展一個有利於組織企業知識發展的良好環境，包括各項配套的軟硬體設施。
- 扮演組織企業知識的守門員，適時引進組織所需要的各項知識，或促進組織與外部的知識交流。
- 促進組織企業內知識的分享與交流，協助個人與單位之知識創新活動。
- 指導組織企業知識創新的方向，自企業整體有系統的整合與發展知識，強化組織企業的核心技術能力。
- 應用知識以提升技術創新、產品與服務創新的績效以及組織企業整體對外的競爭力，擴大知識對於企業的貢獻。
- 形成有利於知識創新的企業文化與價值觀，促進組織企業內部的知識流通與知識合作，提升成員獲取知識的效率，提升組織企業個體與整體的知識學習能力，增加組織企業整體知識的存量與價值。

4.7 知識管理的成功案例

4.7.1 個案剖析：台積電（TSMC）知識管理之成功案例

當年美國英特爾（Intel）來台尋找生產晶圓的代工廠時，台積電（Taiwan Semiconductor Manufacturing Company, TSMC）即展露頭角，很快地降低缺點（Defects），提昇良率（Yield）。台積電在北美、歐洲、日本、中國，以及南韓等地均設有子公司或辦事處，提供全球客戶即時的業務與技術服務。至 2021 年底，台積電員工總數超過 65,152 人。

台積電內部有一套非常嚴密的製程，並不斷地更新流程，在此同時也激盪出最好的知識，台積電內部隨時均非常積極地在標竿學習（Bench Marking），鎖定相關領域中最好的知識，不斷精進。連工廠內操作機器的最佳效能，也一定會被記錄下來，供台積電其它廠學習，同時跨部門的溝通也十分良好。例如：資訊部門也會盡量去滿足生產部門的需求，台積電資訊科技處處長曾指出：「要多溝通，把一些歧見化解」，這也意謂著組織內部之水平整合績效卓著。

聰明複製（Smart Copy）

台積電是用中央團隊(Central Team)的概念來複製新廠，也有所謂複製主管(Copy Executive）來確保其它廠的成員是否做到正確的複製。因此，台積電內部有所謂的教戰手冊，只要工廠一建好，機器一進來，就會有教戰手冊，教育新的工作人員在最短的時間內讓機器上線生產。

同時手冊中，會提醒技術員上機時，可能會遇到什麼樣的因難，要預先防範錯誤，要先知道什麼時候會出問題，出問題時要如何解決，並且教導如何操作機器，等於是把既有的經驗記錄下來，建置於組織企業之內部網路，透過完善之資安技術，與相關人員分享，並傳承下去，不會因為有人離職，而讓經驗中斷，這就是台積電運用知識管理的完美經驗。然而，支援台積電可以做好知識管理的一大工具，就是與時俱進之資訊通信科技 ICT（Information Communication Technology）。

現代虛擬工廠（Virtual Fab）

ICT 也積極讓整個台積電的製程透明化（Transparency），讓客戶可以透過無所不在網路，將台積的工廠當成自家後院的工廠。遠在歐、美的台積電客戶（無晶圓廠的 IC 設計工廠）可以透過網際網路，直接連接台積電在各地的生產工廠，以 ERP 為根基的後台資訊系統，馬上即時瞭解他們訂單之狀態。例如：在哪一個生產站，是否卡住不動？完成進度如何等等。客戶隨時可以掌握他下單的進度，讓遠在歐美的客戶覺得台積電在臺灣的工廠就好像在自家後院，不用自己設晶圓製造廠，讓台積電代工就好了，這就是在台積電網頁上的 TSMC-Online 選項，如圖 6-4 所示。此一成功之建置，足以成為臺灣 OEM（Original Equipment Manufacturing）代工製造業之完美成功資訊管理，建置的一項完美典範。

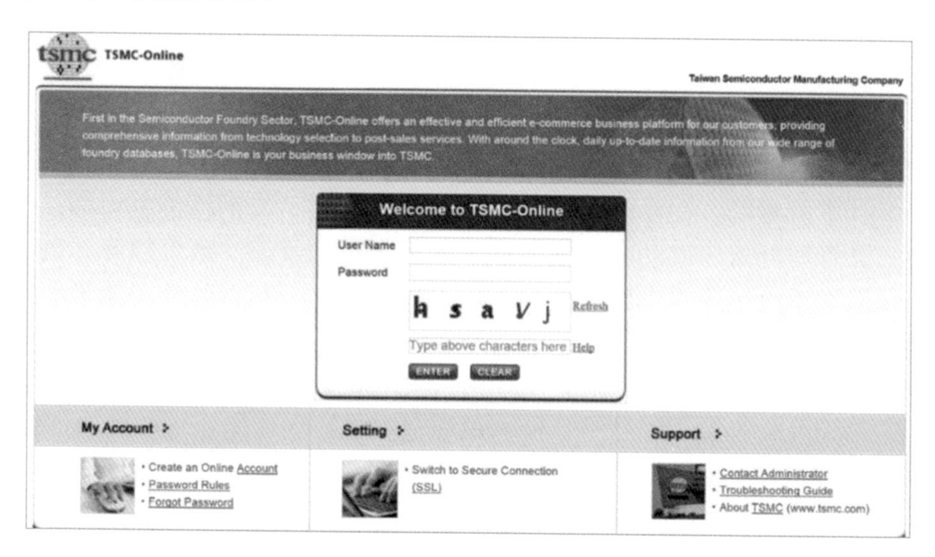

圖 4-4　台積電首頁上的 service on-line

(**資料來源**：http://www.tsmc.com.tw)

知識累積

台積電前董事長張忠謀先生曾提過一個台積電內部知識累積的例子：當台積電準備設立新廠時，每一個新廠，不論設備、製程都被要求和舊廠一樣，等到新廠的水準和舊廠一樣好，再讓新廠自己發揮，去嘗試新的東西，即使嘗試失敗了，還可以回到原來的製程，繼續作業，這就是累積知識的好處。也因為大家累積了專業代工的技術與知識，讓製程一直不斷改進，讓台積電的良率（Yield）可以幾近完美。如果不這樣做的話，假如有人離職了，每個廠又不一樣，找不到人代替，他的知識也跟著他走了。由此可知知識之累積必須要有一套完善之管理資訊系統來將其發揚光大，那個管理資訊系統就正是知識管理系統。

4.7.2 個案剖析：道爾化學公司

道爾公司（Dow Inc.）專門負責管理全世界各地智慧財產的主管認為，公司的最大資產並不是化學工廠，而是公司所擁有的許多的專利權，公司主管能夠將知識管理策略配合公司的商業策略，因此決定加強對於公司的所有專利權進行管理，並且製作出一個「專利權樹」的圖表，清楚顯示公司擁有專利權的情況，並分析如何從這些專利權中獲利，因此替公司節省了四千多萬美元的相關稅賦，同時亦增加了專利授權費用的收入。

4.7.3 個案剖析：英國石油艾莫可公司

英國石油艾莫可公司（BP Amoco），在 Teleos 公司的 1999 年「最受推崇的知識型企業」排行榜上，總排名從 1998 年的第二十名快速躍升至總排名第二，僅次於微軟，成為 1999 年躍升最快的企業；在 1999 年當時，BP（尚未購併 Amoco）的執行長（Chief Executive Officer, CEO）負責提高公司的績效，善用公司的知識、加強組織內的學習、並分享各部門的最佳措施與經驗，率領知識管理九人小組設計一些可行性方案，推廣至全公司。

他們採用了五種知識管理的工具，分別是：同儕協力小組、行動檢討、回顧、連結通訊錄、及虛擬團隊。在當時，第一年即替公司結省了二千萬美金，第二年又設計了十五項知識管理計畫，協助公司進入日本零售市場以及煉油廠重整等計畫，更為公司節省了二億六千萬美元的支出。成功的秘訣在於建立一套有助於知識管理的硬體設備，和鼓勵知識管理的環境。此外，身為知識長同時也必須是技術專家，CKO 本身不一定要是電腦科技專家，但本身對於 ICT 要有相當的瞭解，才能夠選擇恰當且有效率地使用工具和設備來蒐集、儲存、分析、運用、分享並創造知識。如圖 4-5 所示，為英國石油艾莫可公司全球資訊網。

圖 4-5 英國石油艾莫可公司全球資訊網
(資料來源：http://www.bp.com)

4.7.4 個案剖析：富士軟片資訊股份有限公司

早在五六十年代，Xerox 就已經是世界上著名的辦公設備的生產者，它生產的各種影印機名聞天下。進人 90 年代後，Xerox 又以策略性的眼光，率先建立起較完善的知識管理體系，建立了企業內部的知識庫，用來實現企業內部知識的共用。以往，Xerox 的業務人員都會每年輪調，這讓公司損失了大量的知識。因為每次業務人員對新客戶都是陌生的，都需要重新開始瞭解這個客戶，這不僅浪費時間而且容易造成客戶的不滿，客戶希望按以前約定好的方式進行，不希望因為換人而有所改變。現在 Xerox 在公司的內部網路上建立了一個系統，業務人員將所瞭解到的客戶的所有資訊，包括每筆交易的情況、客戶的商業資訊、甚至客戶的個性、脾氣、喜好、習慣等都存入這個系統。這樣子不但可累積知識，而且還減少與客戶間的衝突。

另外，Xerox 也開始了一項有關維修業務的知識管理計劃，以便獲得並保存維修人員的知識。在以前，售後服務部門的維修人員都必須是透過手冊才能得到相關的維修知識，由於產品的生命週期越來越短，手冊一制訂出來往往就過時了。因此 Xerox 的技術人員已經不再依靠手冊，而是智慧型移動裝置，與雲端大數據連結，利用智慧型移動裝置來診斷和維修機器。假如技術人員要進行影印機的例行檢查，就可以快速連接到有關的工作指南中去；若技術人員打算更換某個零件。那麼這個系統也可自動連接有關零件更換程式。甚至在這個系統中維修人員可以進行實地交流、診斷和維修機器。維修人員還可將在工作過程中發現的新問題或新方法存入這個系統，讓其他維修人員知道，達到分享及即時更新的目的，如此一來，雲端大數據資料庫就更臻完善。2021 年 4 月起，公司名稱變更為 FUJIFILM Business Innovation Corp.，臺灣分公司則名為臺灣富士軟片資訊股份有限公司。如圖 4-6 所示，為臺灣富士軟片資訊股份有限公司。

圖 4-6　臺灣富士軟片資訊股份有限公司
(資料來源：https://www-fbtw.fujifilm.com/zh-TW)

4.7.5 個案剖析：惠普科技 HP

惠普科技顧問事業群人力發展暨知識管理經理指出：「組織知識的創造與移轉，是企業能夠永續成長的源頭，對每一個組織來說，因為各自擁有自己的脈絡，只有其組織內的關鍵知識或技術才是獨特唯一的，同時也是組織能夠維持競爭力的關鍵因素。」惠普科技曾以全球內部員工網站「@hp」作為員工知識分享工具、充分管理企業知識的效能，並將其高度發揮轉化為經營優勢，而獲選為全球「最佳知識應用企業獎」第二名，由此可知惠普科技在知識管理上的努力。

人的因素仍是知識管理最難解決的部份，唯有建立一個能將個人知識轉化為企業知識的制度，才能使員工樂意將個人知識分享、利用知識，進而獲得更多得智慧，為企業及個人創造新的知識財富。因此，知識管理制度的導入的有三階段：❶創造基礎、❷建立開放信任的知識環境、❸知識管理生活化。

經由這幾年對於知識管理專案的推動過程與經驗，有下列結論：

- 知識管理必須為企業的策略之一，並與組織目標結合。
- 知識管理必須能夠隱含於企業策略及核心工作流程內。
- 必須持續鼓勵推動知識管理的運作。
- 科技與基礎建設僅是知識管理的活化劑，而非成功的關鍵驅動力。

4.8 商業智慧（Business Intelligence, BI）

一般而言，BI 是指能在廣大的資料中進行快速的分析、整合、提煉出資料之隱藏特性並可及時用於商業上之決策使用，以期能開創更多潛在客戶或在市場上可以擊敗競爭對手，進而掌握商機。換言之，其目的是為了能使決策者在下判斷時，盡可能地做到精準的商業競爭策略。BI 要具有正確的資訊、及時、合適的人員。

在 e 化條件完整的今日，豐富、多元、普及化之資訊，遠遠超過數年之前所能想像，主管人員，知識工作者面對日漸膨脹而氾濫的資訊，有茫然無所措之感覺，而透過商業智慧之運作機制與適當之分析軟體程式，便可擷取出黃金資訊。舉例來說，電子商務之網站架設完成，在大量之交易明細中，在資料庫中所儲存之交易與客戶資料，如果沒有系統化（Systematic）的處理保存，便會散落在企業的各個部門，但若能善加處理，將會是企業的無型資產（Intangible Asset）。

因此，企業智慧系統（Business Intelligence System, BIS）也逐漸應運而生。BIS 可說是資料倉儲，資料探索，高階主管資訊系統（Executive Information System, EIS），和決策支援系統之系統整合。例如：在一個組織企業的基本架構中，資訊流是由下往上（Bottom Up）進行移動，第一線工作同仁將每天的營業資料逐筆系統化記錄，成為原始的資料（Raw Data），為了商業決策之需要，相關應用程式會將資料萃取、處理之後，成為更具有意義、價值的資訊，進一步可結合公司內獨具的 know-how，進而結合企業決策者本身所在商場上具有的經驗與能力，將萃取後的知識靈活應用，而最終成為企業獨具的商業智慧。

然而在實際的商業智慧的建置中，在千頭萬緒中首要的任務是要能將企業內的相關資料，這可能涵蓋 ERP、CRM、SCM 等企業的相關應用程式，以資訊科技之方法由擷取（Extract）資料、轉換（Transform）資料、饋送（Load）資料到資料倉儲系統中。配合 ICT 之高效能與效率以完成資料的收集及儲存，同時運用各種線上資料分析技術的應用程式，以產生報表，並針對大數據，快速執行線上即時分析（Online Analysis Processing, OLAP）暨資料採礦，如此一來，這些具有戰略性的資訊，可以應用於人力資源、銷售、行銷、生產、財務、等各單位以做為決策的依據。如圖 4-7 即為 BI 之運作模式架構圖。

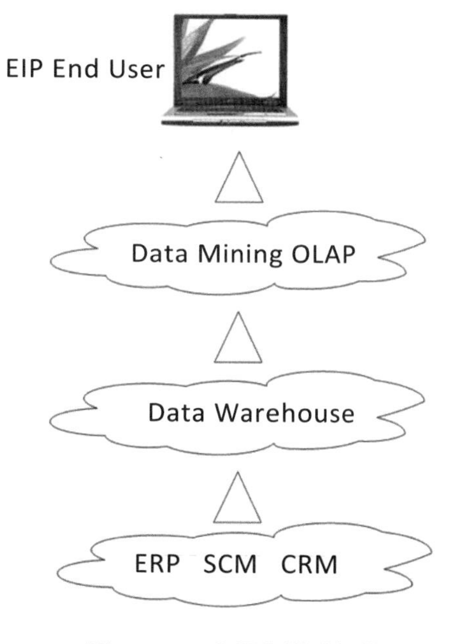

圖 4-7　BI 之運作模式架構圖

4.9 大數據（Big Data）

Big Data（中文別名：海量資料、巨量資料、大數據）泛指的是組織企業所涉及的資料量，其規模巨大到無法透過目前主流軟體之應用工具，在經濟效益合理時間內達到萃取（Extraction）、處理（Procession）、分析（Analysis）、整合（Integration）而成為能支援組織企業高階主管資訊系統經營決策層之參考資訊。而廣義來說，在現今社群網路（Social Networking Service, SNS）上每一筆發文或上傳的每一幅照片、商業網站上每一筆交易，經過適當的資料採礦步驟後，蒐集起來的資料，可為組織企業帶動更大的潛在消費力量，進而產生出更大的經濟效益。企業對於商業智慧、資料分析（Data Analytics）與資料管理的人才需求日益激增，希望能夠藉此了解客戶的購買動機與市場趨勢，進而做出致勝的關鍵決策。我們每天建立 2.5 百萬兆位元組的資料，僅僅過去一年所建立的資料，就佔當今世界總量的 90%。

這些資料來源非常廣泛，如：社交網站上的發文、使用者任何互動，數位圖片與影像、全球採購交易記錄、GPS 訊號以及智慧型手機即時通（Instant Message, IM），例如：Facebook Messanger、LINE、WeChat 等。大數據的常見特點是 4V：

- **Volume（資料量大）**：大量資料的產生、處理、保存，談的就是 Big Data 就字面上的意思，就是談大數據。
- **Velocity（輸入和處理速度快）**：時效性，就是處理的時效，所以處理的時效對 Big Data，來說也是非常關鍵的，500 萬筆資料的深入分析，可能只能花 1 分鐘的時間。
- **Variety（資料多樣性）**：多變性指的是資料的形態，包含文字、影音、網頁、串流等等結構性、非結構性的資料。
- **Veracity（真實性）**：這些資料本身的可靠度、品質是否足夠，若資料本身就是有問題的，那分析後的結果也不會是正確的。

大數據是由數量巨大、結構複雜、類型眾多資料構成的資料集（Dataset），是基於雲端運算的資料處理與應用模式，透過即時/非即時，結構性（Structured）資料/非結構性（Unstructured）資料的交叉整合與共享，形成組織企業的智力資源和知識服務能競爭能力。大數據由巨型資料集組成，這些資料集大小常超出時下常用應用軟體在一定時間內可容忍之處理能力範圍，例如：資料集之收集、萃取、整合、應用、管理。

由於藉由網路而衍生爆炸性資料集不斷地持續成長，決定大資料大小的指標持續在變，大數據中的資料集可以由現今 PC 硬碟所使用之 Megabytes (MB) → Gigabytes (GB) →Terabytes (TB) → Petabytes (PB) → Exabytes (EB) → Zettabytes (ZB) → Youtbytes (YB)。大數據處理的資料量會在 Petabyte 以上，就是目前市面上 1000 顆 1TB 的硬碟，才有 1 PB 之容量。由於資料量超級龐大，儲存的單位從常見的 MB、GB，進化到 TB、PB 等，早已超過一台桌上型電腦能處理的範圍。早在 2012 年，思科（Cisco

Systems）曾宣佈旗下設備衡量的數據，將以 ZB 為單位，而下一個順位的衡量單位則會是 YB，相當於 1024 位元。目前全球約有 25 億台智能裝置連線到網路，當中大多是手機與 PC。到了 2020 年，連線到網路的智能裝置高達 300 億台，而每一台都有自己的 IP 網址。因此、IBM 指出五大產業重點領域，包括智慧型分析（Smart Analytics）、智慧型基礎架構、行動化、社群企業，以及行銷與業務模式轉型，強化軟體核心競爭力，智慧地擷取、分析應用大數據，發掘創新商業模式，精準洞察市場趨勢。並可廣泛地應用在能源、高科技、醫療與金融等多元產業，協助組織企業做出最佳化決策判斷，在快速變動的產業環境中，找到具差異化之競爭優勢。如圖 6-8 所示，為大數據之複雜度與資料量大小。

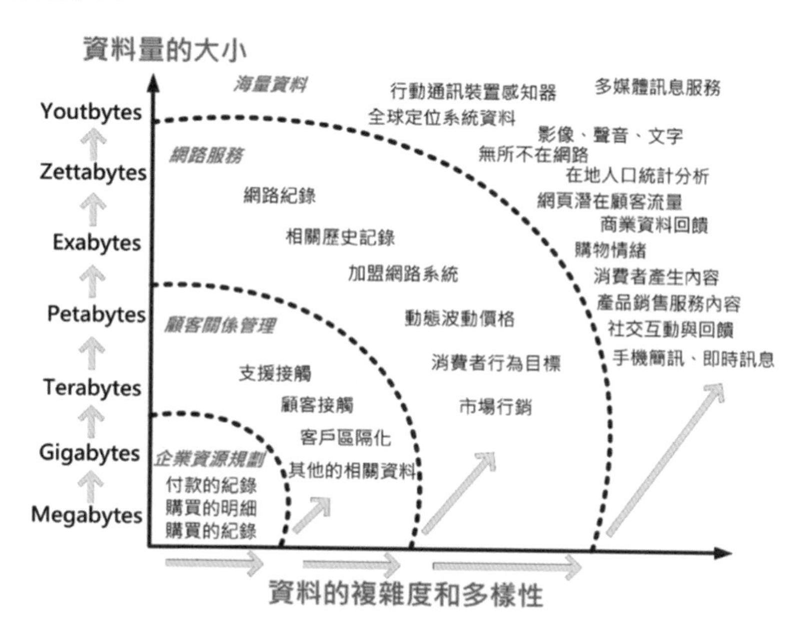

圖 4-8 大數據之複雜度與資料量大小

這些容量指標不斷提昇之主要原因，在於傳統資料庫管理系統以至對不同於傳統的關聯式資料庫的資料庫管理系統的 NoSQL（Not Only SQL）等新型資料庫，以及像企業資源規劃、銷售點、顧客關係管理等系統應用程式，它們的使用的科技和處理大容量資料的能力不斷在改進。正因此，新的平台正被開發去處理這些大數據。

美國早在 2012 年就開始著手大數據之應用，歐巴馬前總統更在同年投入 2 億美金在大數據的開發中，涵蓋從基礎科學研究到醫療、國防、國土安全維護、能源系統監測到地球系統等應用科學，更強調大數據會有黃金資訊之產出。大數據的議題會受到組織企業之重視，最主要的原因是現在組織企業所要收集的資料，不再只是文字類型，還包括有影音（Video）和圖像（Image）。由於無所不在的網路環境，資料來源也大不同，除了傳統的人工輸入和計算系統所產生的龐大資料之外，還包含網路上每日產生的大量資料，而這些資料產生的速度，遠超過人工和現行資料庫所能處理的能力範圍。另外，資訊化已經走過數十個年頭，許多大型和資深的企業，也已經累積相當龐大的資料量。因此，不論是新產生或舊有的資料，企業都希望能夠從這些超大量資料集中，透過一些系統性的科學方法和應用工具能夠在很短的時間內，萃取出可以幫助組織企業迅速發展的資訊，尤其是能支援組織企業高階主管資訊系統。

大數據分析技術是對大量產生的資料、進行分析、儲存、探索，以系統化分析處理的過程。日本的「N 系統」（車牌自動讀取裝置系統），可以全年無休，對道路上行駛的車輛牌照拍照存檔，記錄下行駛的路線與時間，而在中國，此類之應用系統，在很多地方均成功上線。同時在資料庫中比對被通緝中嫌犯或竊贓車的車牌號碼，如果發現符合，該系統立即通知在外巡邏的警員（配合攜帶式無線接收裝置），及時對該車輛進行攔截圍捕與盤查。東京都警視廳也配合「3D 臉部自動辨識系統」辨識嫌疑人士長相外表特徵，進行鑑定，警察如需調查案情之時，就能夠調出資料庫資料，進行交叉比對，篩選出可疑的犯罪目標，在國土安全之維護。也有因應反恐而建立以「人的行走模式」，在交通繁忙之處，設立的人類行走辨識系統，企圖在人海茫茫中，及時過濾出恐怖分子。

社群網站與各種雲端服務的背後，隱含著大數據的核心價值與無窮商機。我們可歸納出大數據之探索面向涵蓋線上交易、社群互動、社群觀察、交叉分析等客觀因子。本研究提案在企業資源規劃（ERP）分析模組方面：消費者付款的紀錄、消費者購買的明細、消費者購買的紀錄等均為重要因子；在顧客關係管理（CRM）分析模組方面：支援接觸、顧客接觸、客戶區隔化、消費者網路服務、消費者網路紀錄、相關歷史記錄、加盟網路系統、動態波動價格、消費者行為目標等均為重要因子。在大數據分析模組方面：行動通訊裝置感知器、智能裝置全球定位系統（Global Positioning System, GPS）資料、多媒體訊息（串流影像、聲音、文字）服務，無所不在網路系統，在地人口統計分析，網頁潛在顧客流量、商業資料回饋、購物情緒線上分析回饋、消費者產生內容（數位抱怨，數位「讚」等數位評價）、產品銷售服務內容、社交互動與回饋、智慧型手機簡訊、即時訊息等均為重要因子。以上列舉之面向，均為現今組織企業行動化暨社群化時，大數據探索對於組織企業之智力資源與知識服務競爭優勢之重要關鍵成功因素。

相關研究單位預測未來產業趨勢的發展，成就了以資料為中心（Data Centric）的商業或社會發展目標，在服務業方面除了大數據處理平台、智慧分析平台、航空業解決方案外，科技研發單位、教育單位，均紛紛投入相當之資源從事大數據與開放資料（Open Data）之研究發展。大數據的研究不僅是商業的競爭利器，也是國家未來的發展策略。當我們使用智慧型手機、電腦、社群網站、信用卡消費時，也就是在製造資料，大數據已經是我們生活的縮影的一部份。

在消費者調查方面，網路的線上問卷和社群網站上的貼文，是完全不同的。在社群網站上的討論是屬於網友的自發性行為，而線上問卷的內容，原則上，線上問卷已經過事前的設計，容易造成結果偏差。無庸置疑，在全世界每一秒鐘都有所數以萬計的結構化或者是非結構化的資料，不斷的產生，而這些資料量龐大到至目前的基本分析工具所沒有辦法處理的。很明顯的，大數據的研究已經成一門顯學，因為其中所蘊涵的無限商機，值得組織企業發掘。研究證實了透過大數據的分析，可以解決未來所遇見發生的問題。

美國富比士雜誌早在 2012 年 5 月 12 號發表一篇文章，在文章當中提到 10 年前並不存在，但是現在卻非常有前途的幾種行業：包括有應用程式開發者（Application Program Provider）、資料探勘者（Data Miner）、社交媒體管理人（Social Media Manager）、使用者經驗設計師（User Experience Designer）、雲端運算開發者（Cloud Computing Developer）等等。從社群網路上面收集分析參與者的文章，是非常具有前瞻性的行業。資料分析師（Data Literate）透過不斷的分析網路上的蛛絲馬跡，進而從中獲取商業的契機，將大數據的價值發揮到最大的極致。這些都要感謝手機、行動通訊裝置的普及、社群網站日俱增的情況。早在 2011 年之內，全球就產生了 1.8 ZB（Zettabyte）的資料量；相較於美國議會圖書館所儲存的資料量，多上 400 倍。全球每 9 人當中就有 1 個人使用臉書（Facebook），在推特（twitter）上面發文的網友，也超過 5 億之多。

全球的資訊量約有 90%，都是近兩年所產生出來的，這代表著大數據的時代正式來臨。網路上所產生的資料，有 90%都是文字、照片、影片等非結構化（Unstructured）資料，現在我們可以透過科學的方式，處理可量化（Scalable/Countable），進而將結構化（Structured）的資料萃取出來。

大數據相關研究議題中希望將 3P（Problem/People/Platform）轉成 1P（Productivity）。而在組織企業中，大數據蘊藏著擴大傳統思維的涵意，它並非只有注重資料本身的數量和大小，而是透過資料所延伸出的思考所需之高度與廣度。Data Curation（資料策展），大數據如果真的能夠活用在購物籃（Bucket Analysis）的線上分析，就讓行銷的視野更加擴大。換言之，我們可以聽到顧客為什麼不到大賣場購物的真實心聲，也可以藉此吸引更多的消費者到賣場來。基於這樣之特性，組織企業非常期待大數據能夠克服客戶關係管理（CRM）的發展限制，客戶關係管理是基於顧客資料或者是購買行為等內部資料，經過系統化分析而獲得之重要資訊，進而了解消費者，希望能夠協助維護既有客戶，同時開發潛在客戶。如果嘗試著分析大數據，就能發現消費觀的兩極化並加以善用。

此處所提到的消費兩極化，並不是指購買昂貴商品的消費者與購買廉價商品的消費者；而是同一名消費者，會隨著情況不同而分別購買非常昂貴的商品和非常低廉的商品。這說明了價格本身不具絕對性，而是取決於消費者對於產品價格中認定的，這個趨勢也稱之為價值消費。唯有站在消費者的立場來看，才能掌握真正的競爭對手是誰。唯有透過資料分析，才能夠讓意見分歧達到一般的共識。在進行分析時，必須要考慮到一些垃圾訊息的系統處理方式，這是在處理資料時的首要程序。

全球搜尋引擎龍頭 Google 臺灣資料中心，2013 年 12 月在彰化縣彰濱工業區落成營運，Google 全球資料中心副總裁宣布，因臺灣投資環境友善，投資金額由三億美元加碼到六億美元（約一百七十八億台幣）。佔地十五公頃的 Google 臺灣資料中心，尤其熱能儲存系統有五彩顏色的冷卻水管，因雲端資料儲存設備需要降溫，使用熱能儲存系統可降低五成耗能。該中心為亞太地區提供更快速、可靠網路服務，享受雲端運算效益。資料中心設在彰化，讓亞洲多了一個備份處，更讓臺灣民眾搜尋速度增加千分之一或萬分之一秒。Google 搜尋引擎可找到成千上萬筆資料，需大量儲存空間，臺灣資料中心啟用，讓民眾不需繞道美國資料中心再繞回來，網路速度確實快一些。

IBM 針對大數據不同特性，以及業界較少著墨的流動性資料（Data In-Motion）分析，提出江河運算（Streams Computing）。江河運算植基於 IBM 的 InfoSphere Streams 系統，針對動態且非結構化大數據進行即時分析，不須耗費資料倉儲處理時間，可隨時處理即時流動的多元結構資料載入。臺灣 IBM 整合全球資源，並結合硬體、軟體、顧問諮詢服務、研發中心各單位，並鎖定電子製造、政府單位、醫療機構、金融等產業，協助企業在面臨資料洪流的之際，制訂決策、協助組織企業掌握商機。越來越多企業面臨高達 100 Terabytes 以上的龐大資料量，且在分秒必爭的商業環境，許多情況資料分析講求即時性，不容許企業耗時等候資料蒐集，當涉及部分醫療照護、電子製造業製程改良的資料分析，甚至得在微秒間即獲得結果，並在事件當下立即做出決斷，才得產生價值。

當前資料倉儲以每週或每月為基期，進行批次性的資料統整模式，愈來愈難以支援高階商業分析。相對於傳統靜態資料庫，動態資料串流（Streaming Data）的異動頻繁、流入量龐大、使用者需要即時回應等特性，可藉江河運算自動匯集分析數據，直接將數據透過分析得知，因此在處理上不需等待資料倉儲，而達到多樣化且即時處理的應用，好因應需保持高度彈性的市場競爭。IBM 全球已與加拿大安大略理工大學成功合作開發，以 InfoSphere Streams 即時監控早產兒病房，匯集不斷由感測器監測產出的心跳、呼吸等醫學資料，協助醫護人員提前 24 小時預測早產兒加護病房中敗血症引發的感染，即時採取治療。瑞典斯德哥爾摩也利用此系統，分析整合無線射頻辨識（Radio Frequency IDentification, RFID）、影像處理、電子金流等資訊，讓用路人根據感測器蒐集的最新路況，選擇最佳效率行車路線，並依車輛燃料種類等資訊計算碳排量，收取道路費用，7 個月內已降低都會區交通流量 20%，空氣品質改善 2%至 10%。臺灣微軟宣佈再與大同世界科技（又稱大世科）攜手成立「大數據技術中心」，協助企業分析既有 IT 架構，以最低成本駕馭海量分析技術。透過「大數據技術中心」，企業可以真實體驗到，以熟悉的科技和延伸既有的 ICT 投資，就可將高速平行處理架構（Massive Parallel Processing, MPP）、Hadoop 技術及關聯式資料庫整合在單一平台，並透過商業智慧分析工具，進行各種決策分析應用，降低企業導入大數據資料分析系統的技術門檻。

此外，大數據技術中心透過微軟 SQL Server PDW（Parallel Data Warehouse）解決方案，已經成功將這三種技術整合在單一平台，企業不需再花費心力學習各種大數據蒐集的技術，只需專注在大數據分析的能力養成，即可透過大數據的探勘，獲取企業營運商機。提供大數據分析概念驗證、效能調教及分析顧問諮詢，大幅降低大數據分析的技術門檻，讓企業能夠以既有的技術及 ICT 投資，就能分析大數據背後所深藏的金礦資訊。在浩瀚無際的網際網路中撈取資料，好比在汪洋大海中汲取杯水。因此，以資料為根基之網路行銷策略（The Data Driven e-marketing Strategies）是目前企業聚焦所在。但是，網際網路中潛在客戶的所有相關資料，如果能經過有效地分析並挖掘出其中孕含之金礦，將會使數位化網路行銷之效益成果以指數型倍增。

因此，各組織企業應聚焦於漫無頭緒之資料收集，轉變成可以點石成金之資訊，提供相關組織企業數位化網路行銷策略之制訂與規劃。組織企業不斷地透過消費者回饋、銷售資料交叉分析、收集競爭者次級資料（Secondary Data），不斷地調整網路行銷策略。相關學者因此提出並應用來源(Sources)→資料庫(Databases)→策略(Strategy)之模式，如圖 4-9 所示。

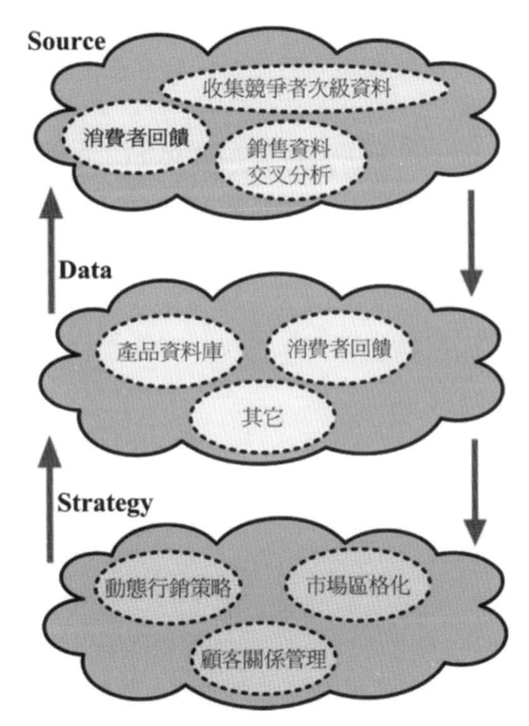

圖 4-9 來源(Sources)→資料庫(Databases)→策略(Strategy)之模式

從該圖形當中我們了解收集競爭者次級資料的重要性、以及消費者回饋、並且進行銷售資料的交叉分析，這些都是組織企業應用大數據萃取，在未來能夠了解消費者的潛在消費傾向，與開發新消費者的利器。在資料儲存方面，產品資料庫的交易情況、以及產品詢問情況，將是未來作線上網路行銷一個非常重要參考的依據。同時消費者的回饋，比傳統市場反應調查還要快速且精準，透過各種部落格以及社群網站的回饋，收集相關資料之後，可以在第一時間點，提供行銷部門相關的行銷建議，同時在組織企業策略應用方面，應用大數據所反映的產品資訊，可以動態調整行銷策略、進行市場的區隔化、同時用大數據所萃取出來的黃金資訊，落實在企業組織所關注的顧客關係管理。如此一來才能透過數位的大數據探索，使組織企業在下一代的網路行銷方面，提供最佳的競爭優勢。在資料處理的過程中，網路行銷的主管必須對於資料量的大小，要有相當之認識。

4

組織企業在進行相關消費者資料時，常須要向網際網路資料中心租賃網路儲存空間，以方便組織企業透過雲端運算架構，進行 m 化行銷策略。藉由無所不在的網路即時取得消費者消費傾向之資訊，透過組織企業的網路行銷資訊系統（e-marketing Information System），可立刻針對客戶進行客製化行銷，不僅可降低行銷成本，更可提昇交易成功之機率，為組織企業造就更大之獲利空間。在雲端運算環境逐漸成熟的今日，組織企業從事網路行銷之相關人員，都應對以上之數字概念，多加了解。

簡而言之，組織企業希望自消費者端、供應商、公司行銷人員、客戶服務部門，將廣大資料所孕含的金脈，以數位儀表板（Digital Dashboard）方式浮現，進而透過網路行銷資訊系統，進行動態式的操作與管理。無庸置疑地，網路行銷資訊系統是從網路行銷的相關人員透過一套管理資訊系統（Management Information System, MIS）將大量收集之資料，進行有系統地分析、萃取、傳播，並進行有效的知識管理給所有參與人員，並同時以不同的面向進行多層次（Multi-tier）的綜合運用。

例如：一個新產品剛在網頁上架，憑藉網路流量（Flow of Network）、點擊次數（Eye Ball Hit）、線上訂購量、產品詢問次數等資料總和，可提供網路行銷決策者進行下一步驟之規劃。在現今的銷售層面上，銷售點（Point of Sale, POS）扮演著重要的角色。當顧客將欲結清之商品交給收銀員，透過條碼掃描（Bar Code Scanning），立刻將產品名稱、售價顯示在消費者眼前，當消費者付清貨款、產生發票的同時，就是傳統銀貨兩訖之概念；然而在資訊通信科技普及之今日，這意謂著後台的庫存系統必須即時進行某種變化。簡而言之，該商品之安全庫存立即減一，而一旦低於安全庫存數，倉庫透過網路就會進行自動即時自動補貨的運作機制，這就是 POS 之精神所在。在資料之收集方面，一手資料（Primary Data）相對於次級資料（Secondary Data），在成本、達成效率之考量方面，一般而言，都不及次級資料取得之便利性。不論一手資料或次級資料，重點都在於將看似無意義的龐大資料，經過分析、萃取以產出具有商業價值之資訊，進而透過資訊系統進行管理，商業智慧。我們延伸商業智慧之觀念，而產生競爭力智慧（Competitive Intelligence, CI）。

雲端大數據的與產業需求隨國際潮流，影響全世界。目前在組織企業內的資料之儲存大小之單位，已自 TB 躍升到 PB，而且資料結構和型態也和以往大不相同，其中超過 80%之資料型態，都是非結構化（unstructured）資料。在另外一方面，因為組織企業處理之資料不斷更新擴張，因此大數據的儲存、管理和分析判斷，對組織企業帶來了空前未有的挑戰。這些包括個人資訊、消費記錄等在內的大數據當中，蘊含著大量具有高價值的資訊，可以為組織企業以及管理階層，提供絕佳的開發潛在客戶之參考依據。

根據相關研究指出，美國 Gartner 早在 2012 年，分析出未來十大產業策略技術，其中就有雲端海量之相關產業分析。此外，美國知名 IDC 公司也針對中國的相關市場，在 2013 年的十大預測結論是：海量資料應用走入傳統產業，利用相關之資料探索技術，以達組織企業之風險管控（Risk Management），成為商業分析的新議題。

大數據之利用，不僅能夠提升組織企業的生產力與競爭力，政府部門與一般消費者，也能夠從中獲得實質的利益。美國聯邦政府早在 2012 年就使用兩億美元於大數據的研究相關計劃，應用於聯邦政府的數個面向，其中包含國家安全、科學發明、環境、生物醫學、教育政策。無庸置疑，資料倉儲、資料採礦、資料庫資料架構，是海量資料運作的先決客觀條件。在決策方面，MIS、ICT 人員、企業主管，均會仰賴海量資料，作為相關決策的依據。

在大數據之實際部署運作而言，原則上，組織企業以直接採用套裝軟體應是目前較被使用之模式，隨著無所不在網路普及之情況下，在雲端架構下的主機代管（Co-location）與軟體即服務（Software as a Service, SaaS）則正在成長當中。而 SaaS 是雲端運算下重要之議題。SaaS 是將傳統必須自行在本地伺服器安裝、執行、維護軟體的模式，改而透過在遠端網路資料中心（Remote Internet Data Center）安裝、執行、維護，客戶端拋轉端再以瀏覽器接收資料拋轉，再以軟體遞送模式（Delivery Model）完成。

一般而言，SaaS 本身並非完全創新概念，其運作模式與早期的大型主機與終端機連結的架構相似，可以透過廣域網路（Wide Area Network, WAN）存取。早在 1990 年代末期，應用服務供應商（Application Service Provider, ASP）應運而生，換言之，客戶端以使用量的多寡，付出相對的費用，在當時是相當成功之商業模式。

組織企業在建置海量資料運作的過程中，應該要注意導入過程之視覺化效果，組織企業可將大量的營運資料，透過雲端海量處理程序，進而將隱藏資訊，轉成精簡的決策關鍵資訊，提供給組織企業的主管，以做為決策的參考依據。組織企業運用資料倉儲、資料探索的技術，將市場各種競爭產品進行交叉比對，以確保產品的競爭優勢。

組織企業應該儘量利用大數據成為商場之競爭優勢，同時進行全球資源之整合。無庸置疑，組織企業在未來之致勝關鍵，必須結合專業領域、剖析海量資料的分析，專注服務創新。2013 年是大數據的元年，在未來社群網站（Social Media Website）、雲端整合（Cloud Integration）、資訊安全（Information Security）、物聯網將成為組織企業，而結合資訊通訊科技（ICT），為組織企業找出另外一片天空。

4.10 課後習題

一、問答題

1. 何謂資料倉儲？
2. 何謂資料探索？
3. 資料倉儲在商業應用方面有哪些，請舉例說明？
4. 何謂知識管理？為什麼要知識管理？
5. 試說明知識管理的好處？

6. 何謂商業智慧？為什麼要商業智慧？
7. 何謂大數據？大數據為何如此重要？

二、選擇題

(　) 1. 下列何者不是資料倉儲特性？
(A) 整合性　(B) 目的導向
(C) 時間的變數　(D) 變動性

(　) 2. 資料倉儲的建構是以下者為核心？
(A) 資訊主題　(B) 手機主題
(C) 公司主題　(D) 以上皆是

(　) 3. 下列對建構資料倉儲的敘述何者錯誤？
(A) 工程浩大　(B) 開發期間短
(C) 風險性高　(D) 需投入大量資金

(　) 4. 建構資料倉儲通常建議使用何種方式開發？
(A) 反覆交叉法　(B) 雛型法
(C) 歸納法　(D) 以上皆是

(　) 5. 資料探索的資料來源是大量的資料，時常會與資料倉儲相互配合，加以分析不同屬性資料之間存在的資料關係，如：區別問題(Discrimination Problem)－不同族群之間的差異性，下列描述何者是此種關係？
(A) 已婚與未婚族群對於跑車與房車的喜好
(B) 可樂與洋芋片的關係
(C) 股價變化趨勢
(D) 男性與女性所喜歡選購的產品

(　) 6. 企業智慧系統的英文縮寫為何？
(A) BLS　(B) BAS
(C) BIS　(D) BES

(　) 7. 大數據相關研究議題中希望將 3P 轉成 1P（Productivity），其所謂的 3P 為下列何者？
(A) Problem / People /Potion　(B) Problem / People / Platform
(C) Problem / People / Popcorn　(D) Problem / People / popping

(　) 8. 目前的大數據分析解決方案有三種，下列何者為非？
(A) 速平行處理架構（Parallel Processing）　(B) 動態資料串流(Streaming Data)
(C) 關聯式資料庫　(D) Hadoop 技術

CHAPTER

電商之網路採購

學習重點

先解釋網路採購的定義，並闡述 EDI 如何在我們企業中運作，緊接著就電子交易市集的應用、電子交易市集的類型、政府電子採購網之應用，提供同學們研究與思考，願您成果期豐碩。

5.1 網路採購與 EDI

5.1.1 何謂網路採購

網路採購（Internet Procurement）是利用網路技術，將採購過程脫離傳統的手動作業流程，也是透過網路媒體，大量向產品供應商、零售商訂購，以低於市場價格，獲得產品或服務的採購行為。網路採購與傳統採購相比，具有採購數量集中、採購價格低、作業流程精簡等優點，因此，可以降低企業的購買成本。除了將採購流程簡化及自動化外，利用網路採購技術，與商業策略的結合，可創造出更多的價值。

網路採購又稱為電子採購（e-Procurement），一般而言，電子化採購是指在企業間的採購流程之電子化，企業與供應商之間，以網路為工具，進行商品或服務採購作業程序。透過電子採購流程，將企業與供應商結合，企業利用網路資源，例如：利用搜尋引擎（Search Engine），在網路上尋找貨源，企業除了內部採購流程，轉為自動化作業之外，在外部企業，可與多個供應商的採購流程，進行自動化，藉以提高採購效率，降低營運成本，大幅減低價格談判及交易時間。學者 Kalakota 與 Robinson 提出電子採購有以下優點：

- 縮短交期
- 降低採購成本
- 減少未確認的訂單
- 後端系統有效整合

- 增加對供應鏈的控制能力
- 更多的採購資訊
- 快速做好採購管理
- 高品質的採購決策

將交易運輸倉儲收款作業電子化以分析顧客採購資料精確預測顧客需求此外，早期採購電子化，著重在連接製造商與供應商間的電腦系統，藉由網路作商業文件（例如：訂單）的交換。因此電子資料交換，即是根據此一理念發展而來。

5.1.2 何謂 EDI

電子資料交換是一種結構化和電腦可處理的格式，由一台電腦的應用系統，運用協定的標準與資料格式，經過電子化傳遞方式，將資料傳送到另一台電腦，使其能夠自動處理和回應。凡經過 EDI 格式定義的商業資料，可以在企業與生意夥伴之間的網路，自由進行電子傳輸。好處是，企業之間不需要為了接收或發送商業資料給對方而重新輸入資料格式。依以上的定義，我們要注意，傳真與電子郵件，都不屬於 EDI。

EDI 標準起源於 1960 年，當時為了滿足並快速回應顧客之需求，以及採購流程之合理化，導致文書工作急速增加、交貨日期之確認次數頻繁、文件易出現錯誤等問題。因此電腦化作業，以及與往來供應商及客戶電腦連線作業，成為必然之趨勢，但因雙方使用資訊系統不同，反而增加資料格式的轉換成本（Switching Cost），所以出現了 EDI 標準。最初，EDI 的應用是針對個別企業需求，因而出現了適用於交易雙方，應用程式間，交換資料用的「專屬標準」，但伴隨著 EDI 應用的概念，以及適用範疇不斷演進，EDI 標準從產業標準、區域性標準，逐漸發展成為國際通用標準。

EDI 多半是應用在供應鏈（Supply Chain）領域，即企業和供應商之間。藉由資訊科技，來達到電子化交易之目的。傳統的 EDI 實際運作方式如下：企業買方採購系統鍵入電子訂單，然後直接或間接把商業資料送給供應商，供應商接收電子訂單，並且不需重新鍵入，就可把商業資料轉換成與其訂單接收系統（Order-Entry System）相容的格式，最後再把訊息傳回給企業買方，並告知訂單已接收並處理完畢。

EDI 有數種傳輸方式

直接傳輸的買賣雙方必須要具備：

1. 類似的通訊網路協定（Communication Protocol）
2. 相同的資料傳輸速度
3. 在相同時段可供使用的電話線
4. 相容的電腦硬體系統

透過加值網路（Value Added Network, VAN）傳輸：無法達到上述直接傳輸要求的買賣雙方，則可透過 VAN 完成 EDI 商業過程。

EDI 最大的好處，便是以無紙作業來減少人為處理資料時可能發生的錯誤。但當面臨多種不同作業平台、應用軟體時，就會出現相容性問題。以訂單為例，如果一家企業，每個供應商都使用不同的 EDI 系統，企業將需要多少的程式來處理這些電子訂單？而 XML 能夠做到以往 EDI 無法突破的限制，解決作業平台、應用軟體的相容性問題，因此，多數人都把它當做是取代 EDI 的最佳解答。如圖 5-1 所示，為使用 XML，作為資料交換的標準。

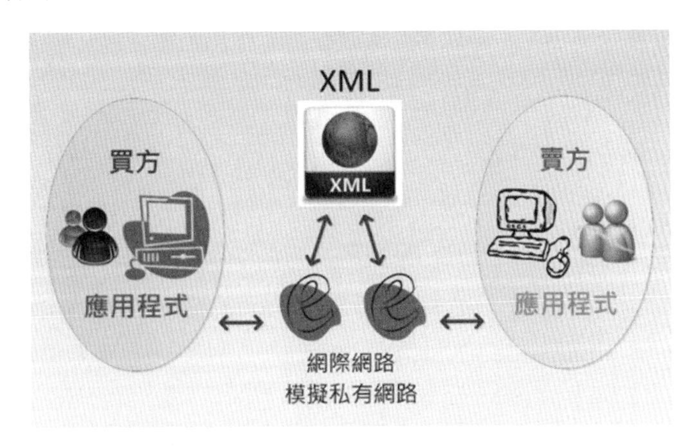

圖 5-1　使用 XML，作為資料交換的標準

延伸標記語言（Extensible Markup Language, XML）具有跨平台、網路、程式語言的特性，可用於企業間，不同的電腦系統，以作為資料庫和應用軟體間共同的資料來源，目前已被業界認可為資料交換的標準，現存之 EDI 系統也大多能支援 XML。此外，XML 不僅是電子商務上不可或缺的基本要素，也使資料在無線行動裝置，例如：智慧型手機、平板電腦上的運用更具彈性。

5.2 運作之平台－電子交易市集（e-Marketplace）

5.2.1 何謂電子交易市集

EDI 可說是 B2B 電子交易市集（e-Marketplace）的雛形，早在三十多年前，EDI 起源於大型企業與製造商之間訊息的交換，為了降低紙張的作業採購及存貨管理程序，而發展出來的封閉性網路（Proprietary Network）系統。目前全球有超過六十萬個企業使用 EDI 標準格式，來維繫他們與企業夥伴之間的關係。

EDI 之所以這麼盛行，是因為許多大型的零售業者，如 Wal-Mart 和 Home Depot 都採用 EDI 系統，沒有 EDI 系統的供應商們，就別想把貨源賣給他們。在此情況下，以至於一些想要維持競爭力的供應商，必須為每一大企業建置一套它專屬的系統，如此一來，也就造成中小企業導入 EDI 系統的成本過高，EDI 自然不易被企業界所廣泛採用。如圖 5-2 為 Wal-Mart 之首頁，是很早就導入 EDI 之美國大型零售業者。

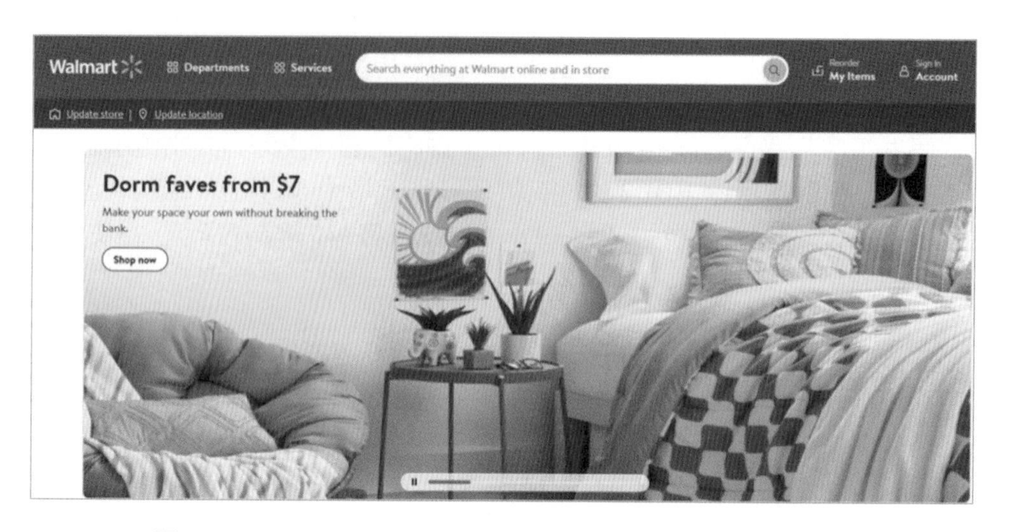

圖 5-2 Wal-Mart 之首頁 (資料來源：http://www.wal-mart.com/)

使用 EDI 的企業，確實從中得到了節省成本的好處，但是美中不足之處是，EDI 是私有的加值網路（Value Added Network, VAN），換句話說，這種利益只有裝得起 EDI 系統的大企業才能享用的到。倘若 Wal-Mart 想向一家小供應商購買較便宜的輪胎時，就無法做到了。這麼一來，企業從 EDI 所省下的多半只是紙張作業的成本，而非商品的成品，省下的錢實在很有限。如果能有一個所有企業，都能自由參與的開放交易系統，就能彌補 EDI 的缺憾，這裡的開放系統指的，當然就是透過無所不在之網路（Ubiquitous Network）。

學者對電子交易市集的定義如下：

- **McFarland 的定義**：電子交易市集是類似古時候的市集，人們為會在此地聚集，除了進行買賣的交易行為以外，他們還會進行社會交際的活動、評論政治議題，或者是執行身為公民，所應有的一切權利，電子交易市集，便是依此一概念而起，而一個開放性的、虛擬的空間是電子交易市集的特色。
- **Kleinc 和 Langenohl 的定義**：電子交易市集，是市場參與者之間擁有平等權力，所形成的一種市場關係，並且能支援完成市場買賣雙方交易的流程。
- **Benjamin 和 Wigand 的定義**：認為電子交易市集為電子化的交易流程，可支援買賣雙方交易流程的所有活動。
- **Schmid 的定義**：藉由電子通訊，來完成交易的各種市場活動，支援市場交易的所有階段，包含產品與價格的談判。
- **Bakos 的定義**：電子交易市集，扮演一個促使資訊、產品及服務交換的角色，為買賣雙方及市場的中間商（Intermediaries）創造經濟價值。
- **Gebauer 的定義**：將電子交易市集，視為是傳統市場觀念的延伸，透過網路與資訊科技輔助，所形成的虛擬市集，匯集買賣雙方，交換價格、產品等商業資訊，並提供買賣雙方協商與交易完成的機制。

- **Deloitte Consulting 的定義**：認為電子交易市集，是在特定的交易範圍下，讓供需雙方願意經由網際網路，所提供的機制與規範，完成金流與物流、實體商品與服務商品的交易，或是取得更有價值的資訊流。

所以，電子交易市集能夠提供買賣雙方的交易環境與場所，是扮演一個中間人的角色，匯集採購商和供應商的各項資訊，提供買賣雙方一個交易的環境和場所，電子交易市集改變了傳統商場之交易模式，將金流與物流等相關流程連結、同步處理，並為買賣雙方找尋最能滿足其企業需求的交易夥伴。

電子交易市集的出現，去除企業作業流程多餘的交易成本，並增加企業競爭力。在這裡，買方、賣方可能在接觸時，對彼此都是全然陌生的。因此，凡是加入電子交易市集的採購商和供應商，都必須先登記公司的基本資料，而不管電子交易市集是扮演仲介者（不參與實際交易過程），還是負責主持交易過程，基本上都必須對會員基本資料，進行詳實查核，扮演公證角色，保證交易雙方的身份之合法性、交易不可否認性。

5.2.2 電子交易市集的類型

就營運內容來說，電子交易市集可分為：

水平式的電子交易市集（Horizontal Market）

產品是跨產業領域，可以滿足不同產業的客戶需求。藉由一個交易平台以間接性材料（Maintenance、Repair、Operations, MRO）採購、國際貿易行為等，交易大都以間接性材料為主，如日常事務性用品，以辦公室用具為代表，舉凡辦公室需要用到文具、紙張、家具，以及出差時的住宿、交通等項目，在各產業中此類用品的需求都大同小異，同時也比較不需要個別產業專業知識，所以經由電子交易市集，可進行統一採購，讓所有企業對非專業的共同業務進行採買或交易。

也正由於不限於任何產業，因此單筆採購金額不高，屬於「低價多量」，供應市場與消費者市場相當分散。因此，水平式的電子交易市集，可為買方與賣方提供非常實在的價值，可因增加經濟規模，而大幅降低成本，買賣供需之間，能夠很有效率的配合。如圖 5-3 所示，為一典型之水平式的電子交易市集。

圖 5-3　典型之水平式的電子交易市集 (資料來源：http://www.officepro.com.tw/)

而貿易類型的電子交易市集，則是著眼於國際貿易流程中詢報價、下單、交易、付款及貨運交貨等皆已標準化，透過統一交易平台的電子交易市集來進行，可以增強整體效率，更可因國際能見度大增，使以在台灣以製造能力見長之中小企業供應商，得以獲得更多的訂單。

垂直式的電子交易市集（Vertical Marketplace）

只著重在一個特定的產業，也就是針對特定產業，進行物料買賣而設的網路市場，依據此產業做垂直整合交易，由於牽涉到許多產業的專業知識及交易習慣，目前垂直產業電子交易市集，多由各產業的領導者或公協會，以轉投資公司的形式來籌建，此類電子交易市集必須具有該產業的專業領域知識，其提供的服務，通常先將採購自動化，再進一步垂直整合到其上、下游廠商。如圖 5-4 為一典型之垂直式的電子交易市集，專注於 DRAM 垂直整合之交易。

就市集模式而言，麥肯錫季刊（The Mckinsey Quarterly）將電子交易市集分為：

- **賣方建立（Supplier-Managed）**：產品目錄（Catalogs）型，屬賣方導向，通常是單一供應商，面對多家買方的型態。賣方提供數位化型錄，協助買方進行搜尋，使其能一次購足（One-Stop Shopping）。
- **買方建立（Buyer-Managed）**：採購中心（Procurement Hubs）型，屬買方導向，一些大型企業設立採購網站，供上游供應商前來搜尋可能的銷售機會，如 Dell、Wal-Mart。
- **第三者建立（Third Party）**：經營者為中立者，主要提供買賣雙方交易的場所，促進買賣雙方交易，提高合作效率，不但使賣方業績成長，也讓買方降低成本。強調讓買賣的雙方都不吃虧，提供同時競標的參與者，公平得標的機會，對經營者而言，無論誰得標，都能從交易中，抽取交易佣金，具有中立性。以 B2B 來說，此類交易市場中的收益，多為仲介費及訂單撮合費。

圖 5-4　典型之垂直式的電子交易市集 (資料來源：http://www.dramexchange.com/)

5.2.3 電子交易市集的功能與參與者

電子交易市集的營收主要來自：

1. 交易佣金（Transaction-based）：撮合交易的收入。當每筆競標交易成交時，向賣方收取一定比例佣金（Commission）。
2. 軟體授權費（Software License）：如客戶於市集中架站開設店面或為客戶提供 eMarketplace 解決方案的費用。
3. 會員費（Membership）。
4. 附加價值服務費（Value-added Service）
5. 標題贊助廣告收入。
6. 顧問諮詢費用：目前以會員費為主要收入來源，但長期而言，會員費將愈來愈低，未來其他收費方式將會是主流。

電子交易市集的主要功能可以分為下列四大類：

1. 價格：包括詢價、議價、競價或拍賣。
2. 交易管理：包括下單、帳款處理。
3. 電子型錄（e-Catalogs）：提供電子型錄給潛在的網路買主。
4. 顧客及供應商管理：供應商績效管理等。

5

在電子交易市集裡，基本上會提供「產品目錄公佈欄」、「招標公佈欄」、「產業動態」、「發展趨勢」等資訊。以賣方為導向的電子交易市集為例：加入會員的供應商，可以在這裡刊登產品目錄，讓採購商搜尋或查詢，同時，也可以回應採購商的詢價，給予即時的報價。

相對的，加入會員的採購商，也可以在這裡查詢相關供應商和產品訊息，以及詢問產品價格。當然，如果有滿意的產品價格，更可以直接在電子交易市集中下訂單採買。此外，電子交易市集還有另一項重要的功能，就是採購商，可以把自己想要的貨品與服務，張貼在招標公佈欄上，讓相關供應商競標，採購商藉此取得較優惠的價格。舉例來說：當買方想採購 W 產品，因而進入電子交易市集中，他可以在這裡張貼 W 產品的招標公告，有興趣的供應商就會開始競標，例如：像賣方 A 的 W 產品報價是 100 元，賣方 B 報價是 110 元，賣方 C 報價 105 元，在所有客觀條件情況下，很明顯的賣方 A 的 W 產品採購案，自然是由報價最便宜的賣方 A 得標，如圖 5-5 所示，為電子交易市集示意圖。

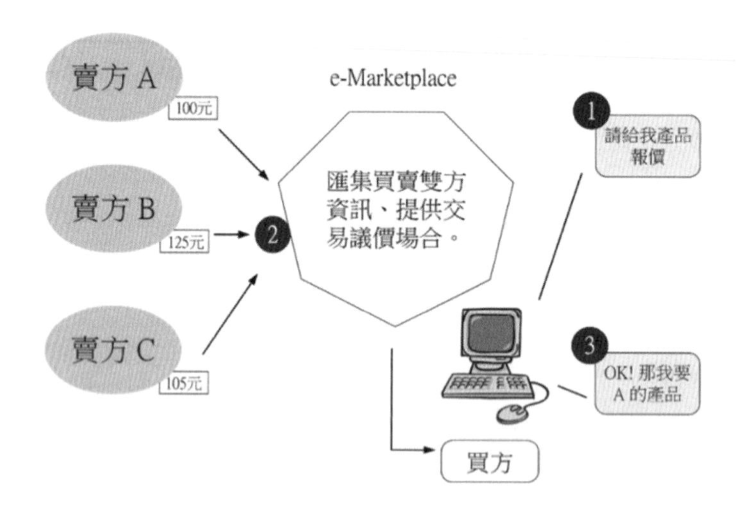

圖 5-5　電子交易市集示意圖

電子交易市集的參與者：

- **買方（Buyer）**：電子交易市集，使得買方跨越原有供應鏈的限制，增加上游供應商的選擇性，透過賣方競價的過程，大幅降低採購的時間與人力成本，並可透過電子交易市集平台與下游賣方更緊密的結合。
- **賣方（Seller）**：電子市集增加賣方與買方之間一條新的溝通和交易管道，能提升交易效率、接觸到更多的客戶、匯集更好的客戶資訊、更有效率的找到目標客戶群，並且提供更好的服務，並強化彼此合作關係。
- **電子交易市集經營者（Market Maker）**：經營者由買方、賣方到中立的第三者都有，除了協助促成買賣雙方的交易，收取低廉交易手續費。也能藉由提供加值資訊服務、協助買賣雙方建置相關應用軟體以及諮詢服務等事宜。

- **內容提供者（Content Provider）**：為廠商及產品目錄管理者，對其內容作維護與更新，內容提供者必須主動和廠商聯繫，定期更新資訊。除了被動地提供買家查詢資料外，還會運用電子郵件將最新的產品訊息，依買方需求送給買方，例如：阿里巴巴（http://www.alibaba.com）。另外，很多 YouTuber、網紅，透過按讚、分享、訂閱、開啟小鈴噹，形成另類內容提供者，也有相當多的成功案例。
- **加值服務提供者（Value-added Service Provider）**：進一步提供從基礎的互動與型錄服務，到線上付款、物流及資訊流、動態交易等專業的服務，例如：eBay 拍賣網站的付款機制，其中一種使用由 Paypal 提供的金流服務，交易時，賣方會透過 Paypal，以他在 Paypal 的帳號，寄一封請款的 email 給買方。買方接到 e-mail 後，透過信上的連結到 Paypal 的網頁，輸入自己的帳號和密碼完成付款。普及之信用卡消費，或是某些網站之登入，有時必需透過持卡人或該網站之會員所綁定之智慧型手機，輸入該網站即時發送之簡訊碼，進行安全確認，提升網路交易之不可否認性。
- **支出匯集者（Spend Aggregator）**：匯聚不同買方的採購訂單，期以集體議價與賣方協商出較優惠的價格，並且可以利用所凝聚的買方市集力量來吸引更多的賣方加入電子交易市集。

5.3 國內外著名之 e-Marketplace

5.3.1 個案剖析：C2C 電子拍賣交易市集－電子海灣（eBay）

eBay 創立於 1995 年 9 月，是由全球個人與企業，共同組成的電子拍賣交易市集，在網路上出售商品和提供服務。目前 eBay 社群的全球註冊會員人數約 9000 萬人，據點遍布 28 個國家或地區，eBay 的特色是提供國際的交易平台，將物品分門別類，並提供各種必要的會員工具，讓會員能以拍賣方式和固定價形式進行有效率的線上交易的服務。

eBay 的創立者，運用由賣方和其他買方互通有無的概念，使這個網路平台上的所有人都能進行買賣，使無數的買方和賣方得到了雙贏的獲利機會。在 eBay 電子交易市集中，所有的競爭者一律平等，所有買方擁有相同的產品與價格資訊；賣方也都擁有相同的機會來行銷自身的商品。資訊的透明和公平競爭，將使物品會在供需平衡點上賣出，藉由拍賣形式產生出完美的價格。

在 2000 年網路科技股爆發股價嚴重的下跌，網路產業陷入前景不明的狀態，造成網路泡沫化的危機。而 eBay 卻能在.com 泡沫後，不僅屹立不搖，還漸入佳境，不景氣與高失業率，顯然是其外在環境的助力，因為消費者求便宜愛比價的態度，反而有利於像 eBay 這類的電子拍賣交易市集之發展，除了到 eBay 撿便宜的人變多外，愈來愈多的企業也習慣將汰換下來的辦公設備拿到 eBay 上拍賣，以增加收入，也難怪美國《商業週刊》把 eBay 形容為「在市況不振下，自然而然崛起的贏家」。

除了外在的助力，內部的創新也是 eBay 獲利不斷攀升的原因，如 eBay 推出以固定價格購物的立即購（Buy It Now）功能，也就是由賣方設定一個可接受的結標價位，買方則可在物品還沒結束拍賣前，馬上用結標價買下來。不僅縮短物品的拍賣期間，賣方售出物品的成功率也提升了。

除了 C2C 外，eBay 也積極經營 B2C 的部份，由於低成本的優勢，網路 C2C 的交易市集，將會隨著交易量增加和會員信用度的增強，就會漸漸出現 B2C 的交易模式，如 eBay 成立專賣車子與零組件的電子交易市集 eBay Motors，目前成為 eBay 重要的營收來源之一，如圖 5-6 所示為 eBay Motors 的網站。

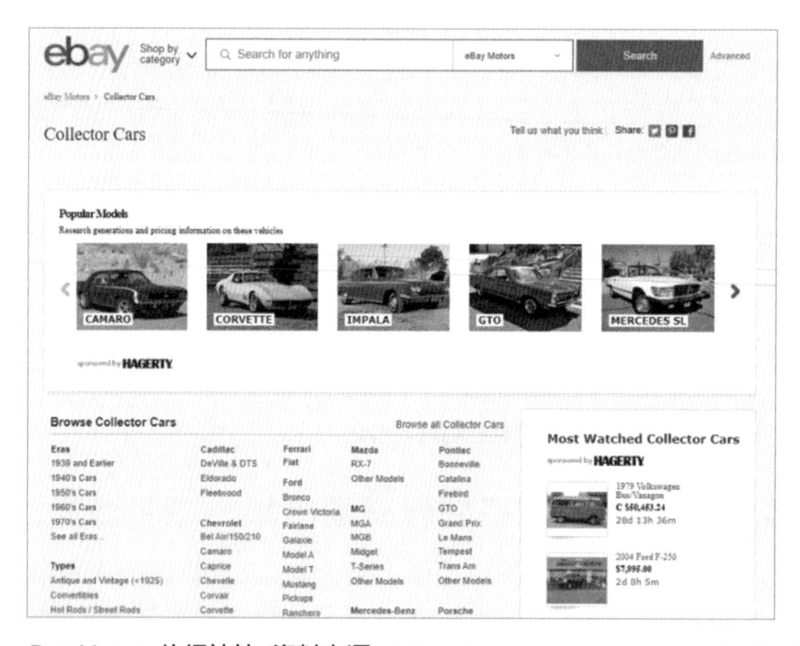

圖 5-6　eBay Motors 的網站站 (資料來源：https://www.ebay.com/motors/collector_car)

5.3.2 個案剖析：國外的 B2B 水平電子交易市集－阿里巴巴（Alibaba）

阿里巴巴（www.alibaba.com）是目前全球 B2B 著名的商務交流社區和電子交易市集。良好的定位，使它成為擁有來自超過 200 多個國家地區 246 萬企業會員的電子商務網站，它曾被美國權威財經雜誌《Forbes》選為全球最佳 B2B 網站之一。阿里巴巴是由外國媒體稱為「中國互聯網之父」的馬雲，在 1999 年所創立，主要以中、港、台三地為中心，發展至全球的電子交易市集，成立至今，被傳媒界給予極高的評價。

其網站的定位是國際貿易的電子交易市集，提供醫藥、化學、農業、民生用品等原物料，及商業服務和工業用品的相關供需資訊，帶來自全球商業機會信息。它主要盈利來自「中國供應商」會員服務費，約佔收入 70%，憑著超過 50 多萬海外買家、進出口商，中國供應商可在阿里巴巴國際網站，推廣做國際貿易。

2003 年亞洲地區爆發 SARS 疫情，同時也使得網路商務價值突顯，阿里巴巴成為全球企業首選的商務平台，透過對阿里巴巴 140 萬中國會員的抽樣調查，發現 SARS 時期三個月內，達成交易的企業，占會員總數 42%，業績逆勢上升的企業達 52%。（數據來源：www.alibaba.com）

阿里巴巴集團背景簡介：

1. 阿里巴巴創立於 1999 年，是一間提供電子商務在線交易平臺的公司。主要業務涵蓋 B2B 線上貿易、網路零售、購物最佳化搜尋引擎、第三方支付和雲端計算服務（Cloud Computing Service）。
2. 集團的子公司包括阿里巴巴 B2B、淘寶網、一淘網、天貓、支付寶、阿里雲。而淘寶網和天貓在 2012 年銷售額達到 1.1 萬億人民幣，超過亞馬遜公司和 eBay 之加總。
3. 英國經濟學人雜誌（The Economist）稱其阿里巴巴線上交易市集為世界上最偉大的市集之一。而阿里巴巴線上交易市集能快速進入消費者零售市場，普及化，是關鍵成功因素。
4. 阿里巴巴集團主要有六大領域，包括網路基礎架構、國際零售、中國零售、國際批發、雲端計算服務以及其他新創業務。
5. 最大收入來源，來自掏寶、天貓、聚划算三個平台。

阿里巴巴集團在美國紐約證卷交易所（NYSE）IPO 之原因：

1. 美國允許企業管理層通過具有更高投票權的股票控制公司。透過強大的律師團、集體訴訟法、財務監管和披露制度，主要以機構投資者為主，方能比較有效地制衡大股東。
2. 若在香港 IPO 則合夥人方案，與目前香港市場的股票上市規則相抵觸。
3. 若在上海 IPO 則股市所堅持的同股同權的原則，這與合夥人方案所體現的同股不同權是相背離的。
4. 那斯達克（NASDAQ）股票交易所是美國的一間電子股票交易所，創立於 1971 年，現在是世界上第二大的證券交易所。
5. 在那斯達克掛牌上市的公司以高科技公司為主。
6. 2012 年 5 月 18 日，Facebook 通過在那斯達克上市，募得約 160 億美元，成為僅次於 2008 年 Visa（約 179 億美元）的美國第二大 IPO。
7. 阿里巴巴原希望在納斯達克（NASDAQ）上市，但臉書（Facebook）當時在 NASDAQ 交易首日出現問題，阿里巴巴便轉而決定轉向紐約證券交易所（NYSE）尋求股票公開發行。
8. 阿里巴巴於 2014 年 9 月 8 日在紐約證卷交易所啟動上市說明會後，短短 2 天內便獲得超額認購。

9. 2014 年 9 月 19 日北京時間晚上，阿里巴巴正式在紐交所掛牌交易，股票代碼 BABA。阿里巴巴集團的承銷商行使了超額配售選擇權，從而將籌資規模擴大了 15%，從而使阿里巴巴在交易中總共籌集到了 250 億美元資金，創下世界有史以來規模最大的一次的 IPO。

5.3.3 個案剖析：國外的 B2B 水平電子交易市集－環球資源（Global Sources）

Asian Sources 創立於 1971 年，早期的發展重心在於亞洲區的採購資訊，以雜誌起家，是買家和供應商訊息的傳播中介，1980 年進入中國市場，並出版針對中國市場的貿易資訊雜誌，並在 1995 年建立電子交易市集 Global Sources。

Global Sources 除了將賣方分為數大類，包括電腦、電子消費品、電子零配件、服飾及配料、五金機械、禮品及家居用品、通信產品等。也提供內容資訊服務，如產品及供應商資訊，提供買方「廣播信」服務，買家若有採購需求，可以透過 Global Sources 發出訊息查詢（Request for Information，RFI），給所有生產該項產品或原料的供應商，買方可在新產品上架到網站時，收到產品資訊、每日最新貿易商情、國家產業資訊等。

因為 Global Sources 在平面媒體時就已擁有相當高的知名度，所以在發展電子商務的初期，便以電子媒體搭配平面媒體，也因此強化了 Global Sources 的電子目錄的內容與知名度。再加上有多數知名的買家參與 Global Sources，所以更能吸引其他的供應商加入。Global Sources 和 Asian Sources 為同一商業集團，使用相同之 Logo，如圖 5-7、5-8 所示。

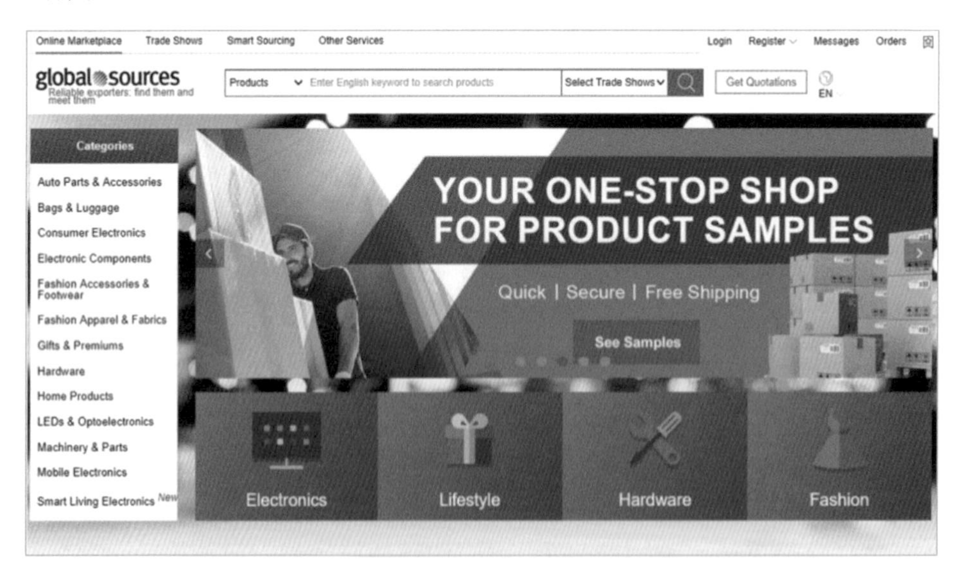

圖 5-7　Global Sources 網站 (資料來源：https://www.globalsources.com/)

圖 5-8　Asianl Sources 網站 (資料來源：https://www.asiansources.com/)

5.3.4 個案剖析：國內的 B2B 垂直電子交易市集－台塑網

台塑企業於民國 49 年創立「台灣塑膠」，經過 60 多年的發展，目前共計擁有台塑、南亞、台化、台塑石化等多家關係企業，及龐大的醫療和教育機構，是國內知名的民營企業。由於集團規模龐大，不論是有關維持企業基本運作所需的用品，或是專業生產所需原料等，其採購交易數量十分龐大。

早年傳統人工採購作業時，旗下關係企業若想請購原料，必須要從開立請購單，到經由幾萬家的供應商名冊中，找出幾家符合的供應商後，填寫詢價單寄給這些廠商進行詢價、比價，最後再執行開標作業，這其中所花費的時間成本大，也沒有效率可言。而且對製造業來說，採購成本約佔其營業額的一半以上，因此降低採購成本，在微利時代下是其提升營運績效的重要策略。

1999 年，台塑集團便導入網際網路採購招標系統，使其採購招標作業簡化，節省大量傳統人工作業的金錢與時間，大幅降低採購與工程發包成本，也因為網路採購投標具有隱密性、數位化、透明公平化，也減少了一些人為因素介入的弊端，也大大降低圍標之可行性。此外，由於電子交易市集，可以使得買方跨越原有供應鏈的限制，增加供應商的選擇性，透過賣方（供應商）競價的過程降低成本。台塑集團早在 2000 年 4 月成立台塑電子商務網站，簡稱為「台塑網」，是由台塑集團旗下的台塑、南亞、塑化、台化、總管理處等共同投資成立，可說是台灣早期，民間企業導入 e 化之模範生。台塑網也是台灣最早投入電子發票的先驅，可謂百年老店，掌控 e 化後，再度開枝散葉，引領群倫。

5

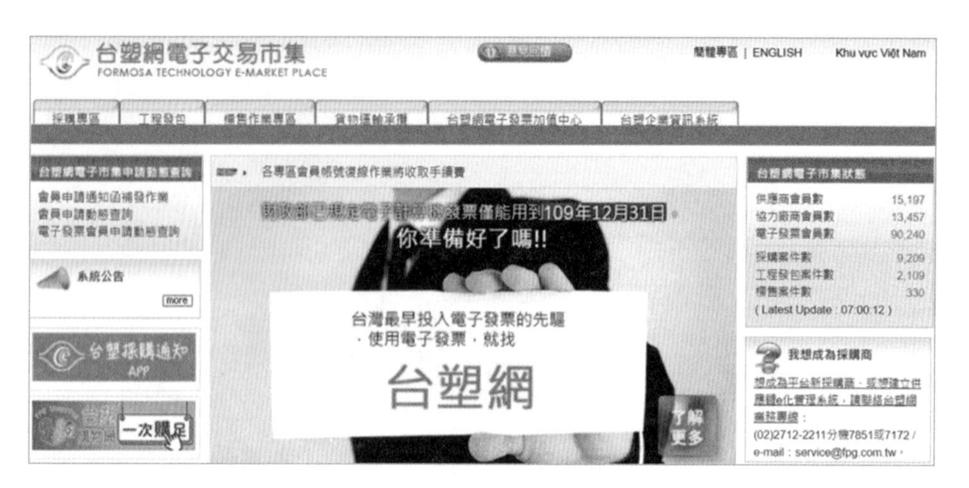

圖 5-9　台塑電子交易市集 (資料來源：http://www.e-fpg.com.tw/j2pt/)

台塑網目前除了提供採購作業平台、採購的服務系統外，並協助有需求的供應廠商，建置企業內部的企業資源規劃系統。台塑網主要服務為：

- **工程發包詢價**：透過衛星網路系統，可將台塑集團近期的工程發包案全面上網招標，落實公開、透明化的工招標制度，遏止人為因素介入、圍標等弊端，進而提升工程品質。
- **工程發包報價**：提供台塑企業工程協力廠商，於線上輸入報價資料，經由電子簽章後，加密傳回發包中心資料庫，並於開標日統一進行電腦開標，可有效避免書面報價資料寄送延誤、遺失風險，及可能發生的人工輸入錯誤，避免失去競標機會。
- **採購資訊系統**：整合台塑企業與供應商間之採購動態資訊，線上提供供應商，有關採購詢價、報價、訂購、交貨通知、付款進度查詢等作業功能，大幅簡化了傳統人工作業，進而快速反應效率，提升企業核心競爭力並強化上下游供應鏈。
- **採購招標公告**：即使尚未加入台塑企業的供應商之廠商，也可以瀏覽其近期之採購案件內容，並可線上申請加入其交易市集，鼓勵廠商參與競標。

台塑集團除了原油採購與特殊的工程建設之外，幾乎所有的採購，都透過台塑網執行，因此詢價採購的工作天數能降低二～五天，行政效率則大幅提升。

電子交易市集的買賣雙方交易可分為五種模式：一對一、買方一對多、賣方一對多、多對多（集合大量買家和供應商，於同一交易平台），以及市集對市集。原本台塑網是屬於買方一對多的模式，為台塑內部網路採購平台，因為台塑網本身就有大量的採購力及工程發包需求，加上擁有臺灣七千多家的材料供應商，及約三千多家的工程協力廠商，使台塑網具有維持電子交易市集之基本營運條件。如圖 5-9 為台塑電子交易市集網站。

5.3.5 政府電子採購網

在「政府推動產業電子化方案」中，以推動各企業運用電子商務之技術，大幅降低企業營運成本為目的。每年政府均有龐大的採購預算，若能將此商機投入電子商務的市場，相對的，就能帶動中小企業的參與，所以由行政院公共工程委員會，提出「政府採購電子化推動計畫」，在網路上建置相關採構機制及提供政府採購資訊。利用電子商務及網路作業模式，公開各項資訊，並透過採購流程的整合與簡化，達成節省採購人力、降低採購成本之目標，同時可建立有效率、公平、公開、透明化的政府採購環境。

「政府採購電子化計畫」早在 2000 年 9 月開始推行，將推動集中採購，以避免機關重複進行採購作業，浪費人力、資源，並藉由共同採購提高議價空間，獲取價格折扣，透過資訊流及金流之結合，以集中採購結合「政府採購卡」付款機制，簡化政府小額採購的付款方式及文書作業，以提升採購效率，使採購流程全面電子化，其結果對於節省政府支出及提升採購效率有顯著的效益。

目前政府已建置多項資訊系統，如「政府採購資訊公告系統」、「廠商電子型錄及電子詢報價系統」、「政府採購電子領投標系統」、「政府採購網路論壇」、「共同供應契約電子採購系統」，此外，為了使供應商更能隨時隨地充份掌握政府採購訊息，結合政府採購資訊公告系統，推出「政府採購個人化電子報」及「招標文件閱覽」的加值服務。並可進入最新招標資訊摘要，按照分類查詢符合的招標案件，如圖 5-10 為政府電子採購網。

將網路 ICT 融入政府採購程序，建構更為完善之電子採購環境，以落實政府採購電子化之目標，政府採購進入網路交易的時代，一年可節省數十億元政府採購經費、一半以上的政府採購作業流程時間，提升行政效率。

圖 5-10　**政府電子採購網招標首頁 (資料來源：https://web.pcc.gov.tw/pis/)**

5.4 課後習題

一、問答題

1. 何謂網路採購？網路採購有何優點？
2. 何謂 EDI？有哪三種傳輸方式？為何 XML 大有取代 EDI 的氣勢？
3. 何謂電子交易市集？有哪些類型？
4. 各舉國內外一個知名之電子交易市集，並稍加解釋其商業模式。
5. 政府電子採購網之用途為何？請拜訪該網站，並提出您之看法。
6. 電子交易市集所面臨之挑戰為何？請提出您的看法。
7. 網路採購對喜好居家生活的朋友們有何吸引力？有哪些產品不適合網路採購？

二、選擇題

(　) 1. 電子交易市集的營收主要來自
(A) 交易佣金（Transaction-based）
(B) 軟體授權費（Software license）
(C) 會員費（Membership）
(D) 附加價值服務費（Value-added service）

(　) 2. 台塑集團使用________系統，使其採購招標作業簡化，也因為其具有隱密性、數位化、透明公平化，也減少了一些人為因素介入的弊端。
(A) 衛星網路系統　(B) 資訊系統
(C) 網際網路採購招標系統　(D) 平面媒體

(　) 3. 電子交易市集，還有另一項重要的功能，就是可以把自己想要的貨品與服務，張貼在招標公佈欄上，讓相關供應商競標，採購商藉此取得較優惠的價格。
(A) 採購商　(B) 賣方
(C) 買方　(D) 以上皆可

(　) 4. 產品目錄（Catalogs）型使其能一次購足（One-Stop Shopping），屬賣方導向，通常是單一供應商，面對多家買方的型態。此依市集模式的情形稱之為何？
(A) 賣方建立（Supplier-Managed）
(B) 買方建立（Buyer-Managed）
(C) 第三者建立（Third Party）
(D) 垂直式的電子交易市集（Vertical Market）

(　) 5. 電子交易市集的主要功能下列那項為錯誤？

(A) 詢價、議價、競價或拍賣

(B) 應徵工作

(C) 下單、帳款處理

(D) 提供電子型錄給潛在的網路買主

(　) 6. 透過電子交易市集，可找出合適的廠商提供最佳的價格，經由買賣雙方的詢價、議價，進而在此平台上完成交易。此依交易方式的情形稱之為何？

(A) 線上流通交易（Online Aggregator Exchange）

(B) 線上拍賣（Online Auction）

(C) 線上競標交易（Online Bid）

(D) 水平式的電子交易市集（Horizontal Market）

(　) 7. 何者為利用網路技術，將採購過程脫離傳統的手動作業流程，透過網路媒體，大量向產品供應商、零售商訂購，以低於市場價格，獲得產品或服務的採購行為？

(A) 網路採購　(B) 傳統採購

(C) 電子採購　(D) 電子資料交換

(　) 8. 下列何者不是電子採購的優點？

(A) 降低採購成本　(B) 更多的採購資訊

(C) 高品質的採購決策　(D) 延長交期

CHAPTER

電商之企業資源規劃

學習重點

先解釋企業資源規劃（ERP）定義，並闡述 ERP 的精神，緊接著就介紹 ERP 是電子商業的骨幹、ERP 的效益與演進、ERP 系統的導入、ERP 的建置成功範例、ERP 結合企業資訊入口網站，提供同學們研究與思考，願您成果期豐碩。

6.1 企業資源規劃（Enterprise Resource Planning，ERP）

6.1.1 ERP 的定義

企業資源規劃，是將企業的所有資源做整合和規劃，以達到資源分配共享最佳化為目標。所謂的資源包括：財務（Finance）、會計（Accounting）、人力資源（Human resource）、生產規劃（Production Planning）等。依照美國生產管理協會的定義，ERP 是一個會計導向（Accounting-Oriented）的資訊系統，從客戶訂單、製造到出貨，對整體企業資源的需求，做有效的整合和規劃。ERP 系統和 MRP II（Manufacturing Resource Planning, 製造資源規劃）系統不同的地方在於 ERP 系統使用：

- 圖形使用者界面（Graphical User Interface）
- 關連性資料庫（Relational Database）
- 第四代程式語言（The 4th Generation Programming Language）
- 電腦輔助軟體（Computer Aided Software）
- 主從式架構（Client Server Architecture）
- 開放式系統（Open System）

企業資源規劃是將公司內所有跨部門及企業流程（Business Processes），整合到一個單一的電腦應用程式系統中，而且這個系統，能夠滿足各跨部門不同的需求。將資料流入單一的資料庫，使各跨部門容易分享資訊且能夠互相溝通暨合作。一旦企業建置完成這個整合的系統，可以對企業的經營產生極大的效益。

企業資源規劃系統，大多數採用套裝軟體（Software Suites）。如何選擇適合企業需要的系統？在導入之前，需要仔細的評估企業的需求是什麼？更要慎選導入的顧問，因為輔導之顧問公司對導入的的成敗，扮演關鍵性的角色。顧問不僅要提供建置的服務，更需要將整體的企業流程、公司的營運策略、人力資源等一起合併分析、規劃，尋求最適合企業的模式。

6.1.2 主從式架構（Client Server Architecture）

- **以硬體為基礎來定義：**桌上型電腦的終端使用者，經由區域網路，向後端（Back End）系統提出服務的需求，桌上型電腦系統為 Client 端，後端系統為 Server 端。即提出服務需求的是 Client 端，提供服務者為 Server 端。Server 端提供不同的服務，如檔案管理、列印、儲存資料與分享等。
- **以軟體為基礎來定義：**軟體能夠請求服務的為 Client 端，軟體能夠提供服務的是 Server 端。應用程式可以為 Client 或 Server。主從式的軟體通常是以三層式（3-tier）的設計為基礎，ERP 系統應用三層式的架構，並以關連性資料庫來儲存各種資料，如圖 6-1 所示為主從式網路架構。

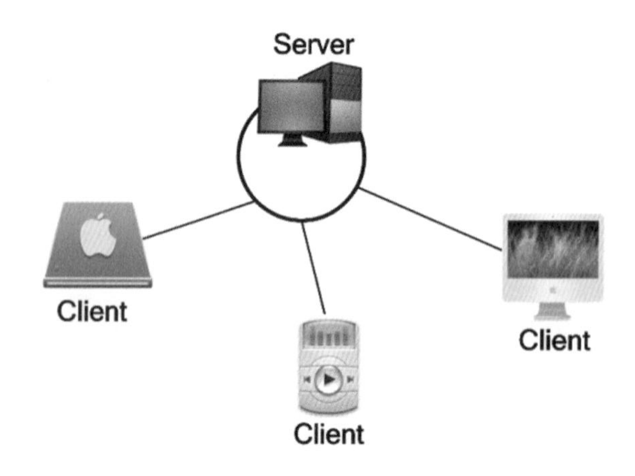

圖 6-1　主從式網路架構

三層式的設計：

- **展示層**：主從式系統的第一層為展示層（Presentation Layer），使用者可以直接使用鍵盤、滑鼠、監視器與電腦互動。軟體包含圖形使用者界面，由使用者提出需求，經過軟體傳遞到應用層。展示層伺服器可以透過企業內網路或網際網路和功能層伺服器進行資料交換。
- **應用層**：主從式系統的第二層為應用層（Application Layer），使用 UNIX、Windows Sever 2008 或企業功能所需要的應用程式。應用層伺服器能格式化、處理進入的資料，且能與資料庫連結，提供資訊給使用者。
- **資料層**：主從式系統的第三層為資料層（Data Layer），軟體為資料服務程式，負責管理資料庫的儲存和回復。應用程式可以由資料庫存取資料和下載程式到應用層伺服器，如圖 6-2 所示為三層式的設計。

<table>
<tr><td rowspan="2">展示層
Presentation Layer</td><td>企業網路
(Intranet)</td><td>客服人員
業務人員
公司內部人員</td></tr>
<tr><td>網際網路
(Internet)</td><td>供應商
顧客
公司外部人員</td></tr>
<tr><td>應用層
Application Layer</td><td colspan="2">訂單管理
庫存管理
財務管理
配銷管理</td></tr>
<tr><td>資料層
Data Layer</td><td colspan="2">訂單資料
交易資料
客戶資料
財務資料</td></tr>
</table>

圖 6-2　三層式的設計

主從式架構的應用程式，提供更有彈性的使用，容易擴充至其他的領域。對使用者隱藏複雜的企業系統，使用者不需要了解系統的技術架構，更容易專心於顧客需求的資訊。三層式的設計，將三層軟體分開，當使用的模組增加時，容易擴充及修改。

6.1.3 資訊的管理決定競爭力

在二十一世紀的今天，商業環境的快速變動，市場全球化的競爭，企業流程必須要最佳化，才能控制成本，提高生產力，降低成本，彈性生產，迅速交貨，來滿足客戶需求。在維持企業競爭力上，組織內部的資訊管理，扮演一個決定性的角色。唯有充分的運用資訊科技，適時提供正確的資訊給予相關人員，以最有效率的方式運作，才能夠快速回應市場的變化及顧客的需求，保持企業的競爭優勢。

- **微軟、思科和康柏**：在財星雜誌（Fortune）前一千大企業中，超過 70%的公司已經開始導入 ERP 系統或計畫在未來幾年內導入。微軟（Microsoft）、思科（Cisco）、康柏（Compaq），這些市場上的領導者採用 ERP 系統來降低庫存，縮短週期時間，降低成本，改善整體的運作。

- **企業流程再造**：在導入 ERP 之時，需要配合對企業流程重新思考、重新改造。

企業流程再造（Business Process Reengineering, BPR）之定義為根本重新思考，徹底翻新作業流程，以便在衡量表現的項目上，如成本、品質、服務和速度等，獲得戲劇化的改善，而在導入 ERP 前，企業體本身就應先進行企業流程再造，將原有之舊流程加以某種程度之簡化，以提升效率與競爭優勢。

這個定義共有四個關鍵字：根本、徹底、戲劇性、流程。企業流程再造就是以客戶需求為導向，重新檢討公司整體的作業流程模式，訂定目標及公司策略，定義每個部門的工作職掌及部門與部門間互動關係，使公司的作業流程達到最佳化，為公司創造最大的價值。ERP 不只是解決企業流程自動化的需求，更要具備協助企業流程合理化。藉由導入 ERP 的導入，推動企業流程再造，達到企業流程合理化的目標。

6.1.4 ERP 是電子商業的骨幹

ERP 系統經由單一的資訊系統，促進部門間的資訊交換，協助企業有效的運用企業整體資源，因此 ERP 系統已成為企業維持競爭力必備的工具。ERP 是整合的應用軟體組合，將企業內部的資源加以整合，包含行政管理（財務，會計等）、人力資源管理（薪資、津貼福利等）和製造資源規劃（MRP II）（採購、生產計畫等）及其他支援模組，圖 6-3 所示為 ERP 的涵蓋領域。ERP 是一個整合的後端系統，也就是企業的後台作業系統。一個好的 ERP 系統除了本身的功能以外，更可以延伸至供應鏈管理、客戶關係管理及電子商務等系統，所以 ERP 是電子商業的骨幹。

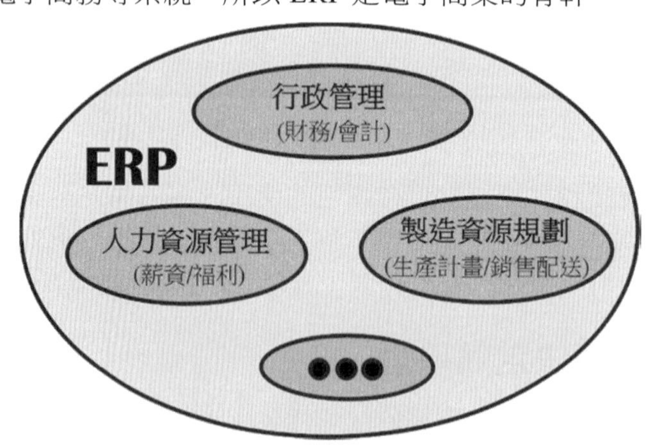

圖 6-3 ERP 的涵蓋領域

一個好的 ERP 系統，能迅速導入線上交易系統。以 ERP 系統為核心，整合其他相關企業應用程式，能使企業流程自動化，達到企業進入電子商業的目標，更增進企業的競爭優勢。在講求快速反應的網際網路時代，企業唯有緊密的整合流程，才能因應未來的競爭。ERP 是電子商業的骨幹，一個堅實的後端整合系統，可使企業在面對激烈的衝擊中，脫穎而出。

6.1.5 ERP 的效益與演進

ERP 具有快速、即時、正確及企業流程再造（Business Process Re-engineering, BPR）的特性。ERP 使企業流程自動化並簡化人力，可以整合財務資訊，提供高階主管決策，可以標準化作業流程和製造方法增加產能、降低成本。ERP 是電子商業的骨幹，導入 ERP 將影響公司的架構、流程，提升整體效能，進而滿足客戶需求，掌握競爭優勢。

採用 ERP 對企業的主要效益包含：重新改造企業流程、整合企業的後端系統、改善訂單流程、提供決策支援資訊、邁向全球運籌管理。

而企業資源規劃的演進，可以分為下列幾個階段，如圖 6-4 所示。

	1960	1970	1980	1990	2000
管理系統	MRP	MRP II	JIT/TQC	ERP	ERP+SCM
管理重點	生產 物料	生產 物料 財務 銷售	品質 成本 及時 供料	生產 物料 財務 銷售 人力 資源 物流	全球運籌 管理
應用領域	工廠內	工廠內	企業內	企業內 企業間	全球

圖 6-4　企業資源規劃的演進

- **物料需求規劃（1960~1970）**

  在 1960 年代 Joseph Orlicky 研究出新的物料管理方法 MRP。MRP 是依照未來的需求，確認材料的需求數量及日期。由主生產排程、材料表和材料庫存表，配合生產流程，來決定未來某一期間原物料的需求，如圖 6-5 為 MRP 的系統架構。

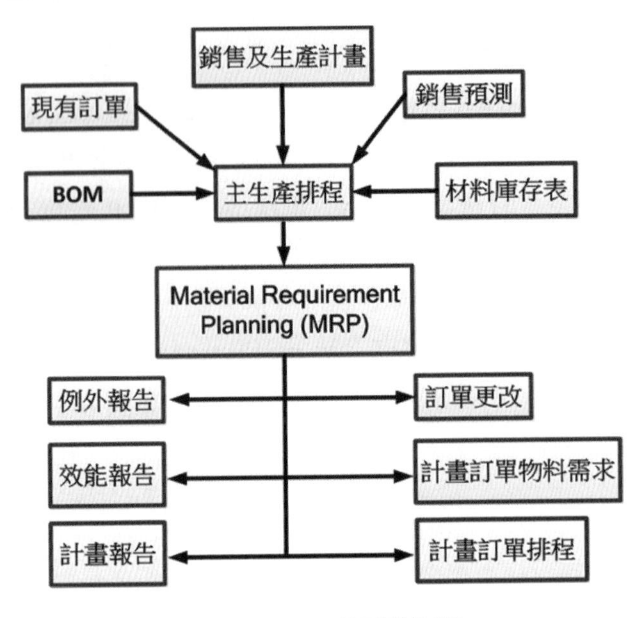

圖 6-5　MRP 的系統架構

■ **製造資源規劃（1970~1980）**

Oliver Wight 將 MRP 的觀念擴大為 MRP II。MRPII 就是以 MRP 為基礎，結合財務管理、銷售規劃等製造相關的活動，為企業有效計畫整體資源使用的一個方法。由企業計畫、生產計畫、主生產排程、MRP、生產需求計畫等不同的功能組成並鏈結在一起。由這些系統來產出企業計畫、採購、運送、生產庫存的財務報表，MRP II 的系統架構如圖 6-6 所示。

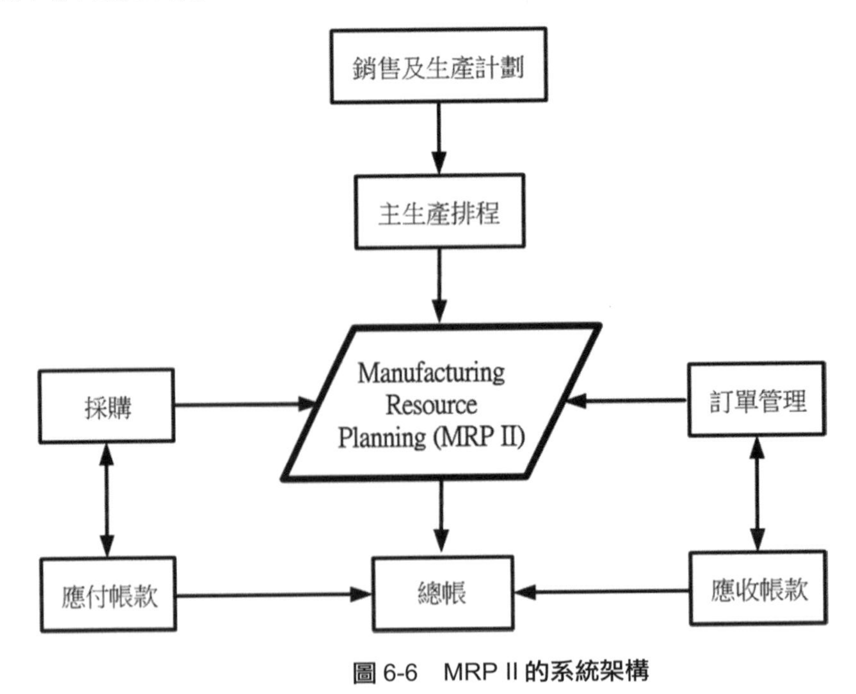

圖 6-6　MRP II 的系統架構

- **及時供應 / 全面品質管制(1980~1990)**

  由於日本企業的成功，JIT 在 1980 年代非常流行。JIT 是一個製造上的理念，這個理念使製造計畫追求零庫存、零等待時間的理想狀態。JIT 的目標是最小的庫存和最大的生產量，歸因於材料的供應和生產的「及時」，在製造流程中只有少量的材料庫存。藉由 JIT 可以增加製程速度、降低庫存、增加收益。

  全面品質管制（Total Quality Control, TQC）是客戶導向的品質標準，連結顧客及供應商，持續的改進品質，透過公司全體成員的參與，來改善流程、產品和服務。TQC 的主要理念為：品質是由顧客定義、品質是透過管理來達成、品質是公司全員的責任。

- **企業資源規劃（1990~2000）**

  電子商務的快速發展，驅動企業採用 ERP，配合企業流程的改造，改善企業整體的運作，並以整合的後端系統提供即時的服務，提升營運效率，使企業資源的分配最佳化，才能使企業有效的掌握競爭優勢。

- **企業資源規劃結合供應鏈管理（2000 以後）**

  在二十一世紀的現在，Internet 及電子商務盛行。只有企業內部的整合，並無法有效的掌握競爭優勢。因此 ERP 結合 SCM，從顧客到供應商，使跨企業的協調及產品的流動鏈結在一起。有效的結合 ERP 與 SCM，才能有效的因應未來市場的需要，及面對全球競爭的挑戰。

6.1.6 ERP 應用程式的領域

ERP 不是單一的系統，它是由許多的模組（Module）所組成，這些模組可以互相溝通，並即時的提供資訊給予管理階層決策。ERP 應用程式的領域，以管理的觀點，基本上可以區分如下：

- 行政管理（財務、會計等）
- 製造資源規劃（MRP II）（採購、生產計畫等）
- 人力資源管理（薪資、津貼福利等）
- 其他支援模組

每個供應商所提供的模組，基本上涵蓋了這些方面。企業可以先選用基本模組（行政管理、製造資源規劃、人力資源管理），再依據需求，選擇適當的支援模組來配合。使企業可以產生最大的價值及最大的利潤。以思愛普（SAP R/3）為例，它的模組多、功能較多且複雜、價格高。

6.2 ERP 系統的導入

6.2.1 ERP 導入的策略

組織結構，企業流程，員工的理念，各種因素均會影響導入的進行。導入的策略如下：

1. **循序漸進（Step-by-Step）**：安裝時採取一次一個模組的方式，可以降低失敗的風險。但建置的時間增長，成本增加。
2. **大刀闊斧一次完成（Big Bang）**：以新的系統直接置換舊有的系統，一次完成。可以縮短建置的時間，降低成本。但複雜度增加，需要完善的整合及規劃。
3. **階段式逐步導入（Modified Big Bang）**：系統採取一次安裝，安裝後先取設定範圍內的模組測試。測試完成後，再逐步擴展到其他範圍的模組。

6.2.2 ERP 導入的組織架構

因為 ERP 的導入，涵蓋的範圍相當廣泛，以至於很多部門必須要整合，所以需要成立一個專案組織並有能力推動專案於全公司。專案組織的架構（如圖 6-7 所示）及功能如下：指導委員會由高階經理、高階顧問、專案經理組成。主要任務為決定組織架構、快速決定爭議問題、有效的資源分配、有能力推動專案。

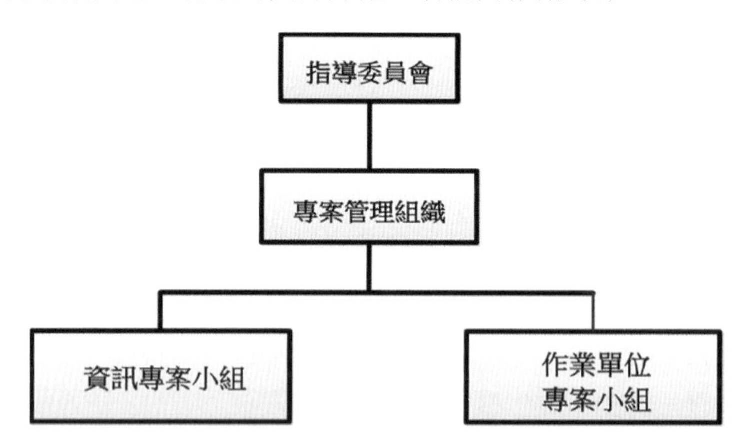

圖 6-7 專案組織的架構

- **專案管理組織**：由專案經理、資訊經理、顧問組成。主要任務為管理整個專案、控制進度、協調衝突解決問題、協調資源分配。
- **資訊專案小組**：由專案主管、專案成員、顧問組成。提供有關專案技術上的工作，如系統管理、資料庫管理。
- **作業單位專案小組**：由專案主管、專案成員、顧問組成。主要任務為建構系統、測試系統、訓練員工等。

6.2.3 顧問的重要性及任務

如果您不知道採用那一種軟體，顧問公司可以幫助您選擇 ERP 供應商及產品。ERP 系統導入的成功，同樣必須依靠顧問的協助。一個好的顧問對導入的時間和品質，會產生重大的影響。所以慎選顧問，是一個重大的課題。一個好的顧問必須要對 ERP 系統有深入的認識，有豐富的經驗及精通分析企業流程、容易抓住問題並有解決問題的能力。顧問的價值理念要與企業相符合，了解公司的運作機制及公司的目標。顧問不僅是提供 ERP 的建置服務，更需要將整體的企業流程、公司的營運策略及人力資源等一起合併分析、規劃。顧問必須要有能力將必要的知識，移轉給予企業的人員，對導入的時間和品質擔負起責任。顧問與 ERP 系統供應商的關係，亦是考慮的因素，良好的關係可以快速的解決問題，縮短建置時間。

根據相關學者對顧問的任務為：

- 管制專案進度
- 諮詢、支援及訓練專案人員
- 建立、監控及驗證導入行程
- 和專家共同解決問題
- 建構及客製化系統
- 提供導入的品質保證
- 文件化管理所有活動

6.2.4 ERP 導入的程序

ERP 的導入程序，如圖 6-8 所示：

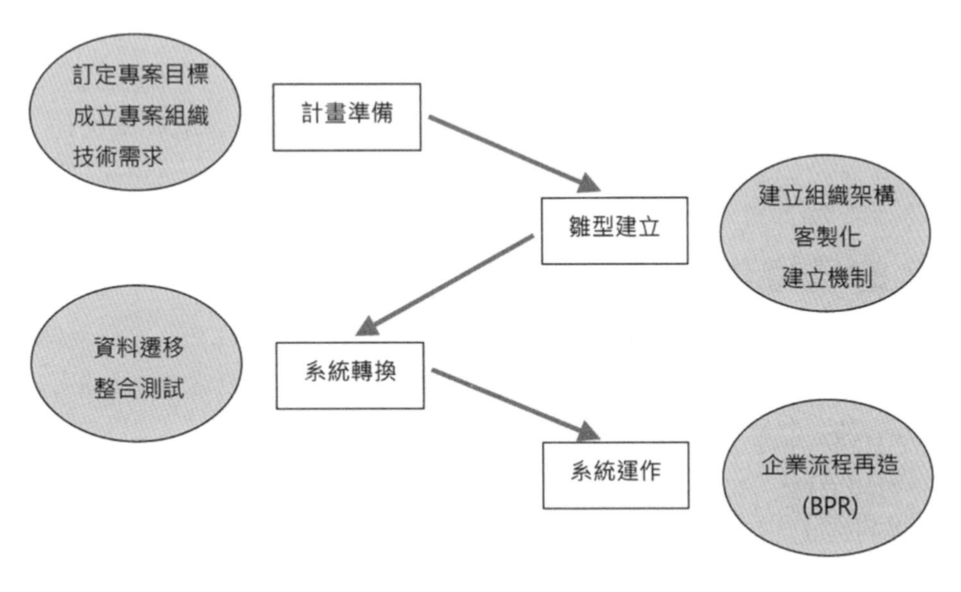

圖 6-8 ERP 的導入程序

1. **計畫準備**

   ➤ **訂定專案目標**：首先要有明確的目標，一個定義明確的目標，可以使專案組織更容易瞄準方向。目標必須是明確、可測量、可控制的。

- **成立專案組織**：整合必須跨越部門，所以需要成立專案組織，來推動專案及控制專案的進度。

在技術需求層面則考量：

- **硬體**：決定硬體設備的需求，需要注意預留版本升級的空間。
- **軟體**：決定什麼應用程式，最能符合企業流程的需要。

2. **雛形建立**

- **建立組織架構**：描述企業目前的架構和作業流程，檢討並改進缺點。然後根據目前的架構和作業流程，改進缺點，訂定未來需求的目標。
- **在客製化層面則考量**：ERP 大多數為套裝模組，所期望的系統與套裝模組會有所差距。必須分析架構、作業流程和標準模組的差距，檢討差距的接受程度，並處理差距。差距的處理一為客製化，即修改成適合企業需要的方式。一為先採用標準模式，待導入後再檢討、決定是否客製化。客製化如果需要牽動 ERP 的核心系統，建置的成本及時間均會增加許多。所以一般都建議採取標準模式安裝，減少成本及時間的增加。

3. **轉換測試**

- **資料移轉**：資料移轉是一個非常重大的課題，資料的數量都很龐大，非常需要時間。資料移轉的正確性非常重要，必須經過驗證。
- **整合測試**：整合或移轉均需經過嚴格的測試。

4. **系統運作**

系統完全導入後，企業必須持續的改善組織架構及作業流程，來適應系統的標準程序。即透過企業流程再造，持續的改善組織架構及作業流程，以達到最佳化的境界。

6.3 ERP 的領導供應商

ERP 所採用的作業流程，是企業的最佳典範（Best Practices）。決大多數的 ERP 模組，是依據最佳化的作業流程，所制定完成的套裝模組。在全球市場佔有率方面，以德製的思愛普（SAP）公司最高。

思愛普（SAP）是 ERP 軟體佔有率最大的領導供應商，在 1972 年由五位前 IBM 的系統工程師創立，公司位於德國的華爾道夫。早在 1979 年推出應用在大型主機上的 R/2 系統，在 1992 年推出主從式的 R/3 系統後，營業額開始成長。1996 年推出 SAP R/3 3.1 版，能經由網路下單觸動企業流程。SAP 的 ERP 軟體有廣泛的功能，但價格高且複雜。客戶大多為國際知名的大企業，在全球一百餘國擁有一萬三千家以上的客戶，建置超過三萬個軟體，國內的使用者包括台積電、聯電、日月光等公司。SAP 以 ERP 系統建置起家，近幾年來不斷與時俱進，提供組織企業更多元之之雲端服務，而全方位之雲端應用，更涵蓋雲端 CRM、機器學習（Machine Learning）、雲端 ERP、工業物聯網、區塊鏈（Block Chains）、人資雲（Human Resource Cloud）等企業應用程式。前開應用程式專為組織企業的需求，打造客製化的雲端管理系統，可快速建立財務、訂單、庫存、CRM 與 HR 等作業，更內建多種分析報表功能，讓組織企業可快速上手。SAP ERP 系統具有不同版本，也存在一些功能和架構上的演進，SAP 推出的順序大致如下：SAP R/1 → SAP R/2 → SAP R/3 → SAP ECC → SAP Business Suite on HANA → SAP S/4 HANA → SAPS/4 HANA Cloud。而 SAP Business Suite 則是高度整合的應用系統的集合，例如：SAP 客戶關係管理、SAP 企業資源規劃、SAP 產品生命週期管理、SAP 供應商關係管理（Supplier Relationship Management, SRM）和 SAP 供應鏈管理（Supply Chain Management, SCM）等模組。SAP 不斷駕馭挑戰，前瞻未來，與時俱進。

6.4 ERP 的建置成功範例

6.4.1 旭麗－以 ERP 達成千億元營業額為目標

旭麗公司成立於 1978 年，為國際性電腦周邊廠商，主要產品包括電腦鍵盤、掃描器、印表機及矽橡膠零件，為世界電腦鍵盤第一大製造廠。

旭麗的文化

達到客戶滿意為旭麗文化的中心，為達成目標，旭麗實施 Q.D.C.S.T 五項原則：品質（Quality）、交期（Delivery）、成本（Cost）、服務（Service）和技術（Technology）。

導入的系統

關於 ERP 的系統，旭麗公司採用愛德華（J.D. Edwards）的產品、昇陽電腦（Sun Microsystem）的硬體設備以及艾群科技的諮詢顧問來導入 ERP 整體解決方案。

導入的程序

旭麗的導入計畫是先由財務開始，再加入物料、配銷等其他模組。導入的過程採用：

- 先做好資訊的基礎建設。
- 次為導入 ERP 整體解決方案。
- 再建置供應鏈管理（SCM）、客戶關係管理（CRM）、電子商業（e-Business）。
- 最後再完成高階主管資訊系統：高階主管資訊系統可提供高階主管即時、容易存取的資訊，來制定決策。

導入的目標

旭麗的事業單位分散全球各地，為國際性的公司。旭麗期望經由 ERP 的導入，能迅速的整合企業內部資源，適時提供正確的資訊給予相關人員，提升效率。充分掌握分散全球各地的事業單位的資源，並加以整合。縮短流程時間，快速回應市場，以符合客戶需求，達成客戶滿意為目的。協助公司掌握市場脈動，保持企業的競爭優勢，進而達成千億元營業額的目標。導入 ERP 整體解決方案不僅提升旭麗的作業效率，整體應用系統將涵蓋公司營運流程的每個環節。包含財務、研發、計畫、採購、生產、配銷等。可加速作業流程與提高效率，減低各方面的成本支出，在快速變遷及全球化的競爭環境中，提供經營決策階層即時、準確的資訊，來掌握商機、創造商機。2002 年，光寶科技吸收合併光寶電子股份有限公司、旭麗股份有限公司、致福股份有限公司。

6.4.2 台達電子－以 ERP 掌握全球運籌

台達電子創立於 1971 年，在 2000 年，在全球各地有銷售據點，為全球交換式電源供應器、監視器及電磁零件之主要供應廠商。客戶包括 Compaq、DELL、HP、Gateway、Fujitsu、INTEL 等。

客戶的關係

台達電子的主要客戶都是業界的大廠，了解 ERP 的發展趨勢，也希望台達電子一起導入 ERP，一起成長。因應快速的成長與變化：台達電子是國際化企業，據點分布全球各地，為了因應快速的成長與變化，唯有透過資訊系統達成，能快速收集各地的資訊，掌握市場的脈動。所以台達電從 1996 年就開始研究規劃 ERP，1997 年開始導入。

導入的系統

選擇 SAP 的軟體，因為主要的客戶都使用這套系統，在與客戶的資料溝通連繫上比較方便。SAP 為 ERP 的領導廠商，有廣泛的功能。以 ERP 為基礎，未來結合 SCM、CRM 等資訊科技來加以發展，可以省去升級的成本與時間。

ERP 的導入

整個 ERP 專案小組包括三種人：實際每天作業的人、整合需求的人、做決策的人，這些人大約一百人左右。資訊人員約三十二人，使用者約七十人左右。台灣台達導入 ERP 共使用的時間為十四個月。由於累積了經驗，由公司的 MIS 部門導入，海外地區則只用了三個月。

導入 ERP 的效益

導入 ERP，可以整合公司內部的資訊，快速反應營收狀況。從研發、採購、生產、銷售、財務等各方面獲得資訊，讓決策者能加速做判斷，對於生產安排、庫存量等，都能充分掌握，明顯的提升效益。使資訊能夠整合、即時和正確，增取時間，快速決策，減少成本，增加競爭力。

6.4.3 高露潔-棕欖－以 ERP 整合企業流程增進對顧客的服務

高露潔-棕欖公司，在世界各地有超過四萬餘名員工，年營業額超過佰億美元，是口腔保健、個人保健、家庭清潔用品、寵物營養品的領導廠商，產品銷售遍及兩百多個國家，以 Colgate、Palmolive、Softsoap 等品牌聞名。

導入 ERP 的目標

早在 1994 年時，高露潔的子公司有很大的自主性，因此採用不同的系統。他們在全世界有十個訂單輸入系統，十個製造系統，十二個財務管理系統。為提升競爭優勢，高露潔的經營管理階層決定公司需要一個單一的系統，並且要建造一個完全改變的工作方式。高露潔公司的目標為，使整體物流鏈的企業流程維持最佳化，來連結世界各地的據點，加速資訊的流動，標準化作業流程和報告。為達成這個目標，公司需要一個單一的系統、一致的資訊來制定決策，設定全球化的需求，他們選擇採用 SAP R/3 來建置。

導入的系統

高露潔是第一個建置R/3 Release 3.0的公司。高露潔早在1996年時開始導入ERP，在 2001 年導入所有的部門，導入 ERP 後資料中心由七十個合併為兩個。為掌握市場脈動，維持競爭優勢，高露潔需要整合由世界各地的據點所收集的資訊，並且發出一致的資訊來制定決策。所以也早在 2000 年導入資訊倉儲，經由此系統可以快速產生分析報告，建立一致性、全球化的效能指標，來設定公司的經營策略。

高露潔公司 65%的營業額是由國際企業獲得，建立一個全球化的財務管理資訊系統，來衡量及管理全球財務資金的運作，對高露潔來說，是一項極重要的需求。高露潔採用 SAP R/3 的財務管理來自動化現金流量，整合現金管理和財務管理，預測現金流量，並且分析全球的財務和管理。高露潔設定的目標以 3.5 年為期間，可以有 25%的回收。

導入 ERP 的效益

導入 ERP 之前，高露潔已經訂定明確的方向及目標，大幅度提升供應鏈效能，分享資訊，改善全球採購能力，標準化流程、資訊和報告。建置 ERP 後的利益已經具體實現：

- 整合全球的物流，成為全球消費者產品的公司。
- 增進符合交期的能力。
- 由庫存導向轉變為需求導向的生產。
- 縮短週轉時間，藉由縮短週轉時間增進對顧客的服務。

高露潔並持續的導入新的方案，結合新科技與新趨勢，如供應鏈管理（SCM）、資料倉儲、電子商業（e-Business）等。使企業能夠維持競爭優勢，無限的延伸。

6.4.4 思科－以 ERP 支援全球化經營提升競爭力

思科（Cisco）系統是網際網路的全球網路領導者，其網路解決方案將人們與電腦設備及電腦網路結合，讓人們可以在任何地點、任何時間存取或傳輸資訊，並將營運的觸角從企業市場延伸到服務提供者與中小企業市場。營業額一年大約 100 億美元，有一半是來自於美國以外的百餘個國家，公司總收益的 65%是來自於思科的電子商業網站。

導入的系統

思科系統公司早在 1995 年採用了甲骨文的應用程式，產品包括財務管理和生產製造管理系統。運用範圍主要在使用 Oracle Applications 執行思科全球的生產製造（Oracle Manufacturing）、財務管理（Oracle Financial）與訂單輸入（Oracle Order Entry）功能。思科是全球化的公司，全球每個子公司、每個部門以及每個地區的訂單都會經由訂單輸入系統並透過總帳會計系統（Oracle General Ledger）進行記錄，達到即時、迅速的目標。思科的電子商務，在使用 Oracle Applications 後開始成長。公司將訂單處理的狀況移至網路上，顧客可以透過網路來查詢訂單情況。查詢價格與作業時間、下訂單以及取得發票、訂單上的應收帳款資料。思科為全球化的跨國企業，因此多國貨幣功能就顯得相當重要。思科是以美元於全球運作的公司，能夠以顧客本身的貨幣來請款，對思科來說是相當重要的。因為思科的系統主要是以美國為基礎，對於應付任何交易國家的稅項與法規事務，以 Oracle Applications 來支援，簡化處理的程序。思科依賴生產製造管理系統來管理全球的委外製造工廠，包含約五十位國外零件採購與產品製造商。因為思科公司正轉型成為向國外採購零組件的製造商，Oracle Applications 讓思科可以有效地執行策略的目標。

導入 ERP 的效益

透過 Oracle 企業資源規劃系統來快速建置商業機能與性能，思科的競爭優勢已大幅提升，包括較高的客戶滿意度、彈性與世界各地的支援服務。ERP 的建置完成，使思科能夠快速掌握多變的企業需求、達成委外生產製造的目標及執行全球化的經營。

6.5 ERP 結合企業資訊入口網站

企業資源規劃應用程式已被大量的企業導入實施，使企業流程自動化。ERP 模組的安裝運作，促進企業流程簡化並加速流程的流動，因而能夠獲得大量的交易資料，使得企業的資訊大幅度增加。企業資訊是一種財富，它儲存在企業的資料庫之中。如何有效及有效率的運用企業資訊，實為企業的一大課題。

企業資訊入口網站的出現，將提供一個入口，可以尋找、萃取、結合及分析企業內部及外部的資訊，讓使用者更容易了解企業，及獲得需要的資訊，減少時間的浪費，提升工作效率。Merrill Lynch 相信企業資訊入口網站的軟體，將有可能超越企業資源規劃的規模。企業資訊入口網站的軟體，建立在企業資源規劃的基礎上，將成為下一波資訊軟體發展的方向。沒有進行部署和規劃入口網站的企業，未來將面臨落後競爭對手的危險處境。

6.5.1 企業資訊入口網站（Enterprise Information Portal，EIP）

一般基本的企業資訊入口網站定義：經由個人化的單一入口，與其他相關的應用程式和公司內部及外部的資訊之間的互相作用及影響。在 1998 年 11 月，Merrill Lynch 發表企業資訊入口網站的報告，定義企業資訊入口網站為能使企業打開內部及外部所儲存的資訊，提供使用者一個單一的入口，面對個人化的資訊需求，來做商業決策。

企業資訊入口網站將幫助使用者取得工作上所需要的資訊，運用及整合各種企業軟體，使企業內部及外部所儲存的資訊能夠充分的利用。企業資訊入口網站的使用者包括企業的員工、客戶、供應商及商業夥伴等。企業透過入口網站為員工、客戶、供應商及商業夥伴提供七天二十四小時（7/24）的自動化服務，是企業提升競爭力及降低成本最重要的方法。

Merrill Lynch 將企業資訊入口網站區分為四個主要項目：

- **內容管理（Content Management）**：內容管理系統擷取、存檔、管理、結合內部及外部所儲存的資訊，產生一個知識倉庫。內容管理應用程式可以結合特定的功能，如產品需求、銷售計畫、競爭分析等。
- **商業智慧（Business Intelligence）**：商業智慧應用程式，提供企業即時、正確的資訊。商業智慧系統包含查詢、報告、資料採礦、線上分析處理等。
- **資料倉儲與超市（Data Warehousing & Data Mart）**：資料倉儲與超市是建造一個資料可以儲存管理和分析的環境。資料倉儲的目的是為了解決企業內部資訊流通及資訊管理的問題。資料倉儲經由建立一個集中的資訊倉庫，由不同的來源收集資料，配合資料分析軟體的分析，使這些資料可以存取使用，對決策者提供整體的資訊。資料超市所涵蓋的範圍比資料倉儲小，是依據特定的查詢模式，只提供一部分的資訊給予特定的使用者使用，以符合企業的特定需求，使決策支援的效率大幅提升。資料超市是資料倉儲的一個子集，所以一個企業可以有多個資料超市，但只有一個資料倉儲。
- **資料管理（Data Management）**：系統提供萃取、移轉及下載的工作，資料倉儲、資料超市的管理和索引。

6.5.2 企業資訊入口網站的功能需求

- **容易使用**：EIP 的目的是提供各種不同的使用者使用，必須適合廣大的使用者，因此容易使用是非常重要的。
- **動態性**：透過網站，使用者能夠經由目錄尋找資訊、發布資訊、查詢及分析資訊。
- **擴展性**：企業資訊入口網站應提供發布應用程式介面，使開發者容易整合新增加的應用程式。

- **全面性**：EIP 提供經由不同的來源，存取結構及非結構性的資訊。
- **客製化**：管理者可以構建網站的內容，如網站的外觀、頻道、可利用的來源及使用者的權限。
- **管理**：使管理者可以快速的管理和設定使用者介面，建立分類，建立權限，整合其他的來源。
- **安全性**：企業資訊入口網站提供許多不同的使用者使用，網站必須提供安全機制，確保資料的完整和私密。

6.5.3 企業資訊入口網站的效益

- **提升企業競爭優勢**：資訊是企業的一種財富，EIP 軟體可以尋找、萃取、結合企業內部及外部的資訊，同時分析資訊，使工作更有效率。也可以降低成品本，增加銷售，更有效的運用資源，使公司更加敏捷，提升競爭優勢。
- **高投資效益**：EIP 軟體的投資成本較低廉，且容易維護，可以快速導入。
- **促進資訊資源的運用**：所有的使用者均可以存取資訊，是 EIP 應用程式成功的重要因素。企業要在適當的時間，對適當的人，提供適當的資訊。透過 EIP，提供適當的資訊給終端使用者，如企業員工、客戶、供應商等，促進資訊資源的運用。

6.6 協同商務

協同商務（Collaborative Commerce, C-Commerce）將是電子商務模式外下一個發展的方向。

協同商務的定義

企業、供應商、合作夥伴、客戶之間，使用電子化的合作互動，即時的網際網路溝通，合作社群互相分享及使用資料、知識、人力資源和流程。不論是企業的部門與部門之間，或是企業與企業間的商務往來，任何形式的協同（產品設計、供應鏈規劃、預測、物流、行銷等），都可以視為協同商務。協同商務是企業與企業，利用網路伺服器當中介者，經由線上交換，促進資訊的流動，來產生和維護商業社群之間的互動。即時的網路連結，使企業的合作夥伴，從物料供應商、製造商、物流者、顧客、員工可以分享資料、知識資源、人力資源等，產生極大的競爭力。協同商務可以加強已經存在的關係，培養客戶忠誠度，改善採購效率，增加供應鏈的能見度。協同商務期望建造一個沒有阻礙的商業流程，將企業的資訊及物料的流動同步化，增進效率，滿足顧客需求，進而提升企業的獲利。

協同商務與電子商務均為電子商業的元素。電子商務是經由電子媒體進行買或賣產品、資訊或服務。對於訂單配置、訂單履行（Order Fulfillment）、付款相關活動以外的活動，電子商務較少涵蓋。協同商務則跨越線上行銷和銷售以外的活動，包含在貿易夥伴之間，使用網路動態交換資訊，如產品設計和開發、供應鏈的運作和製造流程。協同商務理論的前提是參與的虛擬夥伴，互相合作來提升競爭核心、知識資產和企業流程。協同商務的主要目標，是將各個廠商對產品的知識結合在一起，來提升產品的品質與能力，並透過網際網路來縮短生產時間與距離，以取得快速進入市場的先機。

協同商務的功能

協同商務開始出現於 2000 年，逐漸使用於產品設計、供應鏈、行銷、銷售和製造的應用方面。在競爭的商業環境中，企業要快速回應，滿足客戶的需求，因此驅動協同商務的發展。協同商務是整合跨越企業之間，以產品為中心的商業流程，成為一個單一、封閉的一套軟體與服務。

協同產品商務的組成元素包括：電腦輔助設計/製造、電腦輔助工程、產品資料管理、企業資源規劃、供應鏈管理。

客戶關係管理協同商務導入案例，我們以聯電（UMC）為例：面對協同商務的興起，聯電早已完成整體的佈局，循序漸進的導入各項協同商務的應用工具。

- **階段 1**：供應鏈管理的導入與其他企業不同，聯電先導入供應鏈管理，而不是企業資源規劃。在 1997 年，聯電即導入 Adexa（前身為 Paragon Systems）的晶圓製造生產管理系統。在 1999 年，聯電導入 i2 的供應鏈管理，採用 i2 TradeMatrix 解決方案。
- **階段 2**：企業資源規劃的導入，在 2000 年 6 月，聯電採用 SAP 的 ERP 系統，導入 mySAP.com。
- **階段 3**：導入需求協同運作，訂單執行，需求協同運作可以協助聯電掌握客戶的需求，確保對於客戶出貨的承諾。線上接單的訂單執行系統，可以使客戶下單與訂單流程追蹤完全電子化。

聯電完成三階段的建置後，實現協同商務的理想，可以減少訂單確認的時間，提供與客戶互動的管道，掌握訂單處理狀況，滿足客戶的需求。

6.7 ERP 未來的發展

ICT 的日新月異，對市場結構產生重大的衝擊。企業為達到獲利的目標，也需要改變經營模式。全球化的競爭，任何公司都無法置身事外，企業要保持競爭力，ERP 系統已成為必備的工具而非致勝的利器。

- **中小型企業成為目標市場**：對中小型企業而言，資訊科技的資源及人員比較有限。部分尚未採用 ERP 系統，是因為 ERP 系統成本高。依照 ERP 供應商的定義，中型市場為年營收為 2 億至 5 億美元。ERP 廠商在中型市場，已展開激烈的競爭，SAP、Oracle、PeopleSoft 和 Baan 開始強化產品，減少 ERP 導入的時間，提升 ERP 導入的成功機率。ERP 供應商經由縮短導入的流程，提供中小型企業等同大企業等級的服務，最主要的是降低價格，來提高中小型企業的意願。應用程式服務提供者的模式，將使得成本及風險大幅下降，中小型企業採用 ERP 系統的意願將會提高。藉由ERP的導入來，強化中小型企業的基礎並向電子商業的需求前進。因此，未來中小型企業將成為 ERP 供應商，全力追逐的目標市場。

- **電子商業（e-Business）加速推動 ERP 的進步**：網際網路的快速發展，新的交易模式興起，對企業產生重大的壓力。尤其是製造業，更面臨快速交貨的需求，因此推動企業必須將系統網路化。透過網路，增進效率，時間就是金錢、就是利潤，準時交貨，即是增加競爭力。企業經由 ERP 系統收集資訊，和策略聯盟夥伴分享資訊。將企業的藩籬消除，促進資訊快速流動，掌握先機。採用網路化的 ERP 後端系統，更能符合電子商業的目標。
- **整合相關企業應用程式**：企業可以透過網際網路和供應商、顧客合作，在主要功能方面提供企業流程自動化包含：企業資源規劃、供應鏈管理、客戶關係管理、電子商業、協同商務、商業智慧。ERP 為其他所有應用軟體的基礎，是電子商務的骨幹。以 ERP 為核心系統，整合其他相關企業應用程式，是未來的趨勢。經由 ERP 的導入，整合企業內部整體的所有資源，進而擴展其他的應用程式，協助企業在全球競爭的環境中，立於不敗之地。以 Web-Based 為根基的 ERP 商用套裝軟體，透過無所不在之網路，任何行動辦公室均可即時存取相關資料，更讓 ERP 商用套裝軟體之效能與效率，更加發揮地淋漓盡致。

6.8 課後習題

一、問答題

1. 何謂 ERP？企業為何要導入 ERP？
2. ERP 是否為企業之萬靈丹？找找看相關報導，有沒那些公司因導入 ERP 而造成公司財務狀況變差，甚至被對手併購之案例。
3. 何謂協同商務？有何重要性？
4. 何謂 EIP？有何重要性？與 ERP 有何關係？
5. ERP 之未來前瞻性為何？

二、選擇題

(　) 1. 企業流程，員工的理念、各種因素均會影響 ERP 導入的策略組織結構的導入進行，而通常導入的策略為何？

(A) Modified Big Bang → Step-by-step → Big Bang

(B) Big Bang → Modified Big Bang → Step-by-step

(C) Step-by-step → Big Bang → Modified Big Bang

(D) Big Bang → Step-by-step → Modified Big Bang

(　) 2. ERP 對企業的主要效益包含

(A) 改善訂單流程　　(B) 行政管理（財務、會計等）

(C) 製造資源規劃　　(D) 薪資、津貼福利等

(　) 3. 企業資源規劃（ERP）當中，所謂的資源包含何者？

(A) 人力資源（Human resource）　　(B) 財務（Finance）

(C) 生產規劃（Production Planning）　　(D) 以上皆是

(　) 4. ERP 的建置成功範例如旭麗公司，其實施 Q.D.C.S.T 五項原則，何者有誤？

(A) 品質（Quality）　　(B) 交期（Delivery）

(C) 成本（Cost）　　(D) 服務（Service）

(E) 運輸（Transport）

(　) 5. 主從式系統的三層式的設計不包含下列何者？

(A) 資料層　　(B) 功能層

(C) 展式層　　(D) 應用層

(　) 6. 關於企業流程再造（BPR），下列敘述何者錯誤？

(A) BPR 的進行應在導入 ERP 前

(B) BPR 為重新思考及翻新部分作業流程，以獲得改善

(C) BPR 是以客戶需求為導向

(D) BPR 是為了讓公司的作業流程達到最佳化

(　) 7. 關於企業資源規劃（ERP），下列敘述何者錯誤？

(A) ERP 系統經由單一的資訊系統，促進部門間的資訊交換

(B) ERP 將企業內外部的資源加以整合

(C) ERP 有助於提供決策支援資訊

(D) ERP 使企業資源的分配最佳

(　) 8. EPR 未來發展的主要項目，何者正確？

(A) 目標市場為中小型企業

(B) 結合電子商務

(C) 整合相關企業模式

(D) 以上皆是

CHAPTER 7

電商之供應鏈管理

（Supply Chain Management, SCM）

學習重點

先解釋電子商務中供應鏈（SC）、供應鏈管理（SCM）之定義，並闡述供應鏈管理在電子商務中佔有極為重要之地位，而供應鏈的演進，也在本章中做了詳細之介紹。並針對其主要目標與應用策略做一剖析，緊接著對企業導入 SCM 之策略做完整介紹，同時，本章亦列舉供應鏈管理之國內外領導廠商，讓同學畢業進入職場時，就能先具備 SCM 實作系統中之相關概念，讓剛入職場的同學可以很快進入狀況。再來，以數家跨國企業應用 SCM 在電子商務之應用實例，加以分析。而政府推動台灣產業界之供應鏈管理與產業自動化及電子化推動方案，也在最後章節中加以分析，同時也針對本土之 SCM 發展環境，加以闡述，願您成果期豐碩。

7.1 供應鏈管理概論

7.1.1 何謂供應鏈（Supply Chain, SC）

供應鏈是指產品由最初的原物料到半成品、及成品暨銷售給消費者間所有過程環節，換句話說，即是指原料、庫存、生產、配銷、售後服務等事項。以物品、資訊、資金的流動鏈結在一起。學者對供應鏈的定義如下：

- **Christopher 的定義**：一個由許多組織經上、下游所鏈結成的網狀架構，這些組織參與不同的流程與活動，而流程與活動的目的在於以產品或服務來增加價值。
- **Ganeshan 和 Harrison 的定義**：一個供應鏈是設備和配送的網狀組織，選擇表現在原料的採購、將原料轉換為成品或半成品和配送成品給顧客的功能。
- **Jayashankar 的定義**：由獨立或半獨立的企業實體所成立的網狀組織，由相關產品結合，共同擔負採購、製造、配送等活動。

- **Kalakota 的定義**：供應鏈是從產品製造到傳送給顧客的一個流程傘（Process Umbrella）。從結構的觀點來看，供應鏈是組織維持與原料來源、製造和貨物運送的貿易夥伴之間複雜的網路關係。

供應鏈是所有參與的上、下游廠商，在物品、資訊、資金的流動的協調，將物品、資訊、資金的流動鏈結在一起，成為一個強而有力的虛擬組織，如圖 7-1 所示，為供應鏈的架構。

供應鏈管理是使供應鏈最佳化的一個決策過程，包含管理計畫、執行和管制目標的活動。透過精密的計算，設法以最低的總成本支出，製造出最符合客戶需求的產品，並在最恰當的時機配送到適當地點。美國生產管理協會（American Production and Inventory Control Society, APICS）的定義如下：

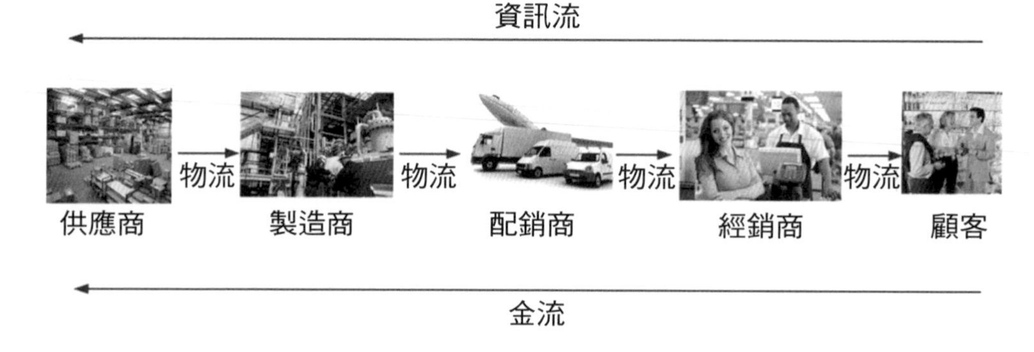

圖 7-1 供應鏈的架構

- 連結橫跨供應商和消費者的團體，從最初的原料供應商，到成品交給最終消費者的流程。
- 功能是能在公司內部及公司外部增加價值鏈，生產產品及提供服務給顧客。

供應鏈包含從原料到最後交貨給顧客，即是從供應商、製造、配送到顧客。所有參與供應鏈的實體，對供應鏈所做的努力，均對供應鏈產生價值。

供應鏈管理主要是以整體的角度來看，強調的不是片面的溝通，而是所有環節的整合（Integration），將其視為一個供應共同體（Supply Entity），並對此供應共同體的經營產生一致性的策略，同時從顧客需求和市場導向中得到共同的目標。

7.1.2 供應鏈的重要性

供應鏈是一個橫跨企業的組織，將產品或服務傳送給顧客。參與供應鏈的成員，必須互相信賴，共享利益。供應鏈管制產品製造和配送的速度。現今，顧客都趨向能快速完成訂單，也希望能夠快速的交貨。以產品製造的品質來說，大多數的廠商已經沒有什麼差距，所以產品能否快速的交貨，廠商能否快速回應顧客，將是保持競爭優勢的一項重要指標。

供應鏈結合上、下游的企業，共同擔負採購、製造、配送等商業活動。供應鏈管理主要是針對市場需求的變化，提供精準的預測能力，使企業及早掌握和部署，即時決策，即時供應，和市場需求保持同步運作。面對快速變動的市場，產品生命週期愈來愈短，競爭的壓力愈來愈大。企業以改進內部效率並不足以維持競爭力。供應鏈結合上、下游的企業，如能夠整合成為有效率的運作模式，可以降低循環週期，使生產和供應趨近同步。將可維持企業的競爭力於不墜。

供應鏈的效益如下：

- 節省成本、降低庫存
- 提高交貨的準確性
- 提升整體生產力
- 提供精準的預測
- 分擔風險及報酬

7.1.3 供應鏈的演進

實體配送管理階段

供應鏈管理由物流管理邏輯發展而來，實體配送管理協會（National Council of Physical Distribution Management, NCPDM）在 1963 年成立，業者發現倉儲和運送之間的密切關係。實體配送管理階段整合倉儲和運送兩項功能如圖 7-2 所示，提供的優點為：

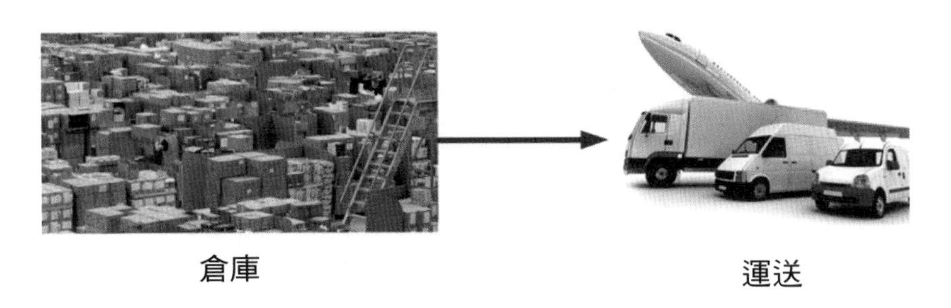

圖 7-2 實體配送管理階段整合倉儲和運送

- 降低庫存
- 更可靠的運送
- 快速倉儲和運送，縮短訂單反應時間
- 降低預測期間，提高預測的準確性
- 最佳化倉儲地點，提供更好的服務，同時降低成本

實體配送管理能夠改進不同層面倉儲之間的溝通，和提供更複雜的分析能力。更好的資料和分析能力，可以增進決策的能力。

物流階段

在物流階段，增加製造、採購、訂單管理的功能。由於電子資料交換，全球化的通訊和電腦能力的進步，在儲存資料及效能分析方面，有極大的進步，如圖 7-3 所示為物流階段。

圖 7-3　物流階段

整合供應鏈管理階段

在供應鏈管理階段，加長供應鏈的長度。在來源端增加供應，再另一端增加顧客，成為具有多種功能的供應鏈。要處理如此複雜的功能，憑藉的是電子資料及資金的交換，寬頻的通訊，提供規劃和執行的決策支援系統，如圖 7-4 所示為整合供應鏈管理階段。

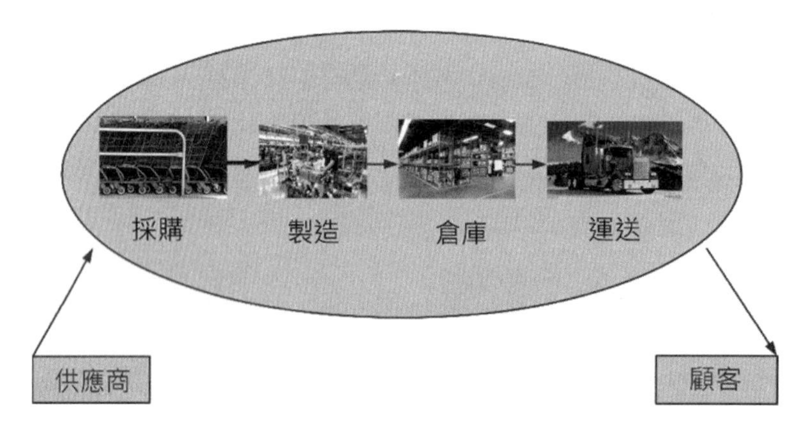

圖 7-4　整合供應鏈管理階段

是什麼推動供應鏈管理的進步呢？最主要是 ICT 的革命發展，使資訊打破傳統的障礙，以更快速、準確的傳送給供應鏈的每個參與者，至世界各個角落。即時、豐富的資訊，可以提供複雜的分析，提高決策能力。

7.2 供應鏈管理的目標與策略

7.2.1 供應鏈管理的主要目標

供應鏈管理的主要目標是在適當的時間，以最低的成本，製造出適當數量的產品，零庫存是 SCM 的最佳境界，如圖 7-5 所示為供應鏈管理的主要目標。適當的產品及適當的數量即是生產的彈性。適當的數量與適當的時間影響的是交貨的可靠性。適當的時間與最低的成本為影響交貨時間的因子。交貨的可靠性與交貨時間會影響客戶的滿意度。

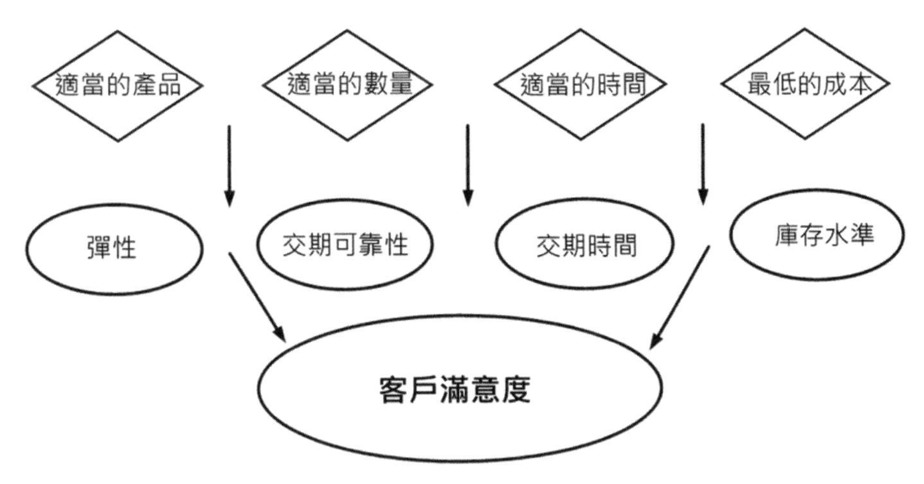

圖 7-5　供應鏈管理的主要目標

7.2.2 供應鏈管理的策略

通常把供應鏈管理的決策區分為三個層級，如圖 7-6 所示為供應鏈管理的決策層級，其區分為三個層級。

- **策略層**：長期的決策，主要的決策項目為地點、生產、庫存量、物流。結合合作策略，和依據供應鏈的方針來決定。
- **戰術層**：中期的決策，如需求預估、生產計畫、物料需求計畫、配銷和物流計畫。
- **作業層**：為短期的決策，以逐日的活動為基礎。

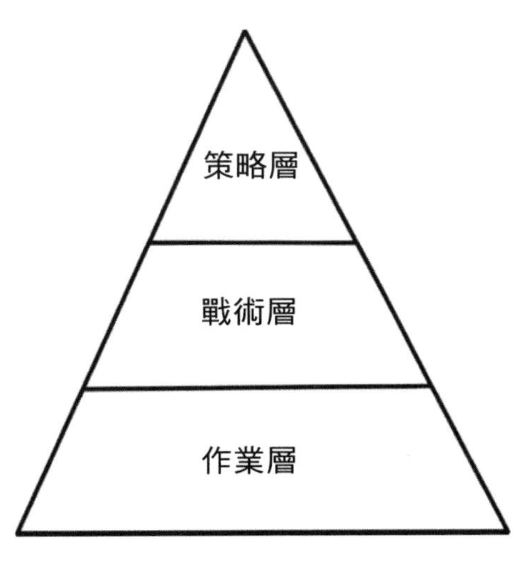

圖 7-6　供應鏈管理的決策層級

7.2.3 供應鏈管理的系統

供應鏈管理是從需求的預測、供給的規劃，到原物料的管理、製造、配銷、運送、庫存、銷售的整體管理。供應鏈管理的架構大致分為供應鏈規劃(Supply Chain Planning, SCP)及供應鏈執行(Supply Chain Execution, SCE)。

供應鏈規劃

供應鏈規劃包含客戶、企業及供應商之間一連串的活動。如對買方預測的反應，或是企業內部的預測，規劃企業在不同時期的需求計畫，使供給及需求達到平衡，使企業的資源做最有效率的運用，達到滿足客戶對訂單的需求及使企業的獲利最佳化。

圖 7-7 供應鏈規劃的模組

供應鏈規劃的模組又分為供應鏈設計(Supply Chain Design)、先進規劃與排程(Advanced Planning & Scheduling)、需求規劃(Demand Planning)、供給規劃(Supply Planning)及允交系統(Available-to-promise)，如圖 7-7 所示為供應鏈規劃的模組。

- **供應鏈設計**：依據企業目標、客戶需求及管理成本，設計供應鏈。即規劃生產工廠、配銷中心、倉庫及供應商之間位置、數量及連結的關係。
- **先進規劃與排程**：依據訂單或企業所設定的銷售計畫目標，並考慮整體的供需狀況，進行生產計畫及供應的規劃，達成供給與需求的平衡。排程規劃是以生產計畫為依據，擬訂在特定時間內，完成特定數量的產品。
- **需求規劃**：依據顧客的訂單及生產的歷史資料，利用數學模式的運算，預測客戶未來的需求。對供應商的異常供應狀況提出預警，並對銷售、行銷、物料的狀況同步追蹤。

- **供給規劃**：使物料計畫能依設定的目標執行，管理產品生命週期（Product Life Cycle），並與生產計畫結合成為動態的供給物料。
- **允交系統**：企業依據原物料、庫存、和生產排程的狀況，即時、精確的計算交貨時間。評估企業對訂單交期的履行能力，滿足客戶的需求。

供應鏈執行

供應鏈執行是涵蓋在實體的供應鏈中。如輸入訂單、追蹤訂單、更新庫存…等，將供應鏈計畫轉換成為實體的工作。供應鏈執行是以有效率及成本管理的方式，履行客戶對產品的需求，如圖 7-8 所示為供應鏈執行（SCE）的模組。

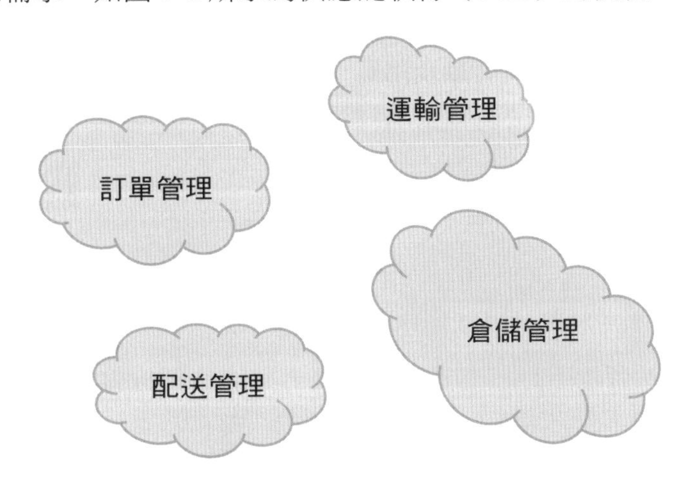

圖 7-8　供應鏈執行 (SCE) 的模組

供應鏈執行的模組分為訂單管理（Order Management）、配送管理（Distribution Management）、倉儲管理（Warehouse Management）及運輸管理（Transportation Management）。

- **訂單管理**：由接到客戶訂單、訂單輸入及處理、訂單履行的整體流程中，管理及分配資源，履行客戶訂單的需求。
- **配送管理**：依據需求規劃、生產規劃及庫存的狀況，管理補貨的時間及數量，達成快速回應（Quick Response，QR），以滿足客戶的需求。
- **倉儲管理**：從倉庫運送至生產地點、配銷地點，或從生產地點、配銷地點運送至倉庫的收料、儲存及運送活動。即管理和監控物品的入庫、存貨、出庫及運送等相關活動。使供應鏈庫存量降至最低，達成高效率的倉儲管理。
- **運輸管理**：負責規劃物料或成品的運送，建立出貨排程與路線、追蹤出貨，並管理運費成本。

7.3 企業導入供應鏈管理（SCM）之策略

不論是國內外的企業都對 e 化有著一種盲目的追求，就舉供應鏈為例，大家都會以為只要企業導入 SCM 就一定能夠獲利，然而其實 SCM 會使其節省成本不保證能獲利，但不導入 SCM，在全球化科技進步如此快的時代，必然會失去競爭力。現代企業的競爭，已從製造商與製造商轉變為供應鏈和供應鏈之間的競爭。企業要能夠獲利且節省成本，必須串連從上游供應商、製造商、行銷夥伴、銷售通路的價值鏈（Value Chain）進而達到庫存量近零（Zero Inventory）的美麗境界。

企業在導入供應鏈的過程首先必須要了解企業內部，簡單來說是要做事先的評估。除了可利用一般企業成本分析、策略分析等方法，還要清楚知道本身在整體商業環境中之立足點及優缺點，電子化之程度以及估算導入供應鏈所需花費之成本和效益之外，最重要的還是必須要確實定位企業未來的發展方向。而這項工作又可以分為四個重點：

而這項工作又可以分為四個重點：

- 首先要能發現目前最大弱點，將企業的獲利目標以現有業績和能力作比較，針對此尋求較適合的解決方案，以期能迅速提高競爭力。
- 導入供應鏈的關係者並不是只有企業本身，最好能與關鍵客戶和供應商一起評估新技術和競爭局勢、全球化，建立起供應鏈的目標。
- 在導入的過程中必須對此過渡時期制定因應策略，同時探討及評估企業能否接受這種過渡時期的現實條件及承受來自內外的壓力。
- 有了因應方案後，必須根據此給予所需資源和訊息，並著手規劃長期的供應鏈結構，除了將企業、客戶和供應商正確定位在所建立的供應鏈中，也要強化企業內部和外部的產品、信息和資金流的流通順暢，並注意供應鏈的重要領域，如庫存、運輸等環節，以提高質量和生產率。

供應鏈管理的目標短期是降低成本、提高產能、減少庫存，而長期目標為提高獲利，擴大市場佔有率、增加顧客滿意度。而供應鏈管理最重要的是在建立上下游的所有廠商互信的基礎加強合作並形成一個動態性的交易網路，除了擁有共同產品生產計畫及資訊共享進而達到滿足顧客需求。在企業對企業間，上游對下游廠商之關係將會演變至今日能協調供應鏈上之各項工作與共同合作。

此外企業內部也應完善規劃顧客關係管理、企業資源管理、企業資源規劃，讓供應鏈三方（供應商、企業和客戶），可以在無所不在網路上獲得即時的訊息。日商 Panasonic 於 2021 年併購此公司，將加速自主性供應鏈（Autonomous Supply Chain）之發展，廣泛加入工業物聯網、人工智慧，智慧物流（Smart Logisitics）等元素至組織企業應用程式。

7.4 代表廠商：i2 Technology（BlueYonder）

i2 是全球供應鏈管理軟體的領導廠商。1988 年，山吉希篤（Sanjiv Sidhu）和肯夏馬（Ken Sharma）在美國達拉斯成立 i2。山吉希篤出生於印度，1980 年到美國奧克拉荷馬州立大學就讀，獲得化學工程的學位。畢業後，在德州儀器公司的人工智慧實驗室服務。肯夏馬是山吉西篤在德州儀器公司的同事，從事程式設計的工作。山吉希篤觀察到，當必須做決策時，同時遇到許多個變數，即使是相當聰明的人，也會受到矇騙。於是他提出以人工智慧為基礎，來設計軟體和高等模擬技術。這個軟體採用真實的限制和變數，來做計畫決策，大幅的改進德州儀器（Texas Instruments, TI）生產流程的管理。i2 Technology 也不斷與時俱進，經歷轉型與合併，而變成今日之 BlueYonder，如圖 7-9 所示。

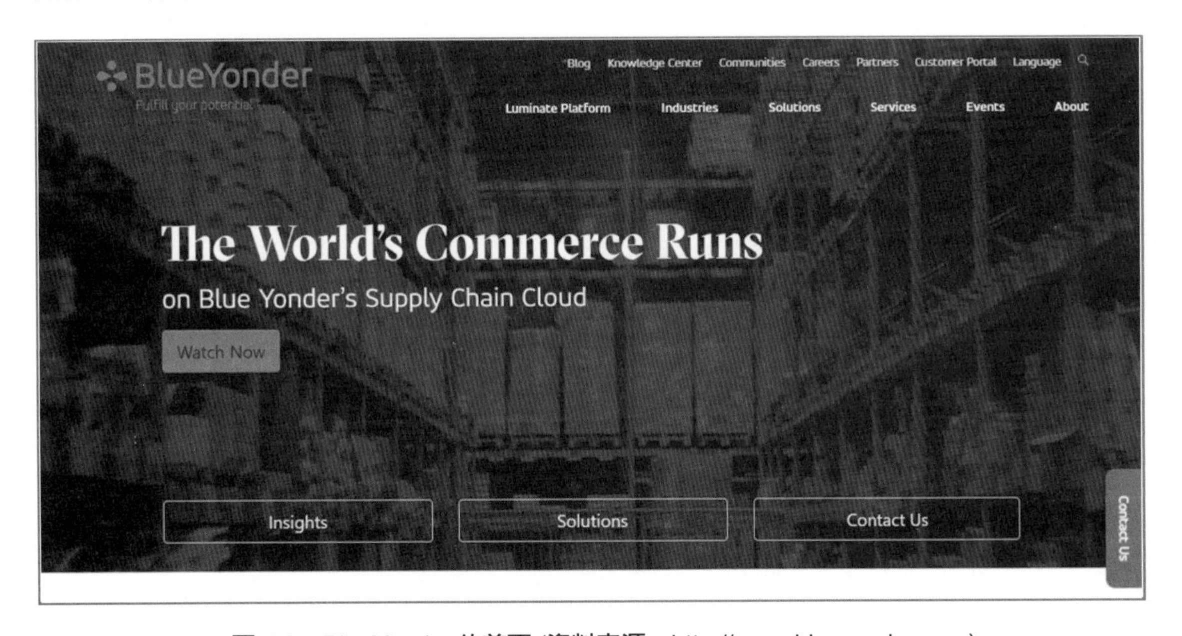

圖 7-9 BlueYonder 的首頁 (資料來源：http://www.blueyonder.com)

i2 成立的目標，是依據企業的狀況，加速生產計畫的推展及提高生產計畫的準確度。i2 的供應鏈管理解決方案，整合預測、計畫、執行等各個方向。i2 已經成功的導入上萬個解決方案，顧客包括德州儀器、3M、IBM、福特汽車、戴爾電腦、可口可樂等，在臺灣的客戶包括英業達、華碩、合勤科技、華新麗華等。

i2 價值鏈解決方案的元件

- 供應商關係管理（Supply Relationship Management, SRM）。
- 供應鏈管理（Supply Chain Management, SCM）。
- 顧客關係管理（Customer Relationship Management, CRM）。

- i2 Content。
- i2 TradeMatrix Platform。
- TradeMatrix Open Commerce Network。

i2 價值鏈解決方案（Value Chain Solutions）提供

- 複雜的電子商業解決方案。
- 建造私人的和公共的電子交易市集平台。
- 在重要產業提供產品和供應商的 Content。
- i2 Supply Chain Management（i2 SCM）：i2 的供應鏈管理是一套決策支援解決方案，整合企業內部流程，對顧客及供應商，提供全球競爭所需要的透明度和速度，同時縮短產品生產週期及訂單前置時間。使用 i2 SCM solution 所產生的效益為：降低庫存、增加顧客滿意度、增加營收、生產量提高、營運成本降低。

i2 SCM 的解決方案

- **策略計畫**：策略計畫的目標是設計供應鏈產生最大的效益，並確保供應鏈已經計畫和執行且產生效益。策略計畫提供戰略和戰術計畫決策的能力，包含下列的功能：
  - 檢驗未來和最佳工廠位置的能力。
  - 決定工廠的產能。
  - 設定配送中心來滿足目標市場。
  - 使用主要效能指標來檢驗供應鏈的能力。
- **需求管理**：需求管理是基於滿足顧客及地域性，管理產品未來需求的預測和需求的影響。準確的預測需求困難度很高，有效的使用先進預測工具，可以使預測的準確度提高。與供應鏈的夥伴協力合作，定期檢討，對未來的需求提供較準確的預測。
- **供應管理**：配合可利用的供應來源，達成需求管理所決定的需求優先次序。
  - 決定配銷、製造地點及產量、運輸。
  - 決定庫存的數量及地點。
  - 計畫分配，即決定需求的優先次序。

- 履行計畫：履行計畫對顧客訂單提供快速準確可靠的交貨日期。
  - 計畫和承諾訂單，可以即時的評估所有的限制。
  - 跨越不同的供應鏈來管理訂單。
  - 由多重的供應商追蹤多重的訂單項目，如同單一訂單。
  - 最終產品的交貨如同最初的承諾。
  - 即時偵測訂單例外情況，監視和報告整個履行網路。
- 服務：增加顧客滿意度和營收，同時降低所需要的服務資產。產品元件如下：
  - i2 TradeMatrix Service Parts Planner：零件自動庫存計畫的解決方案模型。
  - i2 TradeMatrix Budget and Space Optimization。
  - 在多層供應鏈網路內，決定零件庫存水準，並延伸至服務零件計畫。

7.5 SCM 導入成功案例－戴爾電腦

戴爾簡介

戴爾電腦是全球市場佔有率排名極高的系統公司，全球共有四萬多名員工。在企業用戶、政府部門、教育機構和消費者市場方面，戴爾電腦是伺服器、電腦產品是領導供應商。1984 年，戴爾電腦公司在美國德州的奧斯汀（Austin），由邁可戴爾（Michael Dell）創立，他的簡單經營理念是，直接銷售電腦給客戶，並迅速的提供最有效的解決方案，這使戴爾有效及明確地了解客戶的需求。

戴爾於 1994 年推出 www.dell.com 網站，並自 1996 年 7 月份加入全球網路線上銷售，營業額快速成長。戴爾的網站，提供產品線上展示、線上訂做搭配組裝、線上報價、線上購物與請求協助等功能。顧客們可以透過網站評估不同的系統配置，並立即獲得報價和技術支援和從網路上下單訂購產品，如圖 7-10 為戴爾電腦公司的首頁。

圖 7-10　戴爾電腦公司的首頁 (資料來源：www.dell.com)

戴爾透過這種直銷的業務模式，直接與大型跨國企業、政府部門、教育機構、中小型企業以及個人消費者建立合作關係。使戴爾成為目前全球領先的電腦系統直銷商，同時也是電子商務基礎建設的主要領導廠商。戴爾專門設計、製造並提供符合客戶要求的產品與服務，亦供應種類廣泛的軟體及周邊設備。

戴爾成為市場領導者的主要原因，是戴爾透過直銷模式，傾聽客戶最直接的需求，為客戶直接提供全方位的服務。戴爾的關鍵成功因素是建立了一套快速而有效的客戶回應系統。其次為戴爾去除中間的利潤，提供具競爭力的價格，戴爾對於客戶的需求與採購決策均能準確的掌握。

導戴爾電腦最讓人讚賞的是高效率「接單後生產」（Build to Order, BTO）的商業模式。在 1997 年 5 月，戴爾採用 i2 RHYTHM 的解決方案，用來改善庫存計畫、預測和執行。i2 RHYTHM 目前改為 i2 TradeMatrix 供應鏈管理。i2 TradeMatrix SCM 的解決方案具有很大的彈性，能符合現在及未來的需求。採用 i2 TradeMatrix SCM 的解決方案，使戴爾的供應商及物流供應中心（Supply Logistic Centers），對長期及中期的物料需求，提供全球化的觀點。戴爾的員工可以經由網際網路，監視供應鏈中的不同階段的狀況，如物料需求、庫存狀況、工廠排程等。戴爾在全球的生產運作分為四個區域：

- 美洲區
- 歐洲、中東和非洲區
- 亞洲 - 太平洋、日本區
- 中國區

i2 TradeMatrix 供應鏈管理，使戴爾主要的供應商上線，並透過物流供應中心（SLCs），提供庫存管理及選擇最近的生產工廠，確保準時的物料需求。戴爾電腦採用 Windows NT 的架構導入 i2 的模組，分為全球供應計畫（Global Supply Planning）及需求履行（Demand Fulfillment）兩個方面。

- 全球供應計畫方面
  - i2 TradeMatrix 供應鏈計畫者（Supply Chain Planner）：建立供應商原料預測（Supplier Material Forecast），並使用活動資料倉儲（Active Data Warehouse）及資料倉儲來支援 SCP 模組。
  - i2 TradeMatrix 協同計畫者（Collaboration Planner）：對戴爾的供應商之物料需求，提供全球化 Internet-based 的觀點。
- 需求履行方面
  - i2 TradeMatrix 工廠計畫者（Factory Planner）：依據需求的優先順序、產能、物料等條件，建立工廠製造排程。透過 TradeMatrix 協同計畫者，與物流供應中心溝通工廠所需求的中間原料。

- 實行效益：在需求履行方面，i2 TradeMatrix 工廠計畫者每兩個小時重新計算生產排程一次。使戴爾的供應商及物流供應中心，能在特定的時間，交付正確的數量及正確的物料給予特定的工廠。

戴爾電腦藉由 i2 TradeMatrix 供應鏈管理解決方案的導入，即時的提供整體供應鏈資訊、加速生產、降低庫存。戴爾電腦正持續的降低成本，提供顧客最有競爭力的產品。

7.6 RFID - SCM / GLM / Industry 4.0 / Smart Logistics 的明日之星

RFID（Radio Frequency Identification）System - 無線射頻辨識系統，而 RFID 中文意義為無線射頻辨識，是最近在 ICT 應用議題上相當熱門之議題。RFID 透過無線電訊號識別目標，並讀寫數據，RFID 在逐漸取代傳統之條碼（Bar Code），在 SCM 之運作過程中將更為便利，同時也會大大提昇 SCM 的運作績效。

根據相關研究文獻指出 RDID 為本世紀十大重要技術項目之一，認為 RFID 是人類在科技發展上之重大進展，RFID 極可能改變以往人們消費方式的行為。而從技術面切入，RFID 系統架構可分為電子標籤、掃讀器、系統應用軟體三大部分，如圖 7-11 所示。而圖 7-12 則為具有 RFID 電子標籤功能之衣服標籤，而且可以下水洗滌，顛覆一般人對電子相關產品之認知。

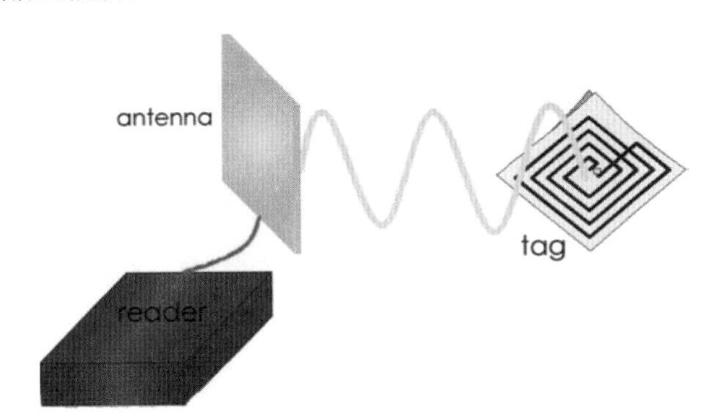

圖 7-11　RFID 系統架構中之電子標籤 (Tag) 及掃讀器 (Reader)
(資料來源：http://www.rflibrary.com)

圖 7-12 具有 RFID 電子標籤功能之衣服標籤，而且可以下水洗滌
(資料來源：https://www.rfidtagworld.com/products/RFID-Public-Tag-Label_1569.html)

RFID 系統具有非接觸式讀取、資料可更新、以及資料容量更大的儲存特質並可重複使用，並可同時讀取多個辨識標籤及資料安全性等優點，預計未來幾年內將取代目前所使用之條碼資訊辨識系統。RFID 晶片基本上可說是高科技條碼，可隔著一段距離、甚至隔著箱子和其他包裝容器掃瞄裡面的商品。供應鏈系統提供者指出，RFID 技術是大幅提昇供應鏈效率的關鍵成功因素。如圖 7-13 所示，為 RFID 系統之應用於臺灣高速公路 ETC 電子收費系統。

圖 7-13 RFID 系統應用於臺灣高速公路 ETC 電子收費系統
(資料來源：https://www.cool3c.com)

RFID 已經實際運作在醫院中之醫療管理系統，如 COVID-19 病患手上戴有 RFID 之手環，當該 COVID-19 病患入侵到不允許之區域（Zone），則預警系統暨防護機制便會啟動，如圖 7-14 所示。在國外，獄中之罪犯，賦與 RFID 之管理機制，不僅給囚犯更大的人權空間，在控管上更如虎添翼。而 RFID 將來也可應用在生產自動化管控、供應鏈產業運輸監控、航空行李監控轉運、倉儲管理及圖書管理自動化等，發展空間相當寬廣。

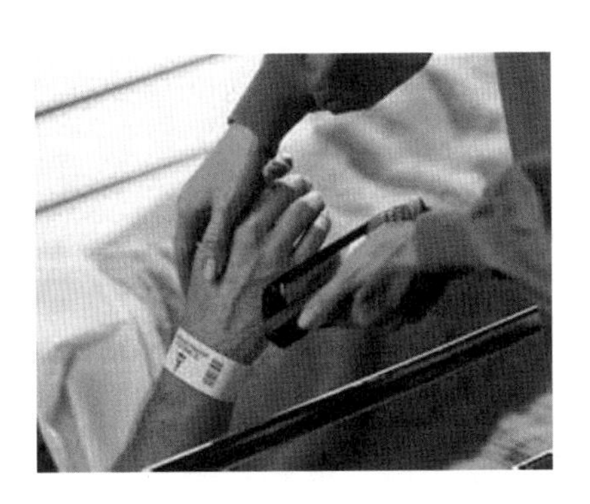

圖 7-14　病患手上戴有 RFID 之手環 (資料來源：http://www.alliancegroup.co.uk/healthcare.htm)

美國零售業龍頭 Wal-Mart 於 2005 年 1 月起開始要求旗下前 100 大供應協力廠商開始採用 RFID 系統，就在此時，IBM、Microsoft、Home Depot、CVS，與 Target 等國際大廠亦宣稱將使用 FRID 辨識系統，可見大勢所趨。

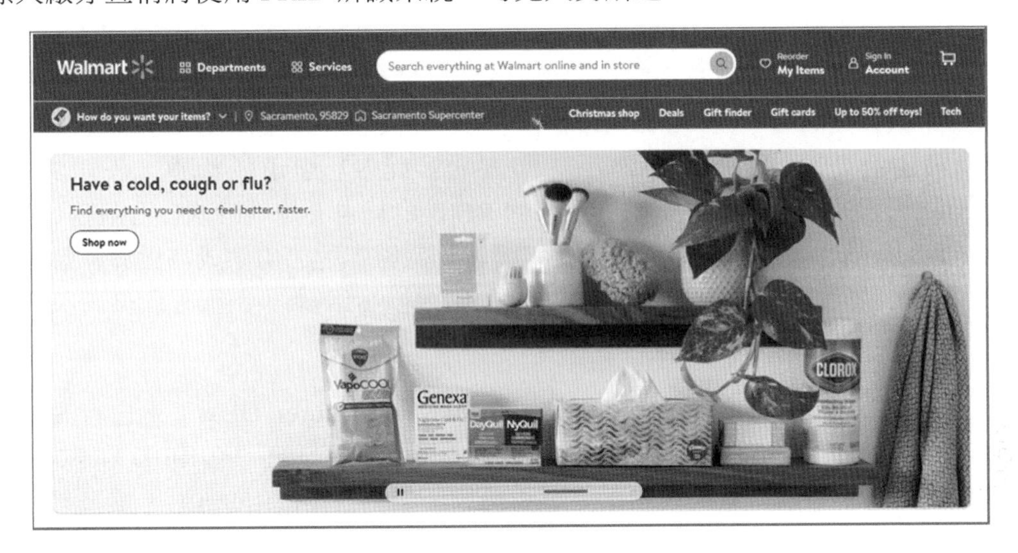

圖 7-15　美國零售業龍頭 Wal-Mart 之首頁 (資料來源：http://www.wal-mart.com/)

當然國內相關業者研究單位也熱衷投入 RFID 相關研究領域，工研院（www.itri.org.tw）在經濟部技術處科技專案的大力支持下，在短短一年的時程，與國際合作導入最先進的高頻無線射頻設計技術，開發出符合 ISO 18000 標準並掌控關鍵技術（know-how）之高頻 RFID 晶片，該晶片為可同時使用於 UHF 與 2.45G Hz 頻段，工研院也推出符合國際標準之高頻電子標籤，擠入全球五大高頻電子標籤供應者。同時工研院也籌備 RFID 研發及產業應用聯盟，希望藉由產業應用聯盟的建構並結合產、官、學、研的群聚能量，強化國內 RFID 相關產品設計、研究、開發、量產及系統應用的能力，共同促進臺灣 RFID 產業擠身國際技術領先之地位，同時輔導國內對 RFID 有興趣之廠商，以期降低企業服務成本，提昇國內產業升級，並積極切入成長需求日益高升的 RFID 服務系統市場。服務業在臺灣目前中小企業中佔有舉足輕重的地位，RFID 關鍵技術之開發在經濟部技術處科專計畫支持下，已達到國際領導水準，預計希望藉此技術之推廣，帶動國內相關產業再度起飛，經由既有的科技與管理技術整合，配合科技創新與管理技術，共創國內 RFID 產業高峰。

在國際間，相關產業市場研究單位如 VDC（Venture Development Corporation）公司評估 RFID 電子標籤（Tag）與電子掃讀系統之產值將有指數性的成長空間。而 ABIresearch 市場研究機構剖析全球 RFID 市場規模將持續走揚，軟體應用系統（Software Application System）市場規模也將大大提升，未來在相關產業應用的發展，前景一片光明。而目前國內 RFID 研發生產大都以低頻相關產品為主，目前產值不甚高，應用領域多集中在動物管理、門禁、資產管理等市場，但藉由經濟部技術處科技專案投入高頻（UHF 及 2.45GHz）之產品技術開發與應用之後，期許帶動國內 RFID 系統服務產業每年 10-20 億元新台幣之系統服務市場。

軟體巨擘微軟（MicroSoft）在 RFID 市場中並沒有缺席，相反地，臺灣微軟成為微軟全球發展無線射頻技術 RFID 重鎮之一。臺灣區總經理在臺灣成立「RFID 卓越中心」，該中心主要扮演驗證中心及整合服務的角色，協助臺灣相關產業的 RFID 發展與世界同步並行。微軟在全球有三個 RFID 相關中心，分別設在美國、印度和臺灣。在美國的 RFID 研發中心是以 RFID 產品為主，印度的工程中心著重於軟體工程（Software Engineering），支援美國總部之運作，臺灣的 RFID 卓越中心是以系統整合服務（System Integration Service）為主。值得一提的是，印度的軟體工程已儼然成為世界軟體研發、代工之明日之星，加上印度政府大力支持與配套措施，已漸漸吸引海外印度菁英份子，回國共創印度成為軟體發展大國。

臺灣有許多代工製造商（Original Equipment Manufacturer, OEM）、自行設計製造商（Original Design Manufacturer, ODM）的從業者，他們是第一線 RFID know-how 最殷切需求的業者。臺灣微軟的 RFID 中心將提供一個平台（Platform），讓臺灣這些需要導入 RFID 技術的相關廠商，可以在這個環境和平台上，進行測試或概念驗證。另一方面則是希望協助臺灣軟、硬體合作夥伴或協力廠商，可以將 RFID 技術導入在各個垂直整合（Vertical Integration）產業的加值應用，並利用這個中心的平台來開發他們自己的全方位解決方案（Total Solution）。

臺灣微軟持續舉辦「RFID 應用論壇與物流運籌」的國際研討會，希望成為平台提供者，並共同創造一個產業生態環境，共存共生，提供 IT 花費較低，並可以具延展性和較容易導入的 RFID 商業解決方案，讓相關業者或協力廠商，可以用很較低的價格，發展自己的商業應用模組系統，而儘量將主力放在核心競爭優勢（Core Competency）上。其實不僅臺灣微軟有此前瞻與願景，相關跨國資訊企業如昇陽、IBM、甲骨文、仁科（PeopleSoft）、SAP 等多家軟體大廠紛紛看好 RFID 後端（Backend）系統的商機，都有大幅加碼投入的運作。由此不難看出 RFID 相關產業將會在不久的將來，另有一番激烈之競爭 / 合作。

RFID 的成本已大幅下降，Wal-Mart 和美國國防部已明白表示相關供應商必須開始採用這種技術，如果要持續合作之關係。在美國有這兩大舉足輕重的機構積極推動，可望顯著推升 RFID 的支出。隨著零售和國防設備的製造商和通路商急於達到客戶的要求，相關市場評估機構預測，美國零售供應鏈的 RFID 支出可望快速成長，大部份的支出會是在硬體佈建方面，包括 RFID 電子標籤、基礎設備以及系統整合，而此花費，大多由製造商和通路商自行吸收費用建置。和 RFID 有關的服務，因為不久之未來，會有更多的企業會開始需要 RFID 中介軟體（Middle Ware），以整合現有之資訊系統。

7.7 中國的一帶一路與紅色供應鏈

2013 年中國最高領導人習近平主席提出一個嶄新的經濟合作概念，稱為「一帶一路」。在早期，中國的商務自西安出發，沿著河西走廊，再經由中亞與西亞，進入歐洲，這稱之為「一帶」。相同地，21 世紀可經由麻六甲海峽，西進緬甸與孟加拉，再經由東非，自地中海進入歐洲，這稱之為「一路」。換言之，一帶一路實質上，藉由陸上的絲綢之路與海上絲綢之路，貫穿歐亞大陸，以新形式連結亞、歐、非三洲，達成國際貿易之目標。

換言之，一帶一路是中國提倡的合作發展的理念，藉由中國與有關國家和地區，既有的多邊機制，主旨在借用古代絲綢之路的歷史涵意，主動地和平發展與沿線國家或地區的經濟合作夥伴關係，共同攜手打造經濟融合、文化包容、政治互信的利益共同體。正因此，一帶一路也被喻為馬歇爾計劃之中國版。也有相關學者以 "One Belt and One Road" 代表著 "Silk Road Economic Belt / 21st Century Maritime Silk Road" 來詮釋一帶一路之英文涵意。整體而言，一帶一路是指「絲綢之路經濟帶」和「21 世紀海上絲綢之路」的簡稱。

一帶一路是一個西邊進入歐洲，東邊連接亞太經濟圈，整體貫穿歐亞大陸的宏偉概念。無論是自發展整體區域經濟、或是區域共同利益著眼，都是一個大格局的提議。自過去歷史我們知道，陸上絲綢之路和海上絲綢之路都是中國和西亞、中亞、南亞、東南亞、東非、以及歐洲，在經貿和文化交流的最主要通道。中國在 21 世紀提出一帶一路，意謂著對古代絲綢之路的緬懷和發揚光大的激情，希望能夠繼續傳承。如圖 7-16 為一帶一路示意圖。

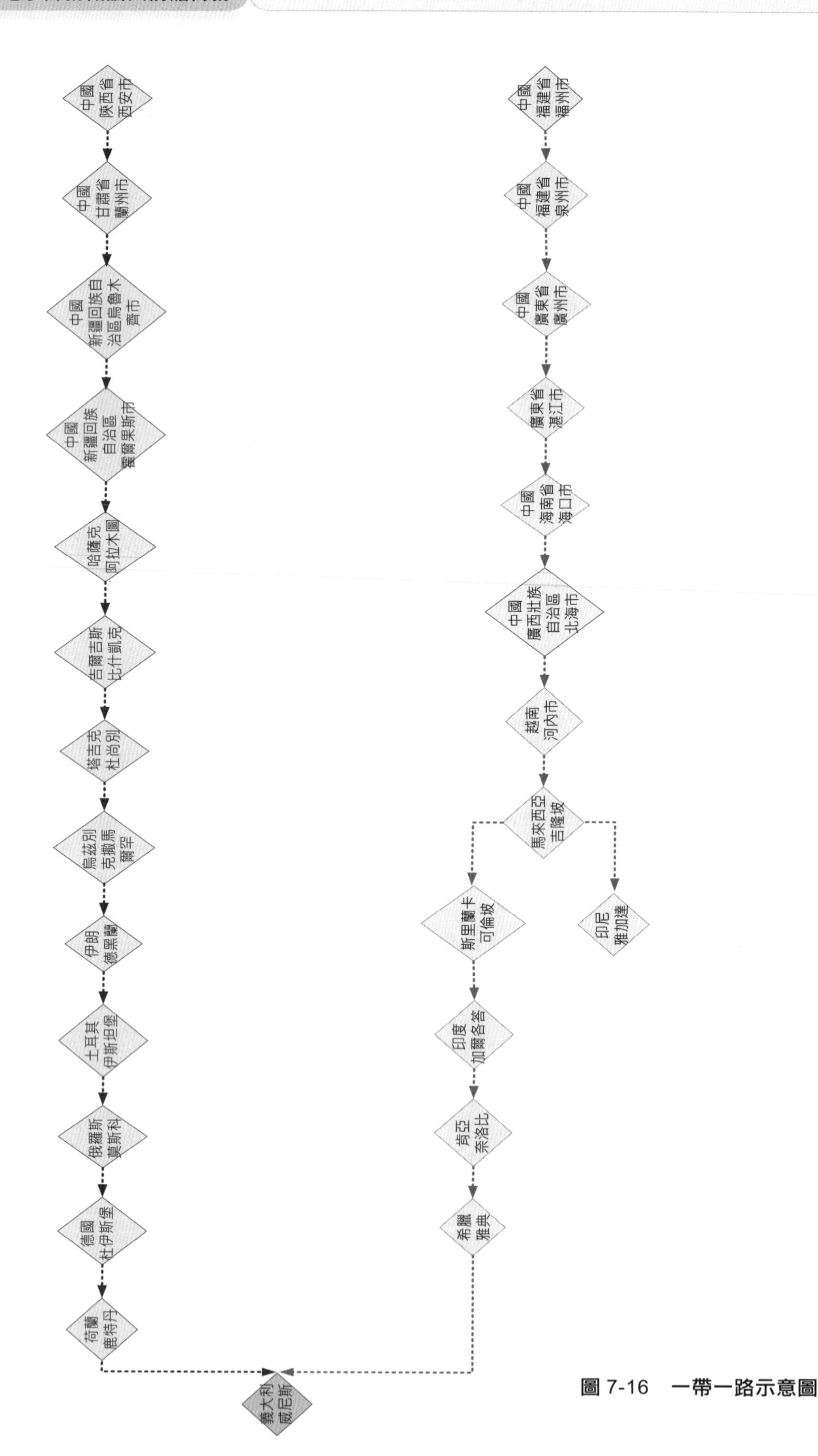

圖 7-16　一帶一路示意圖

近幾年來，東南亞國家經濟發展速度急起直追，也形成經濟共同體，因此有東協10國名詞產生。東協10國是在1967年成立，當時共有五個創始會員國，分別為馬來西亞、菲律賓、新加坡、泰國、印尼。爾後新增柬埔寨、汶萊、寮國、越南、緬甸等共十個國家，稱之為東協10國。

延伸而言，則有東協10＋1、東協10＋3。東協10＋1意指東協10國＋中國自由貿易區；東協10國＋韓國自由貿易區；東協10國＋日本全面經濟夥伴協定，綜而言之，共有三個東協10＋1。

而東協10＋3意指東協10國與中國、日本、韓國，四個經濟體，一起簽訂一個自由貿易協定，也就是東亞自由貿易協定。

紅色供應鏈此一名詞，最早源自於2013年9月英國金融時報的一篇報導，以多家中國業者已經打進蘋果供應鏈，指出中國電子業逐漸走出低成本、勞力的傳統，逐漸穩健成熟，並開始威脅台灣、日本、南韓等相關產業，正在排擠中國自外採購機件物料的需求，在全球電子供應鏈的地位逐漸佔有戰略性之角色。無庸置疑，經過多年努力，中國已建立起自我供應的生產體系，中國逐步將原本需要從國外進口的中間財，轉為國內生產，並將整個供應鏈建立在中國內部，稱之為紅色供應鏈。

早期台商去中國設廠投資，需要很多協力廠商來代工。這些工作，原本是由其他台商來做的，後來中國廠商很快地學會了相關工作，也逐漸和台商角逐代工，甚至有越來越多台商，因價格考量，將這方面生意的訂單轉包給中國在地廠商，形成了初期的中國產業供應鏈，也促使紅色供應鏈之壯大，形成和台商成為競爭對手。相關的政策包含要求外商在地化，以及限制當地零件採購須達30%以上，並更進一步的投資國內相關產業。

很明顯地，紅色供應鏈是中國將以前的國外供應鏈，完全轉為成國內供應鏈，意謂著中國把以前的主要進口零組件，慢慢轉成為在中國自給自足。中國有計劃地扶植電腦及周邊產業、通訊網路產業，半導體產業、電子零組件產業、光電產業，藉以形成電子業完整的供應鏈，並最終將成品出售到海外，獲取巨大的貿易順差。台灣對中國貿易依賴度相當高，對中國出口，佔我國出口總值的40%，紅色供應鏈對我國衝擊相當大，台灣曾在全球電子產業供應鏈中扮演舉足輕重的角色，而中國崛起的紅色供應鏈，正衝擊台灣在全球電子產業供應鏈中的地位。

供應鏈中之長鞭效應（Bullwhip Effect）意謂著將整個產業鏈比做一條鞭子，當供應鏈上游節點之企業，根據來自其相連之下游企業的需求資訊，進行生產或者供應規劃，但是如果不正確的資訊需求，沿著供應鏈逆流而上時，將會產生逐級放大擴散的現象。在此情況下，當不正確的資訊需求回溯到最上游的供應商時，其所獲得的不正確的資訊需求，將會和實際消費市場中的實際需求，產生極大的偏差，在供應鏈上，這種效應越往上游，所造成之變化就越大。這種因下游企業的需求放大而產生的影響，迫使供應方必須保持比需求方更高的原物料庫存水準，造成庫存過大，而影響該供應鏈之成本提高，造成總體供應鏈上產品單價提高，進而喪失價格方面之競爭優勢。

7.8 課後習題

一、問答題

1. 何謂 Supply Chain？它有何重要性？企業為何要構建它？
2. 企業導入供應鏈（SCM）有何策略？
3. 台灣還有那些公司成功地導入 SCM？請列舉並簡單說明其成效。
4. 供應鏈的演進過程為何？請分析。
5. 何謂紅色供應鏈？
6. 何謂長鞭效應？

二、選擇題

(　) 1. 「一個供應鏈是設備和配送的網狀組織，選擇表現在原料的採購、將原料轉換為成品或半成品和配送成品給顧客的功能。」是哪位學者對供應鏈的定義？

(A) 1992, Christopher　(B) 1995, Ganeshan & Harrison
(C) 1996, Jayashankar　(D) 2002, Kalakota

(　) 2. 供應鏈管理的決策層級由低到高排序為何？

(A) 策略層、作業層、戰術層　(B) 作業層、戰術層、策略層
(C) 戰術層、策略層、作業層　(D) 策略層、戰術層、作業層

(　) 3. 下列何者非供應鏈執行的模組之一？

(A) 倉儲管理　(B) 運輸管理　(C) 成本管理　(D) 配送管理

(　) 4. 下列何者是供應鏈管理的主要目標？

(A) 適當的時間　(B) 最低的成本　(C) 適當的數量產品　(D) 以上皆是

(　) 5. 有關康柏電腦公司的敘述，以下何者有誤？

(A) 康柏於 2002 年結合 HP 惠普，更名為「新一代惠普」
(B) 康柏電腦公司為全球最大個人電腦供應商，並先後併購天騰和 Digital 公司
(C) 康柏在台灣的主要企業客戶層包括台積電、中華電信、台灣大哥大、遠傳等
(D) 台威計畫的目的為體質的改善，確保康柏與國內供應廠商的共同競爭優勢

(　) 6. 無線射頻辨識系統（RFID）應用於多所企業，是由美國零售業龍頭 Wal-Mart 公司於 2005 年 1 月率先帶頭採用，而後多家國際大廠也開始宣稱使用 RFID 辨識系統，請問下列何者不是使用 RFID 辨識系統的國際大廠？

(A) IBM (B) 3M (C) Microsoft (D) CVS

(　) 7. 「一帶一路」經濟合作概念為下列哪位中國領導人所提出？

(A) 江澤民 (B) 胡錦濤 (C) 習近平 (D) 溫家寶

(　) 8. 東協 10 國於 1967 年 8 月 8 日成立，當時共有五個創始會員國，下列何者非創始會員國之一？

(A) 馬來西亞 (B) 新加坡 (C) 印尼 (D) 越南

CHAPTER

電商之社群網站流量分析

學習重點

先解釋社群網站暨其相關流量分析、使用 Similarweb 找出流量較大的網站、再來為 Facebook & Instagram（IG）之介紹與未來發展、Twitter 之介紹與未來發展、Pinterest 之介紹與未來發展、LinkedIn 之介紹與未來發展，以上均為電商之代表性社群網站，願您學習成果期豐碩。

8.1 美國流量前幾名的社群網站

Similarweb 是一家位於美國紐約市的免費提供網站排名、競爭性數據分析的網路平台。Similarweb 依據大數據分析（Big Data Analysis）相關技術進行分析，使用者只需輸入網域名稱（Domain Name），就可以即時評估出該網站的流量分析，藉以瞭解該網站的網路聲量，透過客觀大數據分析，進而調整商業策略，與競爭對手進行 PK，其目的就是要提升網路流量與聲量，以擊敗商業對手。Similarweb 網站，標榜網站流量即時分析（Real Time Web Traffic Analysis），如果將臺灣的入口網站，www.kimo.com.tw 放入分析，我們得到的客觀流量數據，如圖 8-1 所示，圖表顯示，該網站自 2022 年 4 月到 2022 年 6 月，分析圖表即顯示了該網站之流量趨勢。

同時 Similarweb 在 2022 年 8 月也出示了全球社群媒體網路排名，如圖 8-2 所示，為 Top 10 之全球社群媒體網排名。從客觀分析資料中，我們可以使用平均訪問持續時間、平均訪問頁數、跳出率，進行客觀之分析研究。

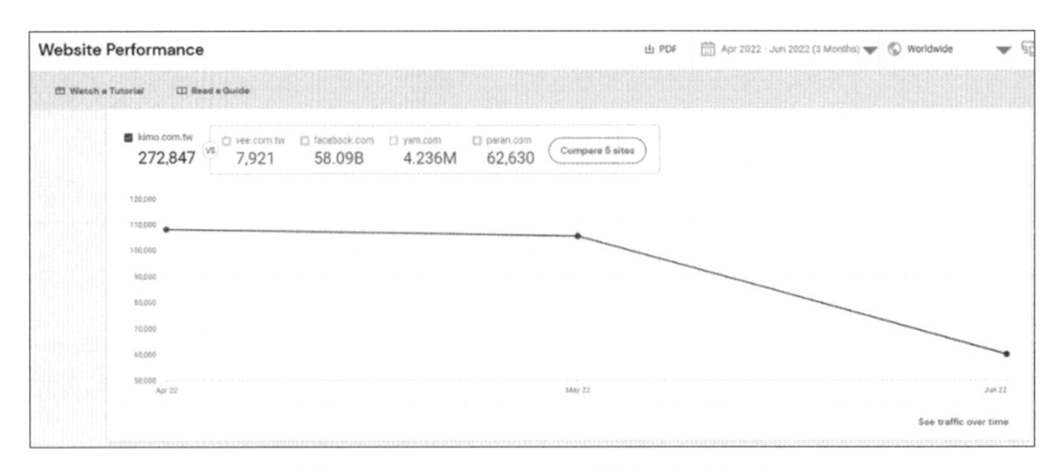

圖 8-1　www.kimo.com.tw 的客觀流量趨勢

當然，全球社群媒體網排名絕對是持續在變動，但是，量化後之數字會說話，提供所有參與者一個客觀的分析平台。使用 Similarweb 找出全球社群媒體網排名，依序如圖 8-2 所示，依序為 google.com→youtube.com→facebook.com→twitter.com→instagram.com→baidu.com→wikipedia.org→yandex.ru→yahoo.com→whatsapp.com。

similarweb　排名　解決方案　我們的數據　定價　資源　探索　登入　立即開始

分析任何網站或應用程式

排名	網站	類別	改變	平均訪問持續時間	平均訪問頁數	跳出率
1	google.com	電腦電子與科技 > 搜尋引擎	=	00:11:12	8.65	28.28%
2	youtube.com	藝術和娛樂 > 串流與線上影視	=	00:20:59	11.89	20.14%
3	facebook.com	電腦電子與科技 > 社群媒體網路	=	00:09:42	8.45	32.95%
4	twitter.com	電腦電子與科技 > 社群媒體網路	=	00:10:57	10.36	31.50%
5	instagram.com	電腦電子與科技 > 社群媒體網路	=	00:07:37	10.70	34.62%
6	baidu.com	電腦電子與科技 > 搜尋引擎	=	00:05:19	7.85	20.11%
7	wikipedia.org	參考資料 > 字典和百科	-1	00:03:53	3.09	58.77%
8	yandex.ru	電腦電子與科技 > 搜尋引擎	+2	00:09:32	9.39	22.57%
9	yahoo.com	新聞與媒體發行商	=	00:07:47	5.75	34.85%
10	whatsapp.com	電腦電子與科技 > 社群媒體網路	+1	00:03:18	1.60	75.11%

圖 8-2　Top 10 之全球社群媒體網排名

8.2 著名社群網站分析

8.2.1 Facebook & Instagram（IG）

Facebook 是在 2004 年 2 月 4 日由 Mark Zuckerberg 與他的哈佛大學室友們一起創立的線上社群網路服務網站。在最一開始，Facebook 的會員僅限於哈佛的學生，之後才慢慢擴展到其他波士頓學區，一直到現在，只要是滿 13 歲的人都能夠申請加入會員。Facebook 具備文字訊息傳送、影片檔案、圖片、影音訊息等，Messanger 也提供即時訊息（Instant Messaging, IM）功能，此外也能透過與地圖的整合，定位使用者的位置並進行分享。近幾年，Facebook 還發展出許多新功能，例如：行動支付、開直播、Marketplace、社團、粉絲專頁、動態消息、Watch 影片、動態回顧、遊戲等。

Facebook 發展概況

早在 2010 年 3 月，Facebook 在美國的存取人數正式超越 Google，成為全美存取量最大的網站，同時為世界上分布最廣的社群網站。2015 年 6 月，Facebook 發佈消息指出，目前註冊用戶已達 14.9 億人。兩個月後，其單日使用人數正式突破 10 億人，表示 Facebook 三分之二的用戶都屬於活躍用戶。其中，透過行動裝置瀏覽 Facebook 的用戶數更高達 5 億多人，顯示其發展的主力事業鎖定在行動裝置的部分。行動裝置用戶數增加如此快速主要歸功於 Facebook 在開發中國家市場的擴張，因為此區域的國家大多數用戶沒有使用桌上型電腦的習慣。

Facebook 在行動裝置的部分，約 70%營收都來自於廣告。Facebook 運用不斷提升動態內容顯示品質、促進影片播放效果等方式，讓用戶願意花更多的時間在網站上瀏覽，也有效提升影片的點閱率，並藉此吸引廣告廠商主動購買 Facebook 上的廣告欄位。印度目前是 Facebook 在美國之後看重的第二大市場。若 Facebook 希望創造下一個 10 億用戶，了解印度市場的需求，並且提供相對應的服務至關重要。

使用微網誌 Twitter 來閱讀網路新聞是許多人的習慣，自圖 8-2 來看，Facebook 與 Twitter，某種程度已在伯仲之間。

就在 2021 年 10 月 29 日，臉書（Facebook）宣布更名為 Meta！此一舉動，震驚全世界資訊通訊科技（ICT）領域。元宇宙（Metaverse）名詞來自希臘文的「超越」，也意味著在未來的虛擬世界，什麼都能做。Meta 將成為臉書的母公司，Meta 將統一運作全球熱門的 4 個智慧手機應用程式：Facebook (FB)、Instagram (IG)、WhatsApp 與 Messenger。自 2021 年 12 月 1 日起，FB 在紐約證交所之交易代碼會自 FB 轉成 MVRS。

宇宙元是一個虛擬世界，換言之，下一代行動網路和社群媒體會植基於沉浸式模式（Immersive Model），不再只是以文字、圖片方式進行互動，而是以社交 3D 虛擬空間，所有參與者共享沉浸式體驗，即使參與者非以實體出席活動，但在虛擬的共同場域中，可以共同完成相關事務。舉例而言，西方的聖誕節與中國人的過年，都可透過一個具有去中心化的線上 3D 虛擬環境來進行，讓人不禁聯想，除了 ICT 持續突飛猛進之客觀因素（例如：5G 行動網路之商轉與 6G 行動網路之積極研發），全球因 COVID-19 疫情之肆虐，視訊會議取代傳統之實體會議，也推波助瀾了前開場景之誕生。無庸置疑，元宇宙時代之來臨，對於線上電玩、商業交涉、線上教育、跨國房地產銷售、全球虛擬博物館、歐洲虛擬音樂會與歌劇表演、已故之世界級歌手或音樂家，可以再度與樂迷們一起在虛擬世界一起重溫舊夢，極致的科技，將再一次化腐朽為神奇。

元宇宙時代之落實，以技術面切入，在此虛擬環境中，需藉由虛擬實境（Virtual Reality, VR）眼鏡、擴增實境（Augmented Reality, AR）眼鏡、人工智慧、5G/6G 寬頻基礎建設（Infrastructure）、區塊鏈（Blockchain）、比特幣（Bitcoin）、智慧型手機、個人電腦或平板裝置，相關產業在元宇宙概念被詮釋時，紛紛開始反應在股價上，受到全球投信業者青睞，可謂後疫情時代的新主流概念。

IG 是免費的相片和影片分享應用程式，全世界使用者可用桌機、智慧型型行動裝置、iPhone 或 Android 取得相關 App 使用。全球使用者可以利用上傳相片或影片，和他們的追蹤者或特定朋友圈分享。全球使用者也可以隨時查看並對朋友在 IG 分享的貼文留言或說讚，進行雙向即時互動。與 Facebook 相同，任何年滿 13 歲的網友，都可建立帳號，只要使用有效的電子郵件註冊，並選擇用戶名稱即可上線。IG 廣受年輕朋友喜愛，長輩較多具有使用 Facebook，而沒有採用 IG。

IG 於 2010 年 10 月首次推出，2012 年 4 月 9 日，社群網站服務巨擘 Facebook 以 10 億美元的價格收購 Instagram。

8.2.2 Twitter

Twitter（推特）是一個兼具社交機制和微網誌服務的社群網站，用戶能夠以極短的文字敘述（推文 Tweet），於個人首頁上表達自己的心情或意見，並藉由 follow 的社交機制，與其他用戶產生即時的互動。除了簡單的文字訊息，Twitter 亦發展出許多新的服務，例如地圖的結合、網拍、秘密發言、貨運狀態查詢等，使 Twitter 更像是一個對話平台，用戶們能夠透過其社交機制互相交換資訊。

Twitter 的發展概況

Twitter 在 2013 年 9 月進行首次公開募股（Initial Public Offer, IPO），同年 11 月 7 日，Twitter 股票在紐約證券交易所掛牌上市。

約略在 2015 年 6 月底為止，Twitter 的用戶數約有 3 億 1 千 6 百萬人，約是 Facebook 用戶的 65%。此外，只有約 44%的用戶有每天連續上 Twitter 的習慣，相對於 Facebook 而言，活躍帳戶比例較低。

Twitter 遇上了許多發展困境，包括用戶成長速度遲滯以及營收不如預期等。因應此一窘況，Twitter 也嘗試積極拓展海外市場，像是 2015 年 3 月其於香港設立了大中華區辦公室。此外，Twitter 亦陸續推出了許多新功能，試圖吸引更多的使用者加入，像是 2014 年 5 月，其與全球最大網路零售商亞馬遜公司合作，推出直接購物的服務；2015 年 3 月，Twitter 旗下的串流媒體直播應用 Periscope 推出直播視音訊服務，整合直播和評論功能，直播的位址連結亦可以透過分享到 Twitter 上，讓更多的人一起參與；2015 年 10 月，Twitter 的共同創辦人計劃推動「140 Plus」計畫，試圖消除傳統的推文字數限制，從 140 自擴展至 1 萬字。不過在附加功能方面，還是 Facebook 略勝一籌。

雖然經歷過約近十年的發展，Twitter 已成為現今全球新聞、娛樂和評論的重要來源，但也面臨諸多經營困境，包括使用者成長不如預期，廣告銷售仍有很大之進步空間，以及近年持續虧損數億美元，Twitter 董事會燃起出售的念頭。

相關文獻指出 2021 年，Twitter 每天有 1.92 億活躍使用者。 全球使用者年齡層有 63%在 35 至 65 歲間。女性與男性 Twitter 的比例大約為 1 比 2：女性為 34%，男性為 66%。

2022 年，特斯拉（Tesla）創辦人兼執行長 Ian Musk 以 26.4 億美元買下 Twitter 9.1% 的股份，成為 Twitter 個人最大股東，Musk 並計劃提出以每股 54.2 美元，總金額約 430 億美元買下 Twitter 所有股份，震驚全世界。但在同年 4 月 15 日，Twitter 董事會投票通過將阻止 Musk 的收購。然而就在 10 天後 4 月 25 日，Twitter 董事會宣布接受 Musk 以 440 億美元的收購提議（Offer），換言之，收購金額再多 10 億美元，且交易預計在同年內完成。但就在同年 5 月 13 日 Musk 宣布暫緩此收購案，因為需要等待 Twitter 提供有關詳細數據，以確認其垃圾郵件帳戶、虛假帳戶的比例低於 5%，並在同年 7 月 8 日宣布終止收購案，但是整體事件之過程，引發電子商務領域極大之關注。然而隨著戲劇化的發展，Musk 仍在 2022 年 10 月 27 日，以 440 億美元完成收購推特（Twitter Inc）的交易，並立即開除高層主管，走向 Twitter 私有化之路。

Twitter 的影響力

相關研究報告指出，Facebook 和 Twitter 的影響力皆呈現增加的趨勢。越來越多人把 Facebook、IG、Twitter、Snapchat 等社群平台作為新聞資訊的重要來源，這也顯示它們的新聞資訊相關服務投入是有實質回報的。

Facebook 和 Twitter 的影響力提升主要是因為在社會輿論中佔據了重要的地位，並非歸於用戶數量的成長，根據 Pew 研究中心的調查資料顯示，Facebook 和 Twitter 用戶有透過社群平台瞭解最新新聞資訊和事件的習慣。這讓我們了解到新聞資訊服務已成為社群平台邁向商業化的一大發展方向，為順應此一趨勢，他們近年來均投入了許多心力在此領域。例如：Twitter 的 Lightning 專案為用戶提供即時的熱門新聞報導以及突發新聞的推送服務。如圖 8-3 為美國前總統川普之 Twitter 執行畫面。

圖 8-3 美國前總統川普之 Twitter 執行畫面 (資料來源：http://www.twitter.com/)

8.2.3 Pinterest

由字面上來看，Pinterest = Pin + Interest。Pinterest 目前由美國加州的 Cold Brew Labs 團隊經營，它就像是一個網路剪貼簿，主要功能為「Pin it」書籤。使用者能夠在 Pinterest 上建立自己的 Board，當他們在瀏覽各式網頁時，只要看到喜歡的圖片、影片、新聞或超連結，皆能將其釘到網站上，並且與好友分享。使用者亦可以按主題將自己的圖片收藏進行分類管理，方便其他使用者進行瀏覽或追蹤。藉由搜尋的過程中，用戶能夠發現與自己興趣相近的人，或是一些相關廠商的產品資訊、優惠活動等等。

透過本機電腦、iOS and Android apps，使用者均能將過去儲存或即時的影片與影像上傳與分享至 Facebook 或 Profile and board widget，甚至是學校網站與官網等。例如：各領域學者、師長們能夠將教學大綱（Syllabus）、主題等資源放置於 Board 中，使用者即能透過電腦、手機等網路裝置將其需要的資料 Pin 一下歸納至 Board，此教學模式並不會受到區域範圍的限制，且能夠有效提升學生的學習興趣。

因為 Pinterest 的 Board 並無數量限制，學生們能夠將其所有的在學紀錄，包含：服務學習、參賽證明、作品集、社團參與等都透過 Pin 一下做分類。師長及其他同學們皆能夠互相查看 Board 的內容，並且留言反饋或透過 Repin 功能，再分享給其他人。

Pinterest 的特色

- **瀑布流（Water Fall）模式**：Pinterest 將所有圖片以一個個排列而下的方式展現，使用者不需要再繼續點選下一頁，只需要將頁面不停的往下捲動，即可看到更多的照片，就如同是一道瀑布，源源不絕的傾洩而下。
- **參與門檻極低**：有別於以往的網誌、部落格需要花許多心思去思考一長篇文章，Pinterest 只需要簡單的一句話、一張照片或是一個連結即可進行分享，讓用戶的使用門檻明顯降低許多。
- **以興趣做連結**：Pinterest 本質上不是依賴人與人之間的關係將其串聯在一起，而是根據共同的興趣與喜好建立連結。
- **方便管理**：Pinterest 與 Facebook、Twitter 等社交網站一樣，用戶們都能夠隨意分享和轉貼內容，但 Pinterest 最大的不同在於用戶分享的內容並不會隨著時間的過去，慢慢被其他的貼文掩埋，而難以尋找，它可以按類型將不同性質的分享內容釘到各個 Board 上，方便資料的察看。

Pinterest 的發展概況

Pinterest 的共同創辦人表示，Pinterest 的活躍用戶數已破億，且 70%以上用戶，不單單只是每日上網站瀏覽數次，而是有不斷發現新的有趣事物，並加以保存。Pinterest 的大多數用戶為女性，但其性別差距有逐月下降的趨勢。根據最新用戶數據，Facebook 旗下的相片分享應用程式 IG 目前約有 3 億多用戶，仍是遙遙領先 Pinterest，因為兩個平台的服務性質和用戶需求並不相同。如圖 8-4 所示，為 Pinterest 網站之畫面。

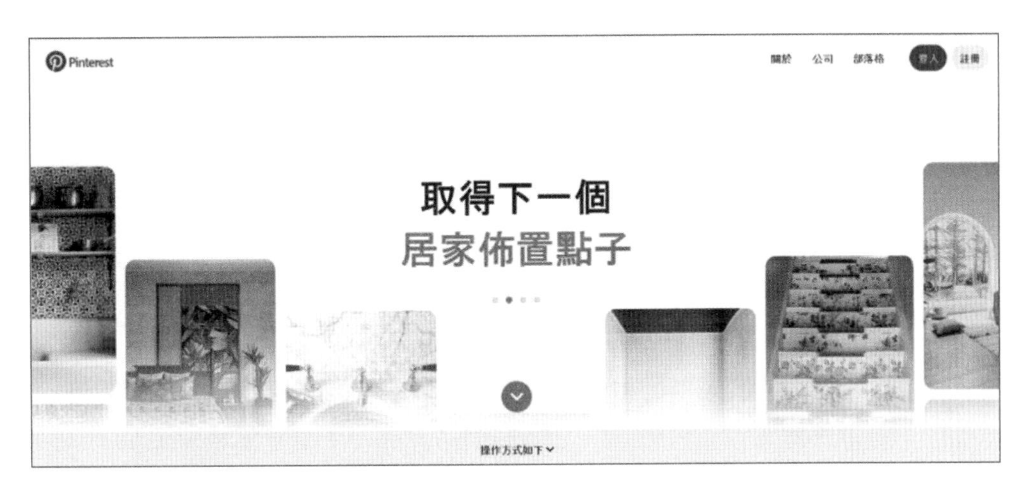

圖 8-4 Pinterest 網站之畫面 (資料來源：https://www.pinterest.com/)

8.2.4 LinkedIn

LinkedIn是目前世界最大的專業人士社群網站，由前PayPal執行副總裁與Intuit軟體公司的 Reid Hoffman 共同創立。與 Facebook、Twitter 不同，LinkedIn 更強調企業徵才的功能。一般而言，LinkedIn 將使用族群鎖定在商務人士，其主要用途為協助用戶建立自己的人脈網路。其功能除了基本的同學與同事之間感情的連繫，還可以與全世界各行各業的專業人士進行交流。在彼此交流的過程中，用戶能夠自己挖掘更多的求職機會或者是商業合作的可能性。

使用者可以於個人主頁上建構基本的資料，包括學歷學位、工作經驗、專長領域等，方便其他用戶，例如：潛在客戶、合作者、企業主管等認識你，進而創造更多彼此接觸的機會。

從企業面來看，LinkedIn 提供了一個方便的招募平台，用戶可以透過站內的搜尋功能，進而尋找特定的專業人士，發覺出潛在的公司人才，省去招募員工的繁瑣程序；從員工面來看，當在日常工作中遇到無法解決或不清楚的專業問題時，能夠經由在 LinkedIn 上提問而獲得專家解答。

LinkedIn 的特色

- **介紹人機制**：因為 LinkedIn 所有用戶的聯絡資料都是不公開的，透過網站的搜尋功能，只能讓你找到符合需求條件的用戶，若想要有更進一步的認識、接觸，像是加對方為好友，必須透過雙方共同的好友（Mutual Friend）引薦才能夠進行。傳統招聘人員時，最難突破的問題點在於對應徵者的不了解。試徵者是否誠實？工作態度是否認真負責？這些詳細資訊都無從得知，單從履歷與面試也很難去做判斷，但透過共同好友這個連結，企業方可以清楚得知對方所提供的履歷資料是否屬實，甚至了解對方平常的為人等等。
- **弱黏著度**：LinkedIn 不會佔用用戶太多的時間，LinkedIn 的用戶只需要偶而有需要時，上網搜尋一下資訊、更新個人履歷或處理帳戶邀請即可，不像 Facebook，高達 56%的用戶，每日均有上網閱覽的習慣，形成高黏著度。LinkedIn 亦鼓勵雙方在建立起聯繫後，轉而使用個人的郵件繼續連絡，若雙方同意，即可以完全除去 LinkedIn 這個中介的存在，自行去發展。

- **較開放的系統**：LinkedIn 的用戶在網上顯示的各式訊息資料，是希望被所有人看見的，包含好友、潛在雇主/客戶、商業合作伙伴等，相對於傳統社群網站如 Facebook 的用戶，許多訊息是僅限於好友之間的，用戶們不一定希望所有人都能瀏覽。如圖 8-5 所示，為 LinkedIn 執行之畫面。

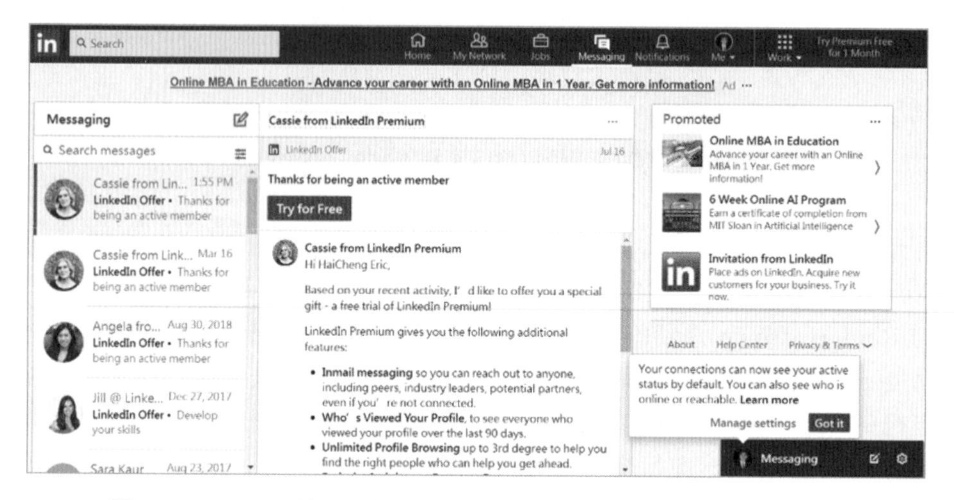

圖 8-5　LinkedIn 執行之畫面 (資料來源：https://www.linkedin.com)

8.3 課後習題

一、問答題

1. 如何使用 Similarweb？
2. 何謂 Twitter？
3. 何謂 Pinterest？
4. 何謂 LinkedIn？
5. 何謂 Metaverse？

二、選擇題

( ) 1. 下列何者為 Alexa 網站的主要功能？

(A) Gmail (B) Yahoo
(C) Google chrome (D) traffic flow

( ) 2. 哪一國總統之前常在 Twitter 上發文，進而影響全世界？

(A) 加拿大 (B) 美國
(C) 新加坡 (D) 英國

( ) 3. 藉由人脈找工作，是以下哪一個社群網站之特色？

(A) LinkedIn (B) Pinterest
(C) Twitter (D) Facbook

( ) 4. 下列何者可提使多面向之網路流量統計？

(A) LinkedIn (B) Twitter
(C) Alexa (D) Pinterest

CHAPTER

電商之資訊安全與數位鑑識

學習重點

先解釋電子商務資訊安全之基本定義，而天災與人禍，對企業電子商務資訊安全之衝擊，是最直接的兩大因素。資料備份，應該是組織企業在降低天災與人禍，對企業生存之衝擊上，最起碼應有之安全措施。而目前熱門之資料備份議題，SAN 就是其中相當具有代表性。因此，本章中將有詳細之介紹。而資訊安全之漏洞，又常讓企業機密大幅外洩，而毫不知情，甚至讓競爭對手，將客戶之報價讓對手一清二楚。因此，本章中又針對資訊安全素養，提出建議策略。而 e 化時代來臨，上網者會在網路購物之比例，將會大幅增加，網路安全之交易機制，成為重要之資訊安全議題，本章最後就針對網路安全之交易機制，做一完整性之探討，願您成果期豐碩。數位鑑識逐漸在電子商務中，扮演舉足輕重之角色，在本章中均有詳細介紹。

9.1 降低天災與人禍對企業生存之衝擊

天災與人禍對任何組織企業，都可能造成致命之殺傷力，造成公司嚴重損失。臺灣電腦網路危機處理暨協調中心（TWCERT/CC），如圖 9-1 所示，成立於 1998 年 9 月，宗旨在防止電腦網路安全危機的發生，協助各系統管理者查覺電腦網路安全漏洞，以期確保資訊安全，建置該網站以提供電腦網路資訊安全訊息，舉辦網路安全之宣導活動等。由此可知，資訊安全在資訊爆炸的今日，已成為資訊管理領域中，一個重大議題。

而今日廣意之資訊安全，也延伸到智慧型手機。2015 年 1 月 1 日，國家通訊傳播委員會（NCC）公布 12 款智慧型手機內建 App 的資訊安全檢測結果，檢測報告指出，截至 2014 年 12 月 31 日上午，受委託檢測手機資訊安全的實驗室都已經回報，有問題的手機，均已修復完成，最遲在 2015 年 1 月初，所有智慧型手機進行軟體更新時，會一併修正相關的缺失。至於先前傳出有資訊安全疑慮的小米手機，也在此次檢測中通過。在檢測的智慧型手機資訊安全分類中，NCC 最在意的就是與個人資料保護法中規範相關的個資資訊，列為第一類最敏感的資料。換言之，智慧型手機業者，不論在傳輸或儲存資料時，都要求相關業者要提供足夠的安全保護機制。手機獨一無二之國際移動設備識別碼，IMEI（International Mobile Equipment Identification）和儲存在手機 SIM 卡中的國際行動用戶辨識碼 IMSI（International Mobile Subscriber Identity），於檢測時，則列為第二類敏感資料。IMEI 號碼之取得，於智慧型手機鍵盤上輸入*#06#即可，該號碼在全世界是獨一無二的。

圖 9-1　臺灣電腦網路危機處理暨協調中心 (TWCERT/CC)
(資料來源：https://www.twcert.org.tw)

正因無所不在網路（Ubiquitous Networks）的普及，有不少人在上網瀏覽網站時，會不經意地下載一些免費的免費軟體（Freeware）、分享軟體（Shareware），或開啟一些來路不明網站中的某些檔案，結果造成瀏覽器之首頁被綁架，或是每次開機之後，就會不斷地被開啟很多的廣告。此時，你的個人隱私（Personal Privacy）應該已經有某種程度的被入侵，而廣告軟體（Adware），就是一種常見的間諜程式（Spyware）。而如果個人電腦或企業主機被植入木馬程式（Trojan Horse），則該程式就會側錄你所有上網的帳號與密碼、信用卡資訊，進而主動將竊取資訊販賣給第三者，有心人士便可隨即犯案，資訊安全之迫切性，已經是組織企業之燃眉之急。

在 COVID-19 肆虐全球之時，各組織企業均開始居家辦公（Work From Home, WFH），視訊工具之使用佔有相當地位，但是如果您下載來路不明之 APP、電動玩具，在安裝之過程中，極有可能被植入特洛伊木馬（Trojan Horse）程式，它是一種後門（Back Door）程式，是駭客（Hacker）用來盜取其他使用者的個人資料，甚至是遠端控制對方的電子裝置而加密製作，然後通過傳播或者騙取目標執行該程式，以達到盜取密碼等各種資料等目的。和電腦病毒（Computer Virus）相似，木馬程式有很強的隱秘性，會隨著作業系統啟動而啟動，有心人士可遠程啟動您筆電/平板之攝影機，甚至進行側錄，個人隱私全都錄，而受害者完全狀況外。

美國 EarthLink 公司很早就在市場上，針對 207 萬台個人電腦進行檢測，共找出 5481 萬個間諜程式。換言之，平均每台個人電腦有 26.5 個間諜程式，此一數據，令人咋舌。間諜程式如果沒有發作，就與你和平共處，相安無事，一旦發作，一夕間就可能毀掉一家股票上市之跨國企業。在 2005 年夏天，海棠、馬莎、泰利、龍王接踵而來，重創臺灣。而地球另一端的美國，卡崔娜颶風（Hurricane Katrina）肆虐，造成美南各州慘重災情，百年城市紐澳良，頓時成為人間煉獄，如圖 9-2 所示。就在卡崔娜颶風肆虐約 3 週，大西洋颶風瑞塔以短短兩個小時內，就從二級颶風增強到最強的五級颶風，朝德州前進，最大風速達到每小時 280 公里，這足以讓一般飛行器起飛之速度，可以將一般民眾或組織企業總部資料中心的無形資產，付之流水。

圖 9-2　2005 年卡崔娜颶風 (Hurricane Katrina) 肆虐，造成美南各州慘重災情
(資料來源：https://content.fortune.com/)

另外，人禍也是資訊安全上相當大的威脅，2000 年恐佈分子攻擊美國紐約市世界貿易中心（World Trade Center）- 911 事件，為美國有史以來最大之恐佈攻擊，如圖 9-3 與圖 9-4 所示，為 911 之歷史畫面。本人於 1996 年在該處約 85 樓之美商公司，之後決定回臺灣，可能因此躲過一劫，但心中仍對罹難者及家屬，深感遺撼。以企業經營管理之觀點回顧時，公司客戶之資料，交易資訊內容，以及公司長久以來所累積之經驗與知識管理，這些極為昂貴之無形資產（Intangible Asset），隨著人禍之來臨，也化為烏有，有些企業正因為這些無形資產之消失，而面臨倒閉之宿命，根據相關研究顯示，這樣之比率，是相當高的。

圖 9-3　美國紐約市世界貿易中心(World Trade Center) – 911 事件
(資料來源：http://wap.xinmin.cn/content/31583760.html)

圖 9-4　美國世貿大樓內無形資產付支一炬
(資料來源：https://www.facebook.com/hashtag/911%E4%BA%8B%E4%BB%B6/)

9.2 資料備份

資料備份（Data Backup），是組織企業在降低天災與人禍，對企業生存之衝擊上，最起碼應有之措施。但是資料備份不是將資料燒入光碟，鎖在公司保險箱中，就可以高枕無憂。試想，如果發生無法預知之天災，或是組織企業內之成員有意之竊取，結果對組織企業都是極具殺傷力。而資料備份，一般可分為個人資料備份與企業資料備份兩種。而個人資料備份，一般均為專案之承辦人，唯恐自己負責之內容不慎遺失或資料毀損，自行不斷地以外接硬碟、燒入光碟、或額外複製到時下流行之高容量隨身碟，就怕意外發生到自己身上。相對地，企業資料備份機制，應由組織企業內之 MIS 部門，規劃出一區網路硬碟空間，教導員工不定時以檔案傳輸協定（File Transfer

Protocol, FTP）之方式，將公司重要之無形資產，在網路硬碟上儲存起來，而 MIS 人員更應該每日將資料按星期一～星期五順序，再次備份，以防止歷史資料不慎被人為因素所覆蓋。但是全部如此重要之組織企業之無形資產，如果只是備份在 Intranet 中，也是相當危險的，因為沒有人可以保證建築物那天不會塌下來，正因如此，而點出了異地備援（Remote Back-up）之重要性。

9.2.1 異地備援

在台灣經歷過納莉風災、汐止遠東大樓意外大火。在此次大火中，很多中小企業經營者，所有文件及業務往來都是透過電子檔案的方式儲存在資訊系統中，一場無名大火，燒毀很多中小企業多年的心血，如圖 9-5 所示。在重建過程中，他們更想確保辛苦累積開發新產品之關鍵技術（Know-How）及相關文件等資料的安全，更突顯出資料備份採異地備援的急迫性，也進而使得異地備援成為今日組織企業關心的電子化議題。

圖 9-5　汐止遠東大樓意外大火 (資料來源：http://www.twce.org.tw)

在一片 e 化的熱潮中，異地備援，已成為企業主不能忽略的一項 e 化投資項目。很多國內相關業者，以高速網路骨幹（Network Backbone）為基礎，同步整合軟、硬體供應商的力量，提供企業不中斷以及可彈性成長的資料運用、儲存、備援與配送服務。而異地備援之精神就是將組織企業內所需之資料，分開存放，可讓不同地點之資料，隨時做同步化（Synchronization）動作，於災難發生時，提供即時運作服務，當一地的設備發生問題時，另一地之備援設備可立即接手取代繼續運作。換個角度思考，異地備援是將組織企業所需的電子資料，複製到遠端的另一備援點，可分存放在兩地，並且即時運轉以提供無中斷服務，當組織企業資料面臨損毀的危險情況，或是在當地的設備發生運轉問題時，另一地建置的備援設備，會立即啟動應變機制，以保證組織企業的正常運作。

異地備援之主旨，就是一旦當地資料受損時，可在第一時間點，將遠方（可能不在台灣本島內）平時備份的資料立刻啟動，防止組織企業服務中斷，以避免營業損失，並確保組織企業 Know How 的完整性。所以異地備援可讓組織企業不論是跨越國界、兩岸三地、甚至未來進行全球佈局，都能將天災或人禍而造成之資料浩劫降到最低，並同時發揮災難復原（Disaster Recovery）與防災之功效，如此一來，組織企業才可談永續經營。

9.2.2 SAN（Storage Area Network）儲存區域網路

企業組織為了有效解決資料儲存、管理與保護等相關問題，新一代的儲存技術及應用也相繼出現。企業組織的儲存架構也逐漸向網路化發展，儲存區域網路（Storage Area Network, SAN）在此新興領域中，是具有相當之重要性。而 SAN 究竟為何呢？一般而言，SAN 並不是某特種單一儲存裝置，主要是利用光纖通道（Fiber Channel）與各儲存裝置做連結，連結伺服器、交換器和儲存裝置的一種網路拓樸（Topology）架構。而 SAN 和 LAN 一大差異性，就在於 LAN 對伺服器而言，是屬前台（Front-End）的網路架構，而 SAN 對伺服器而言，是屬後台（Back-end）的網路架構。LAN 在架構上依循的是 TCP/IP 協定的乙太網路（Ethernet Network），而 SAN 在架構上則依循在網路上運行 SCSI 指令，取代伺服器及儲存設備之間的 SCSI I/O，藉以達到伺服器與儲存設備間，多對多（Many to Many）的連結。一般而言，大多數的 SAN 均是以光纖通道來建構，架構如圖 9-6 所示。

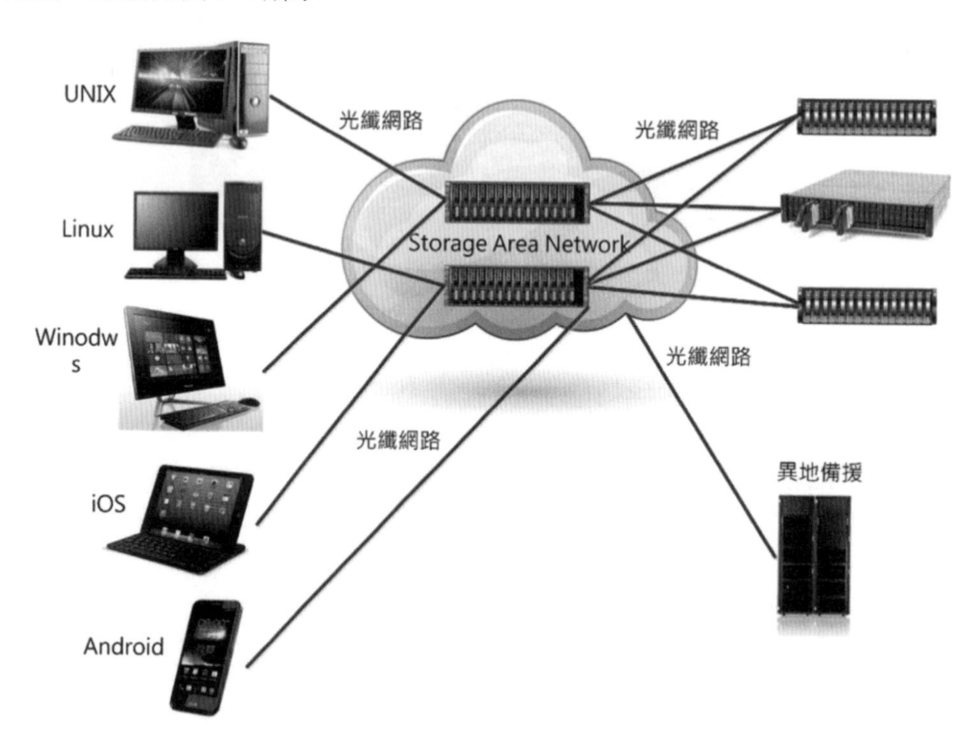

圖 9-6　之運作架構圖 (資料來源：http://www.sv.wikipedia.org)

但是，也有部份是利用 iSCSI 或 Infiniband 等基於 IP 的技術來建構的。而以光纖通道技術來建構的儲存區域網路，則稱之為 Fiber Channel SAN（FC SAN），而以乙太網路技術來建構的儲存網路，則稱之為 IP SAN。

很多中大型高科技產業，均已有 SAN 或正在籌備建置中，而 SAN 到底有何優勢呢？

- **SAN 具有整合伺服器及儲存設備之能力**：SAN 可以利用光纖交換器的連結，用以支援伺服器和儲存設備之間多對多的連結，來拆散原來的設備，藉以促進儲存資源的共用性。同時 SAN 利用彈性度高的光纖拓樸連接，可以提高利用伺服器和儲存設備的資源使用效能與效率，如此一來，便可改變舊有儲存設備的管理模式。在昔日，特定的伺服器必須有專門的儲存系統，而由於儲存系統資源分配給單一的伺服器，並不是在伺服器之間共享，以致於造成儲存資源的浪費。舉例來說，一個在網管上常見的問題，就是當某台伺服器的儲存空間不足時，在昔日，解決方式只能在上面加掛磁碟子系統或磁碟陣列（Disk Array），而不能透過網路，利用網路上其他伺服器之多餘的儲存空間，而 SAN 就能達到這一點。
- **SAN 具有提昇資料備份服務之可靠度（Reliability）與資料還原速度**：SAN 的系統架構可以支援多種容錯（Fault Tolerance）軟體，以降低儲存設備在網路之單一結點故障，而導致資料備份中止發生的次數，並提昇系統的災難復原能力，以提升資料備份服務之信賴度。而光纖通道技術可將備份設備連結至 70.5 英哩（約 120 公里），如此一來，組織企業可利用 SAN 長距離、以 2Gb/s 光纖通道高速傳輸（註：一般乙太網路資料備份還原的速度，採 10/100BASE 規模，遠小於光纖通道之高速傳輸），用 SAN 來佈建即時（Real Time）遠端資料備份和磁區映射（Mirroring）等備份功能，可以真正達到異地備援之使命與功能。

9.3 資訊安全漏洞

資訊安全之漏洞原因可能是資訊系統本身之問題，例如：作業系統（Operating System, OS）或應用程式（Application Program, AP）在設計上的瑕疵。不過，也有可能是第一線操作人員無意之疏失。如果是資訊系統本身之問題，則作業系統或應用程式提供者，都會提供所謂的 Service Pack（修補程式），開放線上下載。例如：Windows 作業系統就不定時提供 Service Pack 讓使用者下載，只要不時點選如圖 9-7 所示之按鈕，就可為 Windows 8 作業系統，隨時修補資訊安全之漏洞，以避免有心之駭客，藉以入侵竊取機密資料，或避免病毒（Virus）之感染。在很多情況下，作業系統沒有安全上的隱憂，但是由於資管人員的疏忽，卻也會造成企業機密大幅外洩而毫不知情，讓競爭對手將您對客戶之報價一清二楚。更危險的是，如果軍事機密，就如此大量地流入敵人手中，那就有動搖國本的災難，絕對不可輕忽。如圖 9-8 所示為系統管理者，不經意地設立 FTP（File Transfer Protocol）帳號，而造成公司內部之機密資料，在網路上門戶大開，無意間洩漏公司資料，報價單竟分享，並裸露資訊於網路上，經本人輔導該公司之後，危機情況已經解除。如圖 9-9 所示為 FTP 號管理不當，亦造成公司重要機密外洩，此種情況，資訊安全之漏洞不在於作業系統，而是系統管理者專業素養仍有待加強。

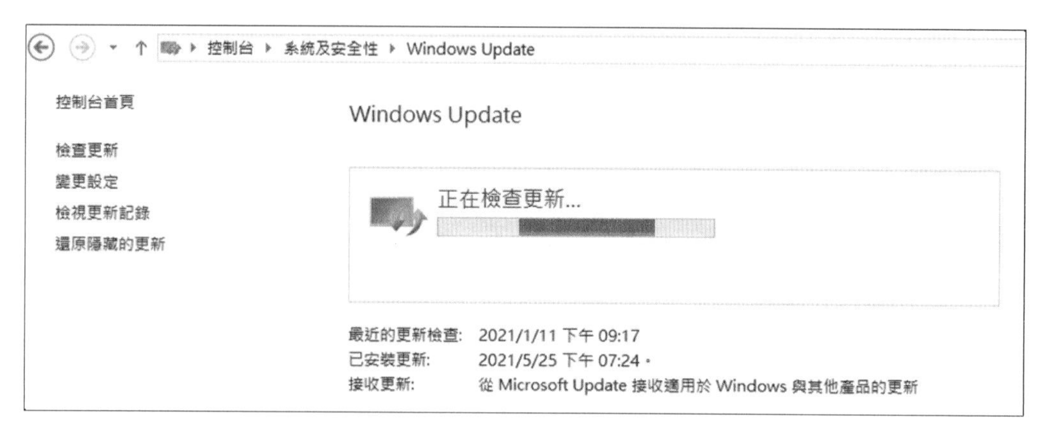

圖 9-7　Windows 8 中 Update 執行過程

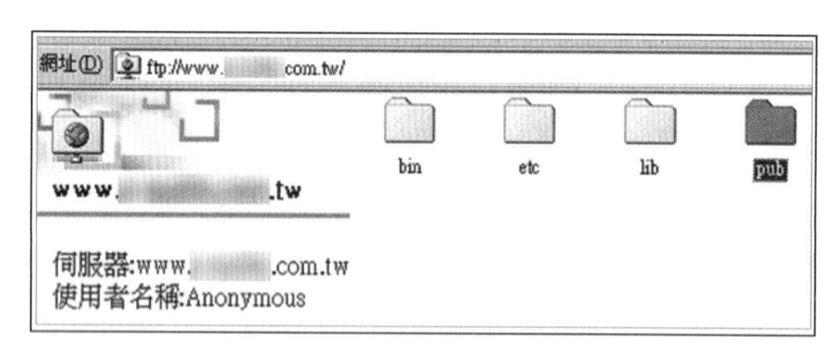

圖 9-8　系統管理者，不經意地設立 FTP 帳號之畫面

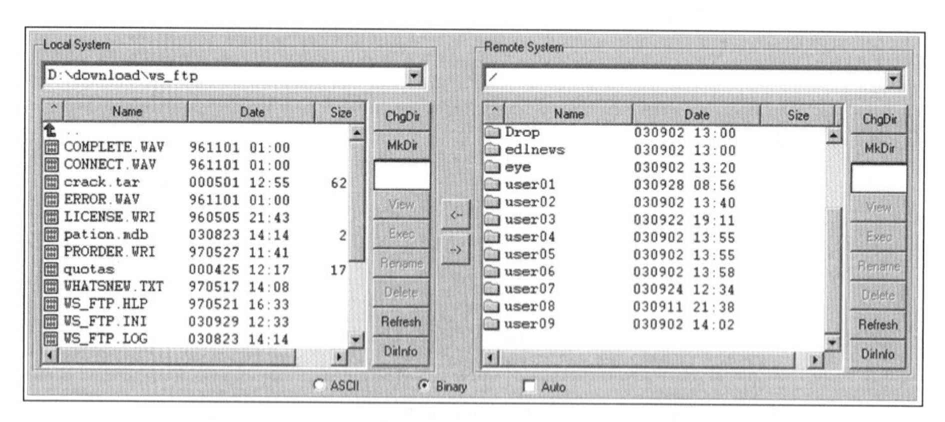

圖 9-9　FTP 帳號管理不當，造成公司重要機密外洩

9.4 資訊安全素養

電腦病毒之防範

電腦病毒會可藉由隨身碟連結電腦時，就立刻散佈病毒，或在拜訪某網站時，透過瀏覽器下載到使用者之電腦中，而再透過組織內部之企業內網路（Intranet），而快速地將電腦病毒散佈到所有相關之電腦，造成系統癱瘓、無法開機、電腦當機，資料毀損等嚴重後果。更糟的是，如果組織內員工任意下載並執行來路不明之程式，有可能因此而植入木馬程式（Trojan Horse），則該程式就會側錄（Key Logging）你上網的帳號與密碼、機密資訊，進而主動將竊取資訊傳遞給第三者，如此就造成機密資料，不定時主動透過網路，外漏資料而完全不自知。

2018 年 8 月台積電全臺生產線機臺大當機，營收損失高達 58 億元臺幣，創下臺灣有史以來，因資安事件而損失金額最高的紀錄，事件的導火線竟然是安裝工程師一個小疏忽。在台積電新竹一座晶圓廠（Fab）內，有設備安裝工程師，正趕完成一臺新機臺的安裝。晶圓廠幾乎全年天天 24 小時日夜趕工，而這也不是台積電工程團隊第一次安裝新機臺，tsmc 早就制訂了一套標準作業流程（Standard Operating Procedure, SOP），此 SOP 已在各地廠區安裝過數萬臺新機臺。

新機臺安裝前，需完成一系列人工檢查作業，但安裝工程師還沒掃毒前，就將新機臺先連上網路，而台積電之電腦機臺供應商也沒有善盡商品資訊安全之把關作業。當工程師將新機臺接上線後，數分鐘內就出現災情，新機臺內藏 WannaCry 變種病毒，開機後自動感染其他機臺主機。一開機完成後，WannaCry 就自動掃描同一網路內，所有機臺電腦主機，發動 EternalBlue 漏洞攻擊，藉由 445 埠（Port）進行感染。在數小時內，WannaCry 便擴大感染至各地晶圓廠。台積電有 Intranet 連結所有在臺之半導體廠，導致 WannaCry 變種病毒快速散播感染到竹科、中科、南科等廠房中，Windows 7 是中毒機臺統一採用的作業系統，所幸在臺灣之晶圓廠與海外晶圓廠間設有防火牆（FireWall），因而阻止了 WannaCry 的境外感染。台積電公開證實產線中毒事件，也坦言部分機臺感染病毒，但否認發生駭客攻擊，並指出部分晶圓廠已經恢復正常運作。

台積電一向是臺灣企業資安模範生，嚴格控管的資安措施，更是最佳典範（Best Practice），甚至是業界最高標準之一，任何一支 USB 都不能入晶圓廠，就連全球科技大廠執行長，來臺參觀台積電晶圓廠房時，也必須在門口櫃臺寄放手機，筆電貼上封條，完全沒有例外。而如此嚴密資安防護的台積電，竟然也會讓機臺中毒，透過 Intranet，全臺廠房都感染 WannaCry 變種病毒。WannaCry 變種如何進入感染，在當時成了各界熱議的話題。

在第一時間，台積電公開出面回應，證實了機臺中毒的消息，但否認是外部駭客入侵。台積電很外控制 WannaCry 變種病毒的感染範圍，並且找到了解決中毒問題的方案，迅速開始修復機臺，讓受影響的機臺恢復生產。而產線中斷最大的影響，就是

9

出貨延遲，台積電預估可以延後到第四季時全數回歸標準。台積電製程設備所用的 OS 是 Windows 7，儘管微軟早已提供了相應的安全修補程式，但是台積電也是經過審慎評估，才進行安裝，目前這些電腦都沒有安裝更新，因微軟之修補程式（Service Packs）已停止更新，如此一來，十分有可能讓病毒能夠乘虛而入的機會。

因此，組織企業也要不斷進行修補程式之安裝，讓電腦主機保持在最新的狀態，避免資訊安全之漏洞敞開。組織中之網管人員，應主動告知並教育各單任人員，如果電腦硬碟，在使用者沒有使用電腦之情況下，卻常常在讀取資料，此時很可能有電腦病毒被植入；同時，組織中之網管人員可透過網管軟體，偵測那些電腦時常在發送大量封包（Packets），以找出組織企業中之洩密源頭或造成系統癱瘓之元凶。如圖 9-10 為網管人員可透過網管軟體偵測封包發送狀態之畫面，在該圖中顯示臺灣科技大學，POP3 流量分析統計，而帳號為 m9302123 之使用者，極有可能成為駭客入侵鎖定之對象，在一天中，其連線錯誤高達 1,440 次，極有可能駭客使用字典攻擊法（Dictionary Attack）入侵，換言之，以程式使用固定迴圈，不斷以帳號為 m9302123 之使用者，使用擬人法（Personate）方式，密碼採字典攻擊法，不斷地 login e-mail server，而網管人員可以進一步追蹤其 IP 來源為何，將該 IP 設定為拒絕往來戶，以確保校園資訊安全。組織企業應採行必要的預防及保護措施，電腦病毒偵測軟體，是最基本之配備，並應定時更新病毒程式碼，建立軟體管理政策，規定各部門及使用者應遵守軟體授權規定，絕不使用來路不明之軟體，並不斷地提升員工的資訊安全警覺性。

總連線次數: 23606
信件處理總量: 3408783 KB
信件刪除總量: 2924001 KB
信件保留總量: 484781 KB

密碼錯誤統計(Top 20)	
錯誤次數	帳號
1440	M9302123@mail.ntust.edu.tw
289	M9307120@mail.ntust.edu.tw
160	M9103144
87	B9015005
55	M9306010
28	D9313016
13	liaw
8	M9203511
8	M9005404

圖 9-10 網管人員可透過網管軟體偵測封包發送狀態之畫面 (資料來源：臺灣科技大學電算中心)

個人資料保護與使用者帳號管理原則

在網路發達之今日，個人資料已經早就成為有心人士覬覦的對象。舉凡組織企業中之人事資料，會透過各種管道，均有可能造成個人資料洩密，讓當事人不堪其擾。所以，組織企業中報廢之數位儲存媒體，均應強制銷毀。當然，在人員的專業操守上，也必須將重要資料，依個人權限，分門別類，定期造冊管理。而在組織企業中，不同層級之員工，均有依其使用權限之應用程式，本人強烈建議對洩漏組織企業商業資訊之員工，採無預警中止使用者帳號策略，當然，如逼不得以要裁員時，要將員工之福址擺第一，加以完善之離職配套措施，但是自組織企業之資訊安全著眼，無預警中止使用者帳號為最上策。而在某些提供資訊安全解決方案的公司，工程師存取公司企業應用程式或資料庫之密碼，甚至是每次由系統自動產生，以簡訊方式通知該工程師，並且在全球任何地方均可收到。

網路安全規劃與管理

組織企業中之資訊中心或 MIS 部門，對此負有重責大任。網路安全規劃與管理，是屬於資訊中心或 MIS 部門之專業，在此不做太多技術面之闡述。一般而言，組織企業中之所有上網 IP 均應造冊管理，而固定之實體 IP，更應特別注意，因為固定之實體 IP 容易造成被遠端監控之對象，例如：被設定成為 FTP（File Transfer Protocol, 檔案傳輸協定）之目標。而無線上網已經成為很多中小企業上網架構之一，所有透過該存取點（Access Point, AP）之所有上網者，均應有其帳號及密碼，絕不可將該 AP 之上網連結模式設為 Default（預設），以免競爭對手，使用 Notebook、iPAD、智慧型手機，就可在公司附近，透過該 AP，竊取公司內部機密之報價與客戶資料。組織企業中之資訊中心或 MIS 部門，也應該督導使用者不要輕易地分享任何資料夾，以免檔案透過公司內部之 Intranet，而將公司資料洩漏出去。MIS 部門也應配有網路管理與監控機制之程式，隨時掌握公司資訊之流向與流量，以確保公司之資訊安全。

電子郵件之安全管理

每天接不完的電子郵件廣告，其實是電腦病毒的大溫床，藉由電子郵件廣告的連結，有不少人在上網瀏覽該網站時，會不經意地下載一些免費的程式，或開啟一些來路不明的網站中的某些檔案，結果造成電腦病毒入侵，就容易上演無法存取資料之後果。所以，組織企業中之 MIS 部門應在 Server 端提供過濾垃圾郵件機制之軟體，而使用者也可在 Client 端，內建之垃圾郵件過濾選項，便可在 Client 端設定某些 e-mail 帳號為垃圾郵件寄件者，便可在日後，阻擋一切該帳號所發送之所有信件。早在 2014 年國外的科技媒體就有相關報導，有將近五百萬個 Gmail 的使用者名稱、密碼遭到駭客攻擊成功並遭洩漏，該清單被駭客上傳到俄羅斯的一個比特幣（Bitcoin）論壇，當時俄羅斯網站 CNews 也隨即報導了該消息，這份驚人資料包括至少三百萬個 Email 及密碼，而該組織宣稱約有 60%的帳號是有效的，且不論前開資訊是否正確，定時更換個人密碼絕對是王道，請參考圖 9-11。

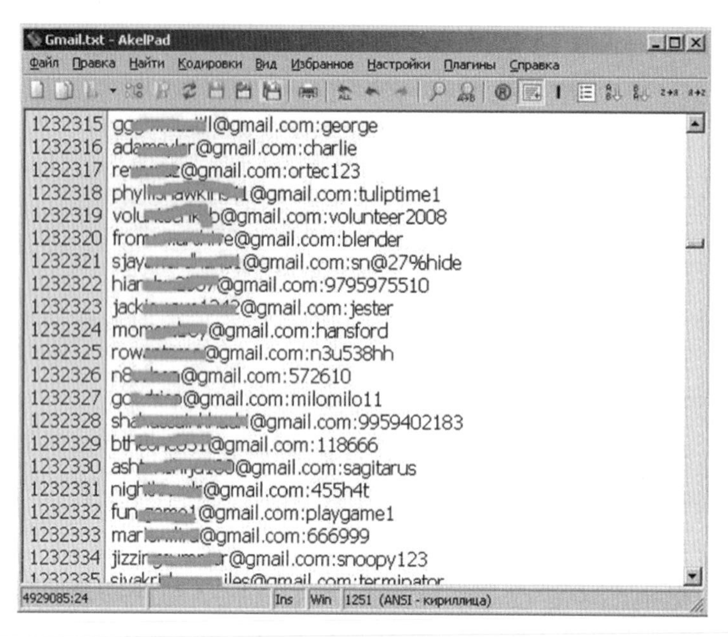

圖 9-11 俄羅斯網站 CNews 了宣稱至少三百萬個 Gmail 密碼被駭客入侵
(資料來源：https://www.cnews.ru)

資訊應用系統之安全性考量

隨著組織企業之業務量增加，應用程式之需求也相對提高，而當組織企業的資訊中心或 MIS 部門無暇開發應用程式時，委外（Outsourcing）會是一個可行性方案。但是，很重要的是，組織企業必需嚴選資訊系統解決方案提供者（Solution Provider），一個不小心，公司經年累月所建立之無價無形資產（Intangible Asset），可能因此而落到競爭對手中。保密條款之簽定是一項基本要求，而如需要組織企業之機密資料時，組織企業可以僅提供 Schema（資料庫結構）完全相同之虛擬資料庫，與資訊系統解決方案提供者合作，進行初次系統測試（Pilot Testing）之用，以確保組織企業之無價無形資產，不會因 Outsourcing 而流失。

定期為使用系統之人員進行資訊安全教育訓練

MIS 部門應定期為組織企業中之使用人員，進行資訊安全教育訓練，包括有 Server 端與 Client 端之相關資訊安全初級教育訓練，建立員工之資訊安全憂患意識，要該員工負起資訊安全之基本責任，並建立資訊安全獎懲制度，絕不可將所有資訊安全都推給組織企業中之資訊中心或 MIS 部門，如此一來，方可建之一個具有資訊安全之組織企業，避免組織企業因資訊安全破功，而造成倒閉。

9.5 網路安全交易機制

COVID-19 肆虐臺灣時，政府公告三級警戒，很多人被限制行動範圍，以控制疫情之擴散。因此，在家購物成為常態，宅配服務成為關鍵角色，Uber Eats、foodpanda、宅急便、郵局配送、甚至計程車配送，都加入宅配服務的最後一哩路（Last Mile），有些網路交易，上網者擔心的因素包括有該網路商店是否商譽否良、如買到瑕疵品是否容易退換貨品、金融資訊是否會被竊取及盜用等。本章此處將針對網路安全交易機制部份，加以闡述。

以下為一些較常被網路商店所使用之安全交易的機制，以解決上述的疑慮。根據經濟部產業競爭力發展中心(https://assist.nat.gov.tw/)相關資料指出，如圖 9-12 所示，為提昇購物網路之信賴度，並建立評量工具及輔導信賴機制，其中在協助網路商店信賴度升級方面，透過加強資訊透明化信賴電子商店之線上稽核，並不定時更新、公布成員資料，使之成為推動 B2C 電子商務各項機制之基礎成員，以期推動之計畫可以產生擴散暨示範之效果。經濟部商業司在建立網路商店信賴度與成熟度評量上，參考國際相關網路信賴度研究與模型，提供網路商店信賴成熟度評量指標，以期推動民間在信賴驗證措施上，有卓著成效，並能夠服務國內網路商店業者與消費者，藉此推動優質及信賴的網路發展環境。政府電子採購網 http://web.pcc.gov.tw/vms/rvlmd/DisabilitiesQueryRV.do 可查詢被政府電子採購網核定為拒絕往來之公司，如圖 9-13 為部份相關資料，供讀者參考。

圖 9-12　經濟部產業競爭力發展中心 (https://assist.nat.gov.tw/)

項次	廠商代碼	廠商名稱	負責人姓名	工廠隸屬之事業主體統一編號及名稱	備註	機關名稱	生效日	截止日	功能選項
1	23050332	耕豐工程有限公司	邱德圳			桃園市政府水務局	110/06/12	110/12/11	檢視
2	42832126	台灣智慧互聯股份有限公司	張倫銓			國防部空軍司令部	110/06/11	113/06/10	檢視
3	99366281	品泰報業社（獨資）	吳義程			臺中市政府文化局	110/06/11	111/06/10	檢視
4	12705968	千秋多媒體事業股份有限公司	葉慶昌			臺中市政府文化局	110/06/11	111/06/10	檢視
5	12705968	千秋多媒體事業股份有限公司	葉慶昌			臺中市政府文化局	110/06/11	111/06/10	檢視
6	12705968	千秋多媒體事業股份有限公司	葉慶昌			臺中市政府文化局	110/06/11	111/06/10	檢視

圖 9-13　被政府電子採購網核定為拒絕往來之公司

刷卡時之機密資料會在付款閘道（Payment Gateway）上，而不會在電子商店中，信用卡的相關資訊，電子商店完全無法得知。此一方式，主要是以消費者的角度出發，在購物車結帳區線上刷卡時，避免網路商店經手付款的相關資料，因為消費者會擔心所提供之信用卡卡號、有效截止月、年等付款資料，會被商家盜用的問題。在運作上，消費者無須預先進行任何額外的申請或驗證作業，也不需改變原先銀行、商店及消費者（持卡人）之間的權利義務關係，並可適用於 VISA、MasterCard 等各種卡別之信用卡。

信用卡驗證機制相當普及，由於在網路商店上刷卡，只需用卡號，不需簽名，十分危險。各信用卡公司就針對網路商店推出解決方案。VISA 機構完成建置，遂稱之為 VISA 驗證，其網路標章，如圖 9-14 所示。

圖 9-14　VISA 驗證之網路標章

而 VISA 驗證，就如同信賴付款機制一樣，它也是在安全付款閘道中完成交易，顧客與發卡銀行、店家與收單銀行及收單銀行與發卡銀行，三個相互獨立作業，以達交易之不可否認性。在線上進行 VISA 驗證，會要求輸入預設密碼，以確認使用者身份，一切正確，方可完成交易。VISA 驗證方式，不但保障顧客，而且也保障電子商店，以確保該筆交易的有效性，當然，VISA 持卡人先必須去申請密碼，方能使用，否則還是回歸到使用舊有的機制。此一方式，最主要是達到確保個人金融（信用卡）資訊不外漏，並做身份確認。

線上付款機制不斷地推陳出新，也紛紛標榜其安全機制之卓越性，強調在整個交易過程中，消費者之金融資料絕不會外洩，但是自 MIS 之角度切入，所有 IT 技術都會回歸到一個基本面-人。如果金融機構有人謀不臧，或離職員工挾怨報負，竊取相關客戶資料則所有之資訊安全之投入均會歸零，而組織企業之資訊安全終究破功。

針對線上付款機制，值得一提的是網路銀行。而何謂網路銀行呢？網路銀行的各項功能都必須先向原持卡銀行申請，才可以使用，其安全性是採用 SSL128 位元金鑰加密系統，使用者必須具備有讀卡機、原持卡銀行之 IC 晶片卡，如圖 9-15 為讀卡機與原持卡銀行 IC 晶片卡，任何網路的交易，其資料傳輸皆經過加密處理，駭客無法透過任何查詢方式或系統程式得知客戶資料。網路銀行結合晶片金融卡的安全與網際網路便利性，提供您 365 天 24 小時永無中止金融（Non-Stop Banking）服務。目前，手續費比照自動提款機（Automatic Teller Machine, ATM），除跨行轉帳手續費外，其他服務為免費。在早期存錢或領錢等手續，要親自到銀行辦理，後來有了自動提款機，到現在有了網路銀行，網路銀行成了家裡的 ATM，方便又免出門。

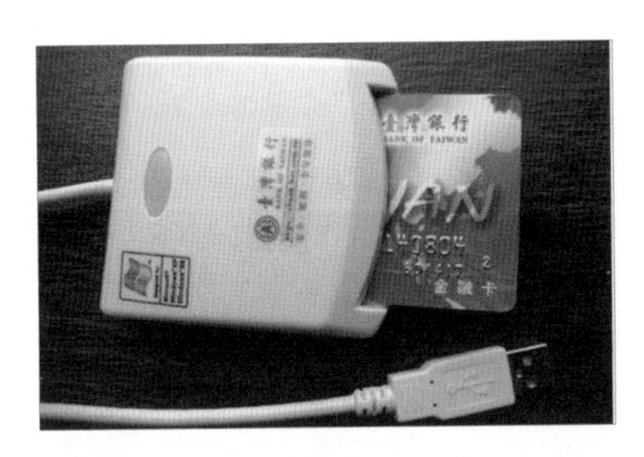

圖 9-15 讀卡機與原持卡銀行 IC 晶片卡

之前曾有出現使用者之電腦被植入木馬程式，盜取帳號轉帳的情況，後來財政部已訓令所有網路銀行業者，一定要有自然人憑證（IC 晶片卡），方可進行非約定帳戶轉帳，所以即使使用者電腦不幸被植入木馬程式，IC 晶片卡不在駭客手中，依然無法進行帳戶轉帳，同時晶片讀卡機是採離線驗證模式運作，只要所有經過微軟 PC/SC 跟 EMV 認證的晶片讀卡機，均符合此種驗證模式，無法在電腦裡面備份。相對地，安全性大大提高。目前國內有提供網路銀行之單位很多，例如：國泰世華銀行、台新銀行、中國信託銀行、台北富邦銀行、匯豐銀行、花旗銀行、荷蘭銀行、臺灣銀行等，連郵局也開辦了！如圖 9-16 為臺灣銀行之網路銀行使用介面；如圖 9-17 為兆豐金控之個人網路銀行使用介面。但現在網路犯罪（Cyber Crime）太恐怖、太猖獗，幾乎所有網路銀行都會要求使用者，做好較大金額之約定轉帳設定，以保護存款戶頭內之現金。

圖 9-16　臺灣銀行之網路銀行使用介面

圖 9-17　兆豐金控之個人網路銀行使用介面

9.6 第三方支付（Third-Party Payment）

第三方支付是為了解決「雙方契約無法同時履行」且「缺乏信任基礎」的網路買賣，進而衍生出來的支付方式。例如：網路消費者購物付款後無法馬上拿到商品，或有商品不符合、被詐欺的風險。反過來，網路賣家也有郵寄商品，卻收不到貨款的潛在風險。援此，第三方支付一般指的是非金融機構的業者，以第三方支付機構作為信用中介，並以網路為基礎，透過與銀行達成協議，在消費者、商家和銀行間，建立有效且具交易安全保障的連結，進而實現從消費者到商家以及金融機構之間的貨幣支付、現金流轉及資金結算等一系列功能。藉以保障網路買賣雙方法律權益，並解決相關交易風險（例如：偽造信用卡、跨國交易認證、呆帳等問題）。

因應網路金流之需求，第三方支付體系成為非常重要之付款機制。而何謂網路交易之第三方支付服務呢？根據行政院消費者保護會（http://cpc.ey.gov.tw）資料，臚列如下：

1. 第三方支付是指在交易雙方當事人（買方及賣方）間建立一個中立的支付平台，為買賣雙方提供款項代收代付服務。
2. 第三方支付之交易流程為:買方向賣方選購商品後，選擇使用第三方支付服務進行貨款支付；第三方支付服務業者先收受代收款項後，通知賣家貨款收訖，賣家即依買方約定出貨；買方收到商品確認無誤後，可通知第三方支付服務業者付款給賣家，或在符合一定條件後將代收款項撥付予賣家。
3. 使用第三方支付服務的優點及風險分別如下：
   - **優點**：方便、快速，提供個人化帳務管理；提供交易擔保（確認收到賣方的商品後，再請第三方支付業者付款），防堵詐騙及減少消費紛爭；減少個人資料外洩風險。
   - **風險**：成為駭客覬覦對象，造成消費者損失；消費者資金遭不肖業者挪用或惡意倒閉，衍生索償窘境；淪為犯罪洗錢溫床，成為洗錢防制漏洞。
4. 目前國內可辦理第三方支付服務的業者：
   - **金融機構**：金管會同意辦理網路交易代收代付服務之銀行，計有中信銀、一銀、玉山銀、永豐銀及中華郵政公司等。
   - **非金融機構**：在網路平台上辦理第三方支付服務的業者包含 Pi 拍錢包、歐付寶（O'Pay）、跨境第 e 支付、露天、蝦皮、財付通（Tenpay）等。

另外，第三方支付服務的付款方式有 ATM 付款、信用卡付款及儲值付款等，消費者若要使用第三方支付服務，除了要充分瞭解第三方支付服務業者的契約條款外，也應該評估自我的風險承受能力，慎選付款工具，以保障自身權益。

受到相關金融法規影響，早期第三方支付推行過程常受到限制。例如：藍新科技的 ezPay 個人帳房，因法規面向不足，在 2006 年遭金管會停止服務，paypal 也因法規面向，也無法直接進入臺灣第三方支付市場。近年在相關業者請求下，政府態度日趨開放，目前朝向訂定專法《電子支付機構管理條例》之目標邁進。然而，相關業者仍然感覺速度不夠快，第三方支付議題，仍是燃眉之急。

立法院院會於 2015 年 1 月中旬，三讀通過電子支付機構管理條例，開放代收代付、儲值、匯款業務，每戶儲值匯款上限 5 萬元；並規定業者提撥設立清償基金。條文明定，專營的電子支付機構收受每一使用者新台幣及外幣儲值款項，餘額合計不得超過等值 5 萬元。辦理每一使用者新台幣及外幣電子支付帳戶間款項移轉，每筆不得超過等值 5 萬元。這兩項額度得由金管會洽商中央銀行依經濟發展情形調整。為了避免支付機構違法未將支付款項交付信託或取得銀行十足履約保證。條文中還明定，電子支付機構應提撥基金，設置清償基金。若電子支付機構因財務困難失去清償能力而違約時，清償基金得以第三人的地位向消費者清償。清償基金提撥比率由金管會訂定。如圖 10-18 所示，即為第三方支付服務運作示意圖。

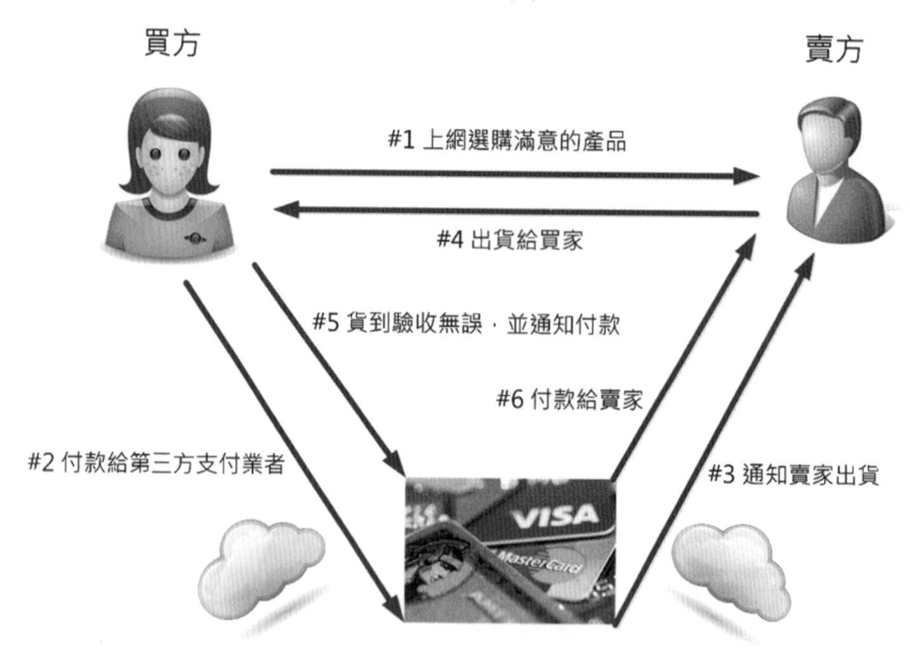

圖 9-18　第三方支付服務運作示意圖

9.7 網路釣魚

網路釣魚（Phishing）是新興的網路犯罪模式，而何謂網路釣魚呢？最常見之情況就是有心人士，假造幾可亂真的銀行網站，並透過 e-mail 之發送，告之無辜受害者，他/她的帳號有人盜用，並要求請被害人立即前往該 e-mail 所設定之超連結網頁，更改密碼、提供相關個人資料讓系統，如此一來，偽造的網站就會馬上透過卡片偽造方式，想盡辦法偷完他/她帳號內的錢。而當被害人指控該網站詐欺時，該釣魚網站早就關閉，被害人也求償無門。網路釣魚網站的存活時間相當地短，但是他們會不斷地轉移陣地，海削被害人一票。如圖 9-19~圖 9-22 所示，就是非常典型的網路釣魚方式，他們透過 e-mail，不斷地在網路上找尋受害者。

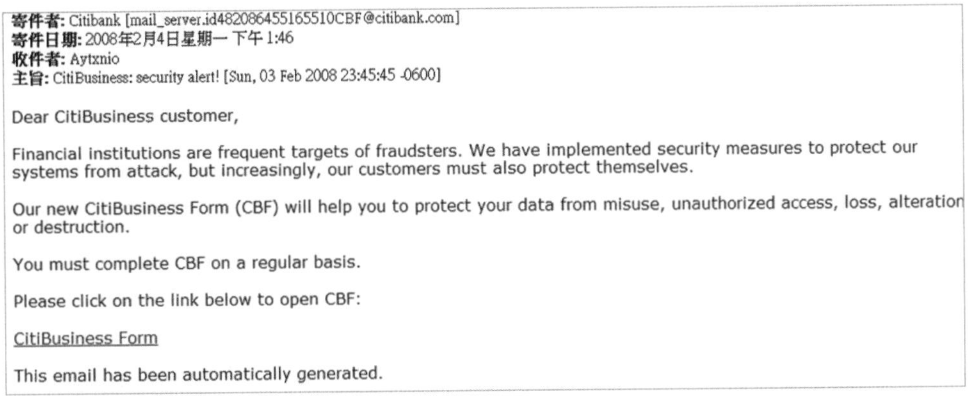

寄件者: Citibank [mail_server.id482086455165510CBF@citibank.com]
寄件日期: 2008年2月4日星期一 下午 1:46
收件者: Aytxnio
主旨: CitiBusiness: security alert! [Sun, 03 Feb 2008 23:45:45 -0600]

Dear CitiBusiness customer,

Financial institutions are frequent targets of fraudsters. We have implemented security measures to protect our systems from attack, but increasingly, our customers must also protect themselves.

Our new CitiBusiness Form (CBF) will help you to protect your data from misuse, unauthorized access, loss, alteration or destruction.

You must complete CBF on a regular basis.

Please click on the link below to open CBF:

CitiBusiness Form

This email has been automatically generated.

圖 9-19　典型的網路釣魚方式

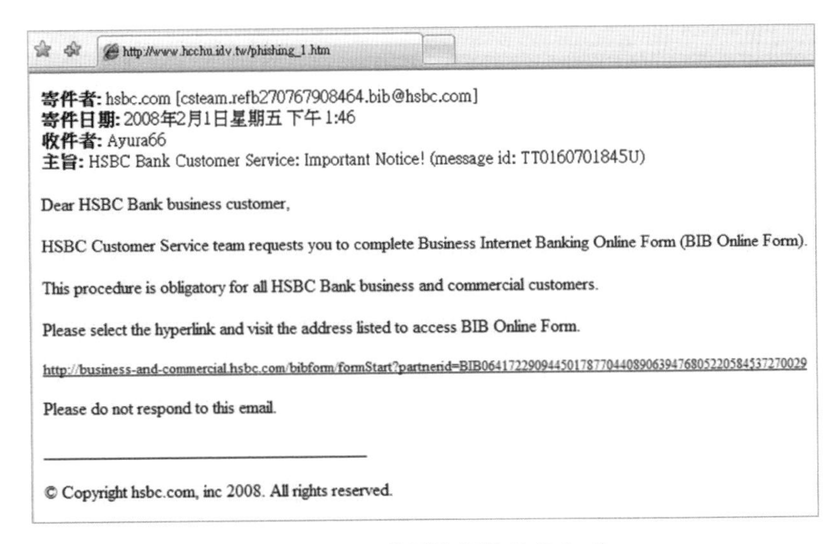

http://www.hcchu.idv.tw/phishing_1.htm

寄件者: hsbc.com [csteam.refb270767908464.bib@hsbc.com]
寄件日期: 2008年2月1日星期五 下午 1:46
收件者: Ayura66
主旨: HSBC Bank Customer Service: Important Notice! (message id: TT0160701845U)

Dear HSBC Bank business customer,

HSBC Customer Service team requests you to complete Business Internet Banking Online Form (BIB Online Form).

This procedure is obligatory for all HSBC Bank business and commercial customers.

Please select the hyperlink and visit the address listed to access BIB Online Form.

http://business-and-commercial.hsbc.com/bibform/formStart?partnerid=BIB06417229094450178770440890639476805220584537270029

Please do not respond to this email.

© Copyright hsbc.com, inc 2008. All rights reserved.

圖 9-20　典型的網路釣魚方式

寄件者: National City Bank [auto-messageo91240813510972.nc@nationalcity.com]
寄件日期: 2008年1月25日星期五 下午 5:52
收件者: Ayura66
主旨: National City Bank customer service: safeguarding customer information.

Dear business customer of National City Bank:

National City Bank is committed to safeguarding customer information and combating fraud. We have implemented industry leading security initiatives, and our online banking services are protected by the strongest encryption methods and security protocols available. We continue to develop new solutions to provide our online banking services and their customers with confidence and security.

The added security measures require all National City ConsultNC users to complete on a regular basis ConsultNC Form.
Please use the hyperlink below to access ConsultNC Form:

http://consultnc.nationalcity.com/banking/procedure.asp?id=2126196601020917600758133874456348416818721805816761

Thank you for banking with us!

National City Customer Support

圖 9-21　典型的網路釣魚方式

寄件者: Commerce Bank [messagerobotZK359689526KN.cb@commercebank.com]
寄件日期: 2008年1月25日星期五 上午 1:02
收件者: Ayukr
主旨: Commerce Bank Customer Service: Details Confirmation.

Dear Commerce Bank customer:

Commerce Bank Customer Service requests you to complete Commerce Connections Form.

This procedure is obligatory for all business and commercial customers of Commerce Bank.

Please select the hyperlink and visit the address listed to access Commerce Connections Form.

http://commerceconnections.commercebank.com/cmserver/ccf.cfm?session=031447960060571808802063658383844331229912078529

Again, thank you for choosing Commerce Bank for your business needs. We look forward to working with you.

This mail is generated automatically.

Commerce Bank Customer Service

圖 9-22　典型的網路釣魚方式

9.8 資訊安全概論

資訊安全是今日組織企業十分重視的議題，因為資訊歸屬公司的無形資產（Intangible Asset），一旦造成毀損或失竊，對組織企業之影響可能遠大於公司的實體資產。正因資訊可透過無所不在網路來達到訊息傳遞，但部份資訊列屬機密，不可在網路上公開，且不可經過篡改，必須藉由資保密的管制措施以防範有心人士有意或無意的取得。在此種資訊，廣義而言，指的是組織企業在營運時所產生或收集之資料，藉由數位媒體之傳輸，以達成訊息傳遞、交換、分享的諸多目地。所有資訊必須進行高規格之保存，以免造成組織企業營運上之威脅。

資訊安全在硬體方面應首先考量機器之穩定度，不可因溫度、濕度、雷擊、地震、灰塵而造成運作上之隱憂。

資訊安全在軟體方面應首先考量系統程式之安全性，應隨時更新系統軟體之資訊安全漏洞，搭配適合之防毒軟體，開啟防火牆，避免下載來路不明之軟體，很可能因此而被植入木馬程式，而造成資料不斷外流，甚至線上訂單遭竄改。

一般而言，要達或資訊安全目標，數位資料具有以下諸種特性：

- **機密性（Confidentiality）**：非屬公開分享之數位資料必須經過個人、組織企業之授權，方可使用。換言之，數位資料也必須是儲存在具安全性之媒體中，以保障數位資料之機密性。不經意被設定為文件分享，造成數位資料外洩，則為常見之資訊安全漏洞。重要之文件，原則上，都不會儲存在可上網的電腦中，並且經由檔案加密、隱藏等技術。例如 MD5、SHA（Secure Hash Algorithm）等演算法，將數位資料之機密性提高。
- **完整性（Integrity）**：數位文件檔案，均可利用上開之 MD5 或 SHA 演算法，將單一文件經過計算而取得相對之數值，只要文件一經過竄改，則相對應之 MD5 或 SHA 值就會立刻更改。如此一來，只要驗證某一數位文件檔案之 MD5 或 SHA 值，就可知其完整性。如圖 9-23 所示，數位文件檔案（china_flight.png）原始之 MD5 值經過計算之後所產生之 MD5 值，就算該圖只被更改一個 bit，所得之 MD5 值也必然不同。

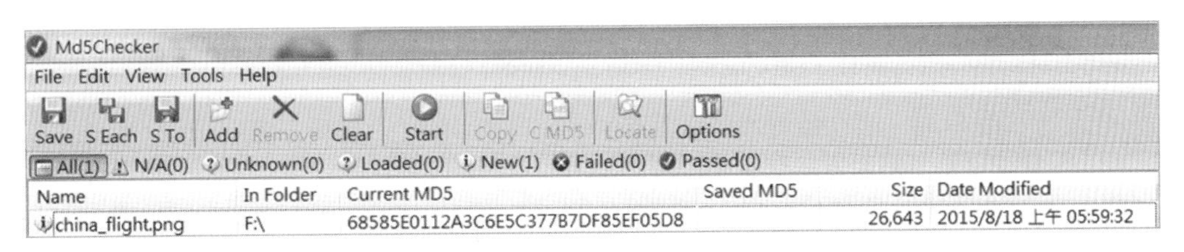

圖 9-23 數位文件檔案 (china_flight.png)，原始之 MD5 值

- **不可否認性（Non-repudiation）**：在數位時代，數位足跡（Digital Footprint）必然存在，因此，凡走過必留下痕跡，藉由數位鑑識（Digital Forensics）技術，可還原數位文件檔案或事件的歷程，提出有力且完整之證明，進而建立資訊安全中的交易不可否認性，這一點，在數位化的電子交易市集中，具有非常重要之地位。

電腦犯罪（Computer Crime）意旨利用數位通訊工具（電腦、平板、智慧型手機）來從事未經授權的行為，自客觀的法律觀點，足以認定犯罪事實者，皆可認定為電腦犯罪。例如：利用一些非法的手段，藉以改變電腦系統中的電磁記錄，進行資料之竄改；經由網路下載程式的方式，同時安裝具破壞性的程式碼，以植入特洛伊木馬（Trojan Horse）程式，造成系統運作失常或進行資料竊取；透過網路下載程式或隨身碟，安裝一段破壞性的程式，以電腦病毒，造成使用者無法正常使用系統資源。

值得一提的是：特洛伊木馬型病毒並不會自我重製，同時也不以感染其它檔案為主要的目的，而是以更直接的方式，進入使用者電腦系統，藉以完成所希望達成之目的。一般而言，特洛伊木馬型病毒通常會被包裝成一個具有吸引力的系統工具程式或遊戲，以期待使用者從網路下載，或是大量可轉寄給親朋好友的執行案（*.exe），同時進行所謂的病毒式行銷，藉以大量癱瘓系統之目地。

我們身處雲端服務與萬物聯網的時代，資訊安全的議題早已跨越了國境的邊界範圍，而近幾年國際間大型網路攻擊事件，或透過殭屍網路的串連，進行資訊系統運作失常，成為全球共同關心的資安事件。

圖 9-24　國立台灣大學資訊安全中心揭露可能涉及違規主機之 IP
(參考資料：臺大資訊安全中心 http://cert.ntu.edu.tw/Module/Index/ip.php)

而在網路上，有很多的電腦病毒會透過主機進行病毒的擴散，在國內的大專院校裡面，就有很多的主機會不小心遭到病毒的感染，而自己並不知道。所以國立台灣大學資訊安全中心，就不定時的公告違規主機的名單，來提醒主機的系統管理使用者。因為如果主機被病毒所控制，很可能造成整個系統的癱瘓，進而影響嚴重的作業，而這種情況如果是發生在軍事、國防、醫院方面，後果真的不堪設想。如圖 9-24 所示，即為國立台灣大學資訊安全中心揭露該校可能涉及違規主機之 IP，提供該主機之系統管理使用者參考，以全面提升全校之資訊安全。

網路犯罪的類型從技術層面剖析來看，可區分為兩大範疇：妨害電腦網路系統機能系列的犯罪與非法使用電腦網路系統系列的犯罪。一般而言，網路犯罪的概念包含開放性、立即性、分散性、隱密性、互通性等。舉例而言，有人以網路空間作為犯罪場所，例如：網路遊戲寶物竊取、販賣盜拷光碟、網路援交、網路賭博（主機均在國外，本國無管轄權）。有人以侵害他人特定目標的性質，以網路為犯罪工具，例如：網路詐財、網路霸凌、網路恐嚇。有人對電腦系統或網路進行破壞與攻擊，例如：散播電腦病毒並販賣相關解毒軟體、駭客入侵。

在預防電腦網路犯罪方面，若在使用電腦時，對於經手的資料皆依照正常程序謹慎處理，則犯罪者即很難突破電腦系統的防衛措施。而技術型網路電腦犯罪可區分成使用者與管理者兩個面向，進行切入分析：

- **使用者密碼強度提升**：使用者應定期更新密碼（建議為 2~4 個月），且所設定之密碼須避免易記、重複固定或只用英文字與數字的組合，避免駭客採字典攻擊（Dictionary Attack），因將密碼改為文字、數字以及符號的組合，方可以有效降低密碼被網路駭客破解入侵的機率。
- **郵件過濾機制提高**：使用者不經意的開啟來路不明之郵件，造成病毒及一些危害系統的程式進行傳遞。
- **不使用來路不明之軟體**：合法軟體方能確認其來源，非法軟體的來源不易確定，且易成為傳染電腦病毒的媒介，甚至因此被植入木馬程式，造成組織企業資訊外洩。
- **提升工作電腦之安全設定**：在電腦的網際網路內容選項設定中，有關「安全性」、「隱私」、「內容」、「進階」等項目，應謹慎檢視，這些設定均會影響個人電腦的網路安全性，故須根據工作電腦之需求而進行調整、修改。
- **管理者應建立防火牆**：防火牆可有效阻隔駭客透過電腦網路入侵至目標電腦，防火牆將使入侵者不易連結到目標電腦，而達成駭客目地。
- **系統管理者應記錄網路流通資訊**：伺服器端有許多用來記錄使用者流通資訊的工具，這些工具也可用來限制非典型使用者連結的環境。系統管理者可以透過查看流通紀錄，找出不正常的資料流動，進而阻止不正常的連結。
- **系統管理者應定期備份資料**：為了因應各種管理系統上的突發狀況，資料的備份可以使組織企業在最短的時間內，恢復正常工作。

9.8.1 手機詐騙實例

資料來源：民視新聞報導

事實：網路住址定位，**詐騙手法**：一鍵按下，3000 元不見了。

有民眾接獲中華電信來電，以網路地址電話定位為由，確認住址，沒想到電話費帳單，因此該月被多收 3000 元，打到中華電信，才得知為詐騙集團所為，刑事局說，這應是手機被植入木馬程式，被詐騙集團盜刷了。

一位上班族小姐，工作到一半，手機突然響起，電話那頭自稱是中華電信，正在做網路地址電話定位，接著確認地址，是的就按 1，不是就按 2，就怕是詐騙電話，該上班族小姐不知道該怎麼辦。

該上班族小姐：「猶豫一下，畢竟是比較大公司。」因通訊軟體群組流傳氾濫，該上班族小姐最後還是掛電話。不過，其它民眾就沒有如此幸運，有民眾按了 1，結果該月帳單，多了這 1 筆款項 3000 元，打電話到中華電信投訴，才被告知是詐騙電話。

在中華電信表示，完全沒有這個業務，而回撥電話，則是科技公司，業者也不勝其擾，也曾 2 度發出聲明澄清，他們的確是中華電信關係企業，而且真的在做店家資料核實電話，非詐騙電話，那這小額支付的 3000 元，又是從哪裡來？

刑事局預防科偵查員表示：「可能是民眾手機，在不知覺情況下，被有心人士植入木馬程式，那木馬程式可以繞過民眾，取得授權碼，把你授權碼再輸入回去，就可以盜刷成功。」

刑事局呼籲，民眾用手機上網，不要亂點網頁連結，否則被植入木馬程式，就有可能被盜刷，趕緊回復原廠設定，小額機制付款請不要打開，才能避免當上待宰的肥羊。

以下為常見之違反法律規定：

- 刑法第 358 條「入侵他人電腦設備罪」：無故輸入他人帳號密碼、破解使用電腦之保護措施或利用電腦系統之漏洞，而入侵他人之電腦或其相關設備者，處三年以下有期徒刑、拘役或科或併科十萬元以下罰金。
- 刑法第 362 條「製作電腦程式妨害他人電腦使用罪」：製作專供犯妨害電腦使用罪章之罪之電腦程式，而供自己或他人犯妨害電腦使用罪章之罪，致生損害於公眾或他人者，處五年以下有期徒刑、拘役或科或併科二十萬元以下罰金。
- 健康食品管理法第 21 條規定略以：未經核准擅自製造或輸入健康食品，或販賣、供應、運送、寄藏、牙保、轉讓、標示、廣告或意圖販賣而陳列者，處三年以下有期徒刑，得併科新臺幣一百萬元以下罰金。
- 刑法第 309 條「公然侮辱罪」：公然侮辱人者，處拘役或三百元以下罰金。
- 刑法第 305 條「恐嚇危害安全罪」：以加害生命、身體、自由、名譽、財產之事，恐嚇他人致生危害於安全者，處二年以下有期徒刑、拘役或三百元以下罰金。

隨著電腦網路的快速發展，加上全球化的社會趨勢，造就了一個連結整個世界的網路平台，網路犯罪的發生率也因而隨之增高。身為電腦使用者或管理者，平時以電腦網路與他人進行溝通聯繫時，應多一分謹慎小心，才能有效預防網路犯罪者的刻意侵害。

9.8.2 2022 年中國駭客入侵臺灣超商聯播系統、火車站螢幕、國防部、外交部官網遭駭癱瘓

2022 年 8 月 2 號，晚上約 10 點半，美國眾議院議長裴洛西（Nancy Pelosi）行政專機下降在松山軍用機場，並且進行旋風式的 20 小時訪問台灣，新聞媒體對於中國的行動，使用驚悚標題：獵殺紅色 8 月。中國駭客透過資訊安全的破口，史上第一遭，入侵臺灣的連鎖超商與火車站的螢光幕，上面出現了不雅的字眼，如圖 9-25、圖 9-26 所示。相關單位調查 IP 來自於境外，而且是用簡體字所撰寫，所以合理的懷疑，應該就是中國的駭客入侵的臺灣的資訊系統，從此看來，中國要入侵臺灣的政府單位，也不是困難的事情，如果沒有把相關的資訊安全素養做好，可能會造成國安的問題。此外，中國駭客入侵臺灣也可能癱瘓機場通訊，所有飛機無法起降，電廠、水庫等國家基礎建設（National Infrastructure），透過網路造成不正常運作，這些都超乎一般人的想像，因為目前很多的國家基礎建設，全部都是由電腦所控制，一旦相關的主機有後門被駭客入侵，癱瘓國家基礎建設，瞬間讓臺灣停擺，這是網路恐怖主義的一種。

中共解放軍邊宣布要在 8 月 4 日 12 點到 7 日 12 點，將在台灣島周邊進行重要軍事演訓行動。國防部、外交部的官方網站於 3 日深夜驚傳被駭癱瘓，完全無法連線進入，截至 4 日凌晨 0 時 15 分仍處於癱瘓狀態（資料來源 https://www.ettoday.net/news/20220804/2308695.htm），外交部官網遭駭癱瘓如圖 9-27。

而中國解放軍早於 2022 年 8 月 4 日中午 12 時至 8 月 7 日午 12 時，在台灣周邊海域和空域共 6 處進行軍事演訓行動、實彈射擊，形同封鎖台灣對外海空運輸，台北飛航情報區，與香港、馬尼拉、福岡及上海飛航情報區銜接，共有國際航路 18 條，不僅是台灣飛往全球必經航路，也是東南亞往返東北亞、東南亞與美加地區間必經路徑。目前每天約有 300 架次航機、而過境台北飛航情報區就多達約 350 架次，換言之，合計每日共有 650 架次航機行經台北飛航情報區，疫情前每日更是多達 1400 至 1600 架次，是個相當繁忙之飛航路線。

此次 2022 年 8 月中國解放軍演習之 6 大區域如圖 9-28 所示，資訊戰可以不用軍事力量進行武力催毀，只透過鍵盤、滑鼠就能癱瘓國家行政運作中樞運作神經，也是網路恐怖攻擊的一種。台北飛航情報區，如圖 9-29 所示。

9

圖 9-25　連鎖超商出現了不雅的字眼 (參考資料：華視新聞 畫面提供 莊先生)

圖 9-26　火車站的螢光幕出現了不雅的字眼
(參考資料：https://www.mirrormedia.mg/story/20220803edi037/)

圖 9-27　外交部官網遭駭癱瘓
(資料來源：https://www.ettoday.net/news/20220804/2308695.htm)

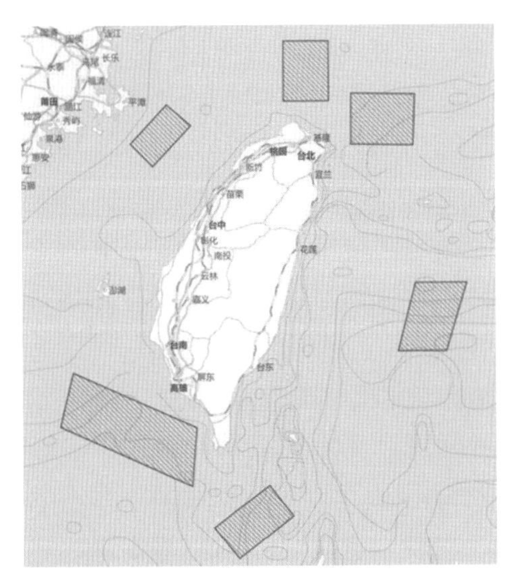

圖 9-28　2022 年 8 月中國解放軍演習之 6 大區域 (資料來源：www.tvbs.com.tw)

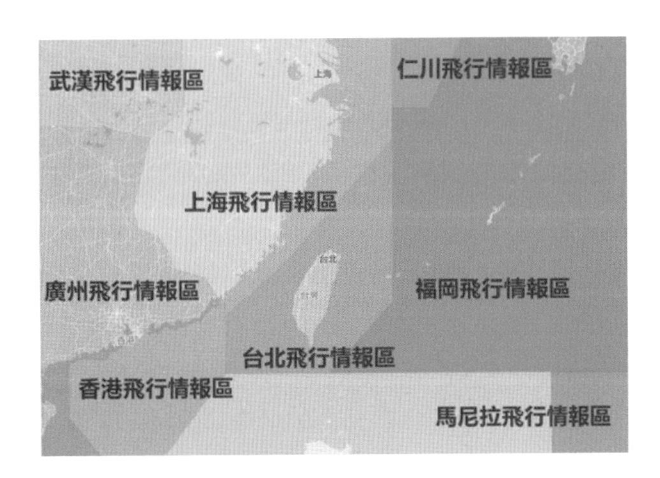

圖 9-29　台北飛航情報區 (資料來源：www.amti.csis.org)

9.9 數位鑑識（Digital Forensics）

9.9.1 何謂數位鑑識

數位鑑識最終目標，就是在法庭上，提出有效的、可靠的、可信的和可被採納的證據，使他成為法官判案的根據。數位鑑識涵蓋範圍包含了電腦鑑識和網路鑑識。

數位證據他並非直接認知已存在的實體事物，他可能是電磁紀錄，以電波或電磁的方式儲存在於電子媒體上，必須經由電子設備加以讀取、分析、顯示，成為文字、聲音、影像等。我國刑事訴訟法第 154 條規定：「犯罪事實應依證據認定之，無證據不得推定其犯罪事實」。在第 155 條之二中規定：「無證據能力、未經合法調查之證據，不得作為判斷之依據。」而數位證據容易消失，不易保存、不易取得及容易竄改、複製，造成無法證明所擷取的證據與原始證據相同，無法為法庭上之佐證。因此數位證據必須結合專業技術，資訊技術提供基本知識及技術，鑑識科學提供處理數位證據的方法，才能保證數位證據的可信力和證明力。若以法律上的觀點來看，學者認為數位證據分成下列幾種：

1. **書證**：電磁紀錄資料、顯示在螢幕上或是列印出來的電子檔案等均可稱為書證，書證可依存方式區分為以書面狀態存在的「文書證據」及以文書的內容作為證據的「證據文書」。
2. **物證**：電子數位資料亦有可能作為物證之證據方法。如同毀損電腦資料之情形，此時電子數位資料之狀態係充滿亂碼或其他無意義之符號，或是部分被刪除等。
3. **新證據方法**：在某些個案中，電子數位資料與被告之關係並非直接密切相關，即使被告並未對其加以辨認或表示意見，此項證據本身亦足以供推理欲證明的事項之用。

採證的技術觀點，學者認為，在進行電腦鑑識時，所採集的數位證據包含實體（Physical）與邏輯（Logical）兩種：

1. **實體上**：數位證據是存在於硬體儲存設備、元件及各類電子媒體之中的資料，進行鑑識時必須使用該媒體或硬體設備的存取方法將資料擷取、分析，所擷取的證據即為數位證據。
2. **邏輯上**：數位證據必須經由相關原始資訊資源中粹取出來，這些資源包含 log file、資料庫等等。

而數位鑑識的基本處理流程分為規劃處理階段，數位證據蒐集階段，檢驗分析階段，最後為結論驗證階段。以下針對每一階段，逐一探討。

9.9.2 規劃處理階段

在此階段必須先建立數位鑑識觀念，擬定鑑識計畫。必須先了解事件的種類，資訊破壞程度，企業會受哪些影響，遇到哪些法律方面的問題，必須對哪些系統進行搜索，找出符合法庭上的證物。數位鑑識涵蓋的範圍非常的廣大，而現今還無法找到一套府和所有的範圍標準的作業程序。

9.9.3 數位證物蒐集階段

在擬定鑑識計畫後，接下來就進行證物蒐集階段。由於現場凌亂不易保持，必須請專業人員進行分類，辨識出人為及非人為的操作結果。而由於網路無國界，在進行搜索時，會收到不同的雜訊，因此增加了鑑識的難度。由於現在有許多的不同作業系統，因此鑑識人員必須熟悉各種的作業系統。在各種不同的硬體採證時，必須搭配不同的硬體介面或轉接頭。而現在的儲存容量裝置，已隨著科技進步不斷的增長，也因此產生證物需要較大的記憶容量來儲存，而在蒐集證物之前必須先確保有足夠的容量來儲存。最重要的，在獲取活體資料時，有時候最重要的關鍵證物，在電腦還在運作狀態之下，一旦電電腦關機或是電源拔除時，關鍵證物往往也會隨之消失，因此在進行鑑識時，專業人員必須嚴謹的判斷。

在此階段，文件的簽署和保存現場狀態的攝影，是非常重要的工作，許多證物的蒐集是環環相扣的，必須確保一連串的證物蒐集，安全的傳送到安全的儲存場所，以確保未經竄改或刪除。

9.9.4 數位證物分析階段

數位證據經由搜索、蒐集、傳送並儲存後，接下來經由專業的鑑識專家分組進行分析，將數位證據轉換為人們了解的內容。此階段工作包含了，分類、比對、檢驗、分析結果、現場重建。在進行數位分析中，最重要的工作為將被刪除、被格式化的檔案系統，回復原有的資料。利用手邊現有的運算資源，在有限的時間內，將被加密的檔案，進行解密工作。現在的數位證據分析工具、設備，已經逐漸發展成熟，但是訓練出可以擁有足夠能力數位鑑識的專家依然很少。

9.9.5 結論驗證階段

數位鑑識最終的目標是提通法庭上有效、可靠的證據（Probative Evidence）。數位鑑識專家必須要展示數位鑑識的結果。呈現數位鑑識結果包含：報告撰寫、簡報呈現、法庭相關詢問或交叉詰問、專家證人的引用、檔案建立與學習；必須以最合適的口頭報告和書面報告方法呈現。而整個數位鑑識過程中，所有程序都環環相扣，必須要將所有相關程序留下文件並簽署，以減少人為疏失，在法庭上進行攻防戰時，才不易被質疑。而最後這些證物都必須被永久地保存，以備往後不時之需。

9.10 實例探討－AirTag 資訊安全

Apple 推出藍牙追蹤器—AirTag(使用規格 2032 水銀電池)，具備 IP67 防水功能，採用低功率藍牙與超寬頻（Ultra-Wide Band, UWB）技術，可放在錢包或鑰匙圈上，第一次配對使用時，只需靠近 iPhone，近距離感應即可找到 AirTag，使用者即可進行設定與綁定之動作，進而透過 Apple 內建之「尋找」APP，去定位所要找尋之物件（AirTag 已固定在該物件），如欲尋找該物，有以下 3 種方式：精準的定位、播放聲音、自地圖中顯示路線來達成。

AirTag 也可以支援 Android 手機具有近距離通訊（Near Field Communication, NFC）功能之手機。在實際 AirTag 的運作上，也有人使用 AirTag 來做追蹤別人的行蹤，在某種情況下，這個產品也可能造成一種非常危險的情況，而在目前整個蘋果的生態鏈中，如果你用的手機不是 iPhone，很可能你不知道被別人放了一個追蹤器在你的身上，一般而言，AirTag 在離開被綁定的裝置之後三天，會發出聲響，但是這個聲響並不大，所以如果你在開車的時候，你可能也不會注意到這個已經造成人身安全上面很大的一個安全漏洞。

圖 9-30　AirTag (資料來源：https://www.apple.com/tw/)

9.11 課後習題

一、問答題

1. 如果你在上網瀏覽網站時，下載一些免費的影像播放程式，或開啟一些來路不明的網站中的某些檔案，結果造成瀏覽器之首頁被綁架或是每次開機之後，就會不斷地被開啟很多的廣告，請問，你的電腦出現什麼問題？
2. 為何要作資料備份（Data Back）？如何作才算完善？
3. 何謂異地備援？高科技產業如何在兩岸三地佈建異地備援，以確保企業之無型資產？
4. 請舉幾個常見之資訊安全漏洞？
5. 何謂網路安全交易機制？你對網路安全交易機制有何看法？
6. 請和同學們討論，對電腦駭客，有什麼程度的了解？
7. 網路犯罪在電子商務中日趨嚴重，請和同學們討論，提出你對網路犯罪的看法，是否有任何人的電腦，曾經被植入木馬程式？
8. 網路恐怖主義（Cyber Terrorism）在網際網路中逐漸蔓延，請和同學們討論，提出你們對網路恐怖主義的看法，因為他很可能針對我們的國土安全，發動攻擊。

二、選擇題

（ ）1. 下列何者不是要達成資訊安全目標，數位資料具有的特性？
(A) 完整性 (B) 不可否認性
(C) 公開性 (D) 機密性

（ ）2. 下列何者是刑法「公然侮辱罪」除了拘役的罰金額？
(A) 三萬元以下 (B) 三千元以下
(C) 三百元以下 (D) 三十萬元以下

（ ）3. 下列對 SAN（Storage Area Network）儲存區域網路的敘述何者錯誤？
(A) 有提升資料備份服務之可靠度
(B) 具有整合伺服器的能力
(C) 降低系統的災難復原能力
(D) 主要利用光纖通道與各儲存裝置連結

9

(　) 4. 使用第三方支付服務的缺點，不包括下列哪一項？
(A) 增加個人資料外洩風險 (B) 成為駭客覬覦對象的風險
(C) 消費者資金可能遭不肖業者挪用 (D) 有淪為犯罪洗錢溫床的風險

(　) 5. 使用線上刷卡沒有哪種保障？
(A) 資料傳輸皆經過加密處理
(B) 網路銀行須先向原持卡銀行申請
(C) 晶片中之資料，無法在電腦裡面備份
(D) 晶片讀卡機是採用線上驗證

(　) 6. 何謂網路釣魚？
(A) 釣魚遊戲
(B) 在假冒的網站上騙取帳號密碼，以利不法使用
(C) 偽裝成工具程式或電玩軟體，藉由下載癱瘓系統
(D) 一種能夠自我複製的電腦程式，大量執行垃圾程式碼，令電腦的執行效率大大降低

(　) 7. 信用卡驗證機制正在普及中，在網絡商店上刷卡，只需要用
(A) 簽名 (B) 卡號
(C) 銀行戶口密碼 (D) 以上皆非

(　) 8. 網絡銀行的各項功能是採用______加密系統。
(A) SSL 138 位元金融 (B) SSL 128 位元金融
(C) SSL 148 位元金融 (D) SSL 158 位元金融

跨境電商
（Cross-Border e-Commerce）

學習重點

先解釋跨境電商之基本定義，再自運作流程、交易模式，進行相關之分析探討。再以中國為例之跨境電商交易流程進行介紹，涵蓋保稅進口、直購進口、一般出口、保稅進口。再以物流、金流、資訊流角度切入探討跨境電商之關鍵成功因素。再以中國之平潭跨境電商試點、跨境電商企業 Zalando、uitox、LAZADA 為實務探討對象。再針對跨境電商遭遇之困難進行探討，分別自法律爭議、信用評價、安全線上支付、稅務、贋品充斥、專業人才等進行相關之分析。本章最後就針對跨境電商之克服方法之建議，做一完整性之探討，願您成果期豐碩。

10.1 跨境電商之定義與概論

跨境電商（Cross-Border e-Commerce）簡易的說，即是用無所不在網路平台（Ubiquitous Networking Platforms）進行跨國交易，是一種國際商業行為。換言之，買、賣雙方在不同國家透過網路與電子商務平台，進行交易、支付，藉由跨境物流交遞商品，完成買賣。一般而言，跨境電商包括兩種情況：由海外進口到國內，或是由國內出口到海外。其商業模式有 B2B 和 B2C。

B2B 是企業在線上（Online）透過網路平台發布相關訊息以及廣告，然後在線下（Offline）達成通關跟交易，採 O2O 模式；而 B2C 則是跨國企業和消費者進行一對一交易，以個人需求為主要目的，進行銷售。常見之物流方式有一般郵寄、快遞、航空。在傳統國際貿易進出口流程中，一般均要涉及國際貨款結算、國際運輸、進出口通關、產品保險等相關事物，同時還有安全性及風險控管等多方面考量，這使得跨境電商和境內電子商務有所差異。跨境電商在今日成為推動經濟一體化、貿易全球化的重要商業模式，在全球具有非常重要的戰略商務意義。在臺灣，蝦皮購物和露天拍賣即是跨境電商之代表，因為有很多商品是自中國進口。

跨境電商不僅突破了國家間的貿易障礙，更將傳統國際貿易推向無國界貿易，也正因如此，跨境電商也正在引起全世界經濟貿易的巨大改變。對企業來說，跨境電商的開放，具有多邊經貿合作模式，大規模地拓寬了進入國際市場的路徑，促進了多邊資源的優化資源配置，對於潛在消費者而言，跨境電商可使他們非常容易地獲取其他國家產品的相關信息，透過跨國商務，可購得物美價廉的商品。一般而言，跨境電商之運作模式，如圖 10-1 所示。

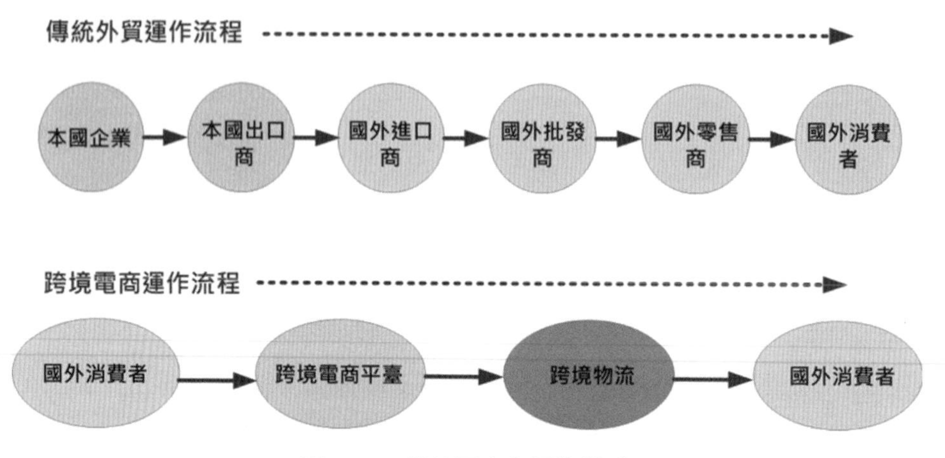

圖 10-1 跨境電商之運作模式

跨境電商開啟購物無國界之新紀元，對全球無數企業帶來更多商機，但是運作上仍有相當之風險。跨境電商交易平台的建立，在技術方面並無太大障礙，但在具體的跨境交易流程上，仍然面臨當地法律、信用評等、支付體系、多國語言等多方面的挑戰。在跨境電商法律體系建立方面，跨境電商相對國際貿易法律方面的問題，主要是因為現今應用於國際貿易的法律不夠完備，而造成的相關法律條文的制定，遠遠落後於跨境電商所需之相關技術及該產業的快速發展。

在跨境電商信用管理體系方面，雖然跨境電商具有自己的特點（低成本、高效率、全球性），仍具有傳統商務活動的風險。跨境電商支付體系存在有相當之安全問題，目前全球的大部分的支付方式大部份僅限於本國內，除 Visa、MasterCard 卡外，實現真正全球化的支付方式，畢竟是少數。此外，跨境電商物流成本較高，如此一來就限縮跨境跨境電商的競爭優勢。既使如此，跨境電商之發展，已經受到很多國家高度重視，並協助相關企業積極參與。臺灣可以運用境外製造、跨國配送之方式，切入跨境電商的領域，進而構建全球市場。

10.2 跨境電商之特徵

快速演化（Rapid Evolving）

網路世代唯一不變的就是不斷的改變。網際網路的電子商務活動也是瞬息萬變，僅在短短的幾十年中，電子交易經歷了從早期之電子資料交換到電子商務的興起，而數位化產品和服務更是不斷的改變著我們生活的各個面向。跨境電商具有不同於傳統貿易方式的諸多特點，也不斷延伸出新穎之商務議題。

全球到達（Global Reach）

無所不在之網路系統，造成沒有邊界的國際市場，跨境電商具有全球化的特性。網路用戶不需要考慮國界，就可以把高附加價值之產品和服務，向全球市場延伸。美國財政部在其財政報告中指出，對全球化網路系統建立起來的電子商務活動進行課稅是有相當之困難，因為現今之跨境電商是可說是虛擬企業的延伸，突破了傳統交易方式下的地理因素。

無形企業（Intangible Enterprise）

藉由無所不在之網路發展，能使數位化產品和服務的銷售在短時間內蓬勃發展。而數位化傳輸是透過不同類型的媒介，在全球化網路環境中進行，這些媒介在網路中，是以數位代碼的形式出現的，因而是無形的。以一個 e-mail 的傳輸為例，這一信息之內容首先要被分解為數以百萬計的數據封包，然後按照 TCP/IP 協議，透過不同的網路路徑，傳輸到一個目的地，並再重新組成，進而轉發給接收人，整個過程都是在網路中瞬間完成的。電子商務是數位化傳輸活動的一種特殊商業形式，其無形性的特性，使得相關稅務機關很難控制和檢查銷售商的交易活動，稅務稽查員無法準確地計算銷售所得和利潤所得。如此一來，給稅務機關帶來稽核上之困難。

傳統商業交易以實物為主，而在電子商務中，無形產品卻可以替代實物，成為交易的對象。以書籍為例，傳統的紙質書籍，其排版、印刷、銷售，被看作是產品的生產及銷售。然而在電子商務交易中，消費者只要購買書子書便可以吸收書中的知識。因此，而如何界定該交易的性質、如何監督、如何課稅等一系列的問題，給稅務和法律部門帶來了新的議題。

由於跨境電商的去中心化和全球性的特質，因此很難識別跨境電商參與者的身份和其所處的地理位置。在線交易的消費者往往不顯示自己的真實身份和自己的地理位置，重要的是網路的匿名性絲毫不影響交易的進行。對於網路而言，傳輸的速度和地理距離幾乎無關。在傳統交易模式中，訊息交流方式，例如：信函、電報、傳真等，在信息的發送與接收間，有時存在著長短不同的時間差。而電子商務中的訊息交流，無論實際時空距離遠近，一方發送信息與另一方接收信息，幾乎是同時的，就如同生活中面對面交談，線上即時通軟體（LINE、Facebook Messenger、WeChat）造就了跨

10

境電商溝通上便捷。某些數位化產品，例如：音樂、App 等的交易，訂貨、付款、交貨，都可以在瞬間完成。

跨境電商採取無紙化的操作方式，而無紙化帶來的積極影響，使訊息傳遞擺脫了紙張的限制，但由於傳統法律的許多規範是以紙張交易為出發點的，因此，無紙化帶來了一定程度上法律的漏洞。而跨境電商所採用的其他保密措施，也增加稅務機關難以掌握納稅人財務透明化的程度。在某些交易無據可查的情形下，跨國納稅人的申報額將會大大降低，應納稅額和實際所徵得稅款，都將少於實際所達到的數量，進而造成徵收國際稅之流失。例如，世界各國普遍開徵的傳統印花稅，其課稅對象是以交易各方提供的書面憑證，而在跨境電商無紙化的情況下，傳統的合同、憑證形式可能無法完全取得，因而印花稅的合同、憑證貼花便有執行上之困難。

10.3 跨境電商之交易模式

根據相關文獻，跨境電商之交易模式可分為以下幾種：

跨境直接銷售模式

供應商將貨品交付給境內電子商務平台業者，境內電子商務平台業者，將商品直接銷售給境外購買者，如圖 10-2 所示。

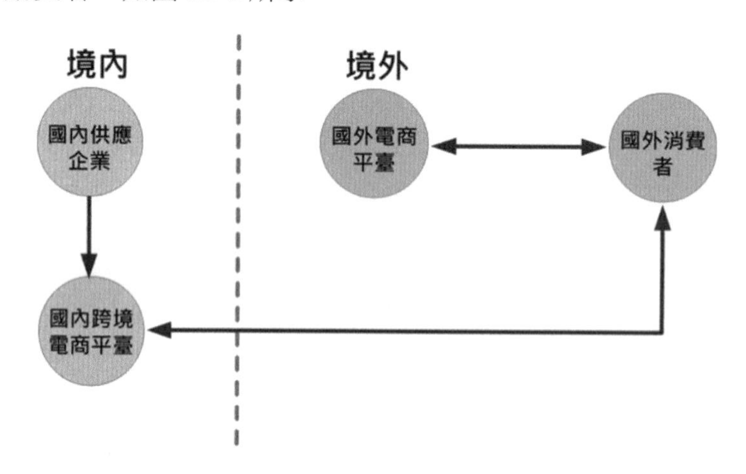

圖 10-2 跨境電商之交易模式－跨境直接銷售模式

橋接平台模式

供應商將貨品交付給境內電子商務平台業者，境內電子商務平台業者和境外電子商務平台業者橋接合作，境內電子商務平台業者作招商動作，商品由 B2B 報關方式，送至境外電子商務平台業者銷售，再藉由境外電子商務平台業者販售給消費者，如圖 10-3 所示。

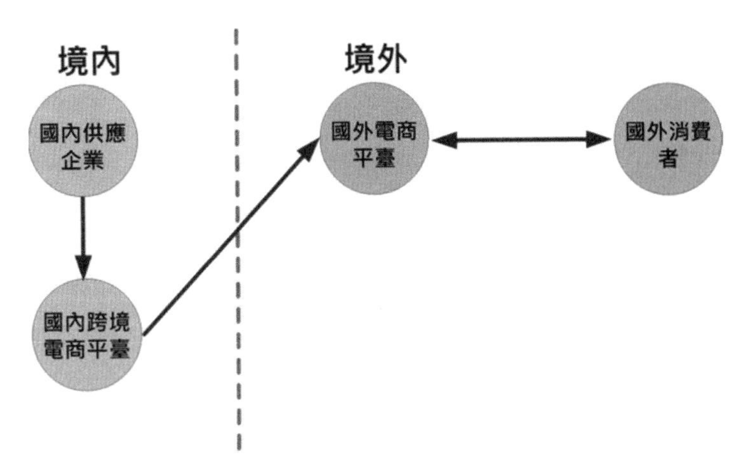

圖 10-3 跨境電商之交易模式－橋接平台模式

代營運商模式

供應商透過中間代營運商，進而將商品上架至境外電子商務平台，再販售給消費者，如圖 10-4 所示。

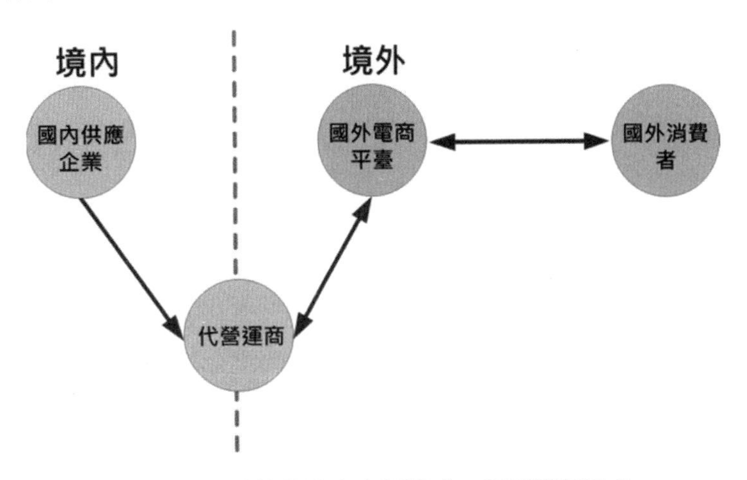

圖 10-4 跨境電商之交易模式－代運營商模式

落地經營銷售模式

供應商直接至境外開設電子商務平台，販售商品給消費者，如圖 10-5 所示。

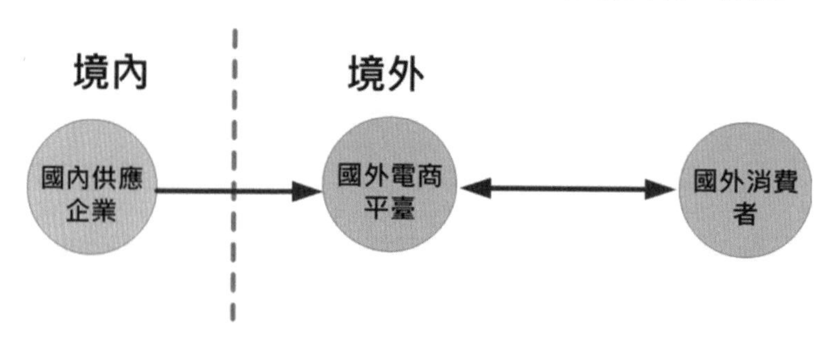

圖 10-5 跨境電商之交易模式－落地經營銷售模式

10.4 跨境電商之交易流程－以中國為例

10.4.1 保稅進口方式

其運作的形式是採先備貨後接單之方式，國外商品一併放置在中國境內海關的特殊監管區域範圍或者是保稅監管場所內。因為消費者下單是透過和海關聯網的跨境電商平台，藉由消費者提供的支付訊息、訂單訊息、物流訊息，電商平台業者向海關核實申報，並且依照訂單內容，為各個物品承辦通關手續，在海關的查驗之後，消費者會直接收到從保稅區清關發出的商品。

因為商品是在中國境內特殊監管區域範圍或者是保稅監管場所存放，在檢驗檢疫局和海關等監督之下，搭配快速通關，一般在 2~3 個工作天內，消費者即可以收到商品。但是企業的商品備貨必須是在中國海關的監管倉庫裡，所以跟直接購買進口比起來，保稅進口的商品樣式和類別可能會比較少。而保稅進口制度，是允許對特定的進口貨物，在入關進境後確定內銷或復出口的最終去向前，暫緩徵收關稅和其他國內稅。基本上，是由海關監管的一種制度。換言之，進口貨物可以緩繳進口關稅和其他國內稅，在海關監管下於指定或許可的場所、區域進行儲存、加工、中轉或再製造，是否徵收關稅則視貨物最終進口為內銷或復出口而決定，如圖 10-6 所示。

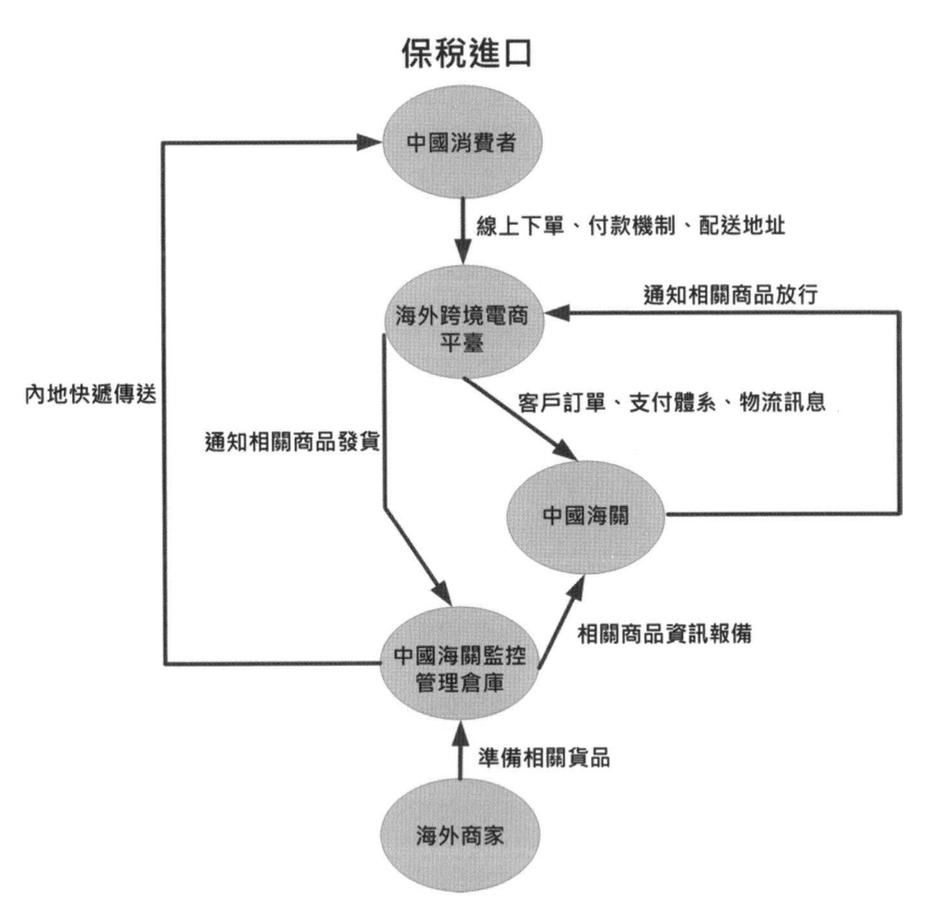

圖 10-6 中國為例之跨境電商交易流程－保稅進口方式

10.4.2 直接購買進口方式

其運作形式是先下單後發貨，在中國的消費者在和海關聯網的跨境電商平台下單，電商平台則根據消費者提供的訂單訊息、支付訊息、物流訊息，傳遞給中國海關。另外在海外倉庫的商品會直接發貨，藉由國際物流的配送，商品到達位於中國內地海關的跨境電商監管場所，在發貨給消費者之前，完成清關、檢疫、查驗等相關手續。一般而言，消費者在 6~14 天收到貨品。無庸置疑，直購進口的商品其物流成本較高，運輸時間也相對較長。

自另一角度分析直接購買進口，意謂著顧客在購物平台上確定完成付款機制後，商品以郵件、快遞方式運輸入境，達成跨境貿易的通關模式。換言之，中國的消費者，透過與海關連線的跨境電商平臺下單後，企業將電子訂單、支付憑證、電子運單等相關文件即時傳輸給海關，隨後賣方在海外將商品包裝好，通過國際物流配送到跨境電商之監管中心，進行清關動作，如圖 10-7 所示。

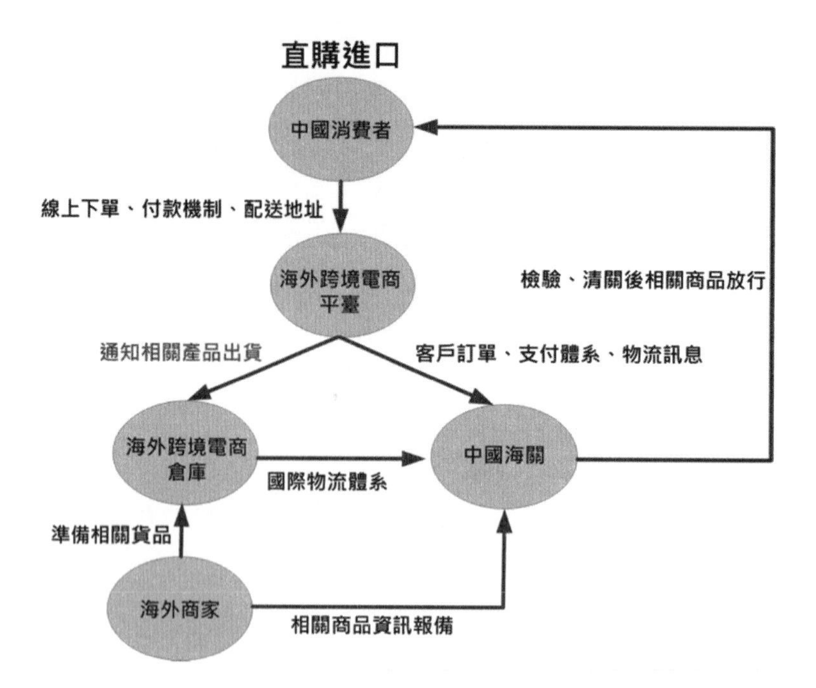

圖 10-7 中國為例之跨境電商交易流程－直接購買進口方式

10.4.3 一般出口方式

海外的消費者，可以在和海關連網的跨境出口電商平台下單，跨境電商平台業者把訂單訊息、物流訊息、支付訊息等傳回給中國海關。另一方面，在國內的廠商將產品包裝後，寄送至由中國海關監管的倉庫，海關在完成實貨查驗、檢驗、檢疫等手續後便通知電商平台業者，利用國際物流，發貨給位於海外的消費者，如圖 10-8 所示。

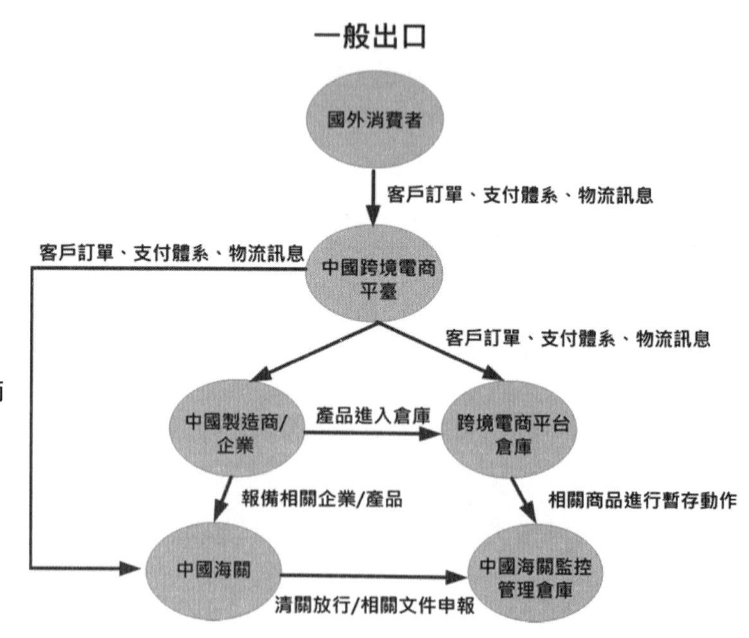

圖 10-8 中國為例之跨境電商交易流程－一般出口方式

10.4.4 保稅出口方式

中國國內的電商企業在海外採購的境外貨物，以 B2B 方式運作，可以藉由整合進口的方法，存放於中國海關的保稅物流中心備貨，當出口跨境電商平台收到來自海外消費者的訂單資料時，企業便依照訂單內容，分門別類挑選並包裝，再以 B2C 的散裝模式出貨，透過國際物流，寄送到海外消費者的地址。在全部的流程當中，貨物都屬於境外貨物，企業利用中國保稅物流中心當作貨物中轉中心，取代海外中轉倉庫的功能，如圖 10-9 所示。

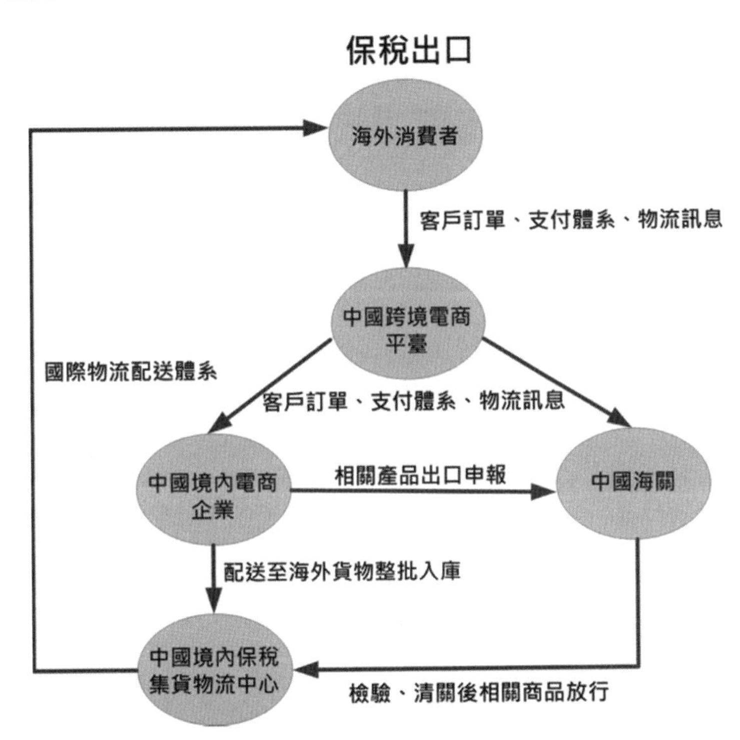

圖 10-9　中國為例之跨境電商交易流程－保稅進口方式

10.5 跨境電商運作之關鍵成功因素

自物流面向切入

加強物流的運作效能與效力，是增加產品銷售額的一個重要環節，因為唯有物流能力提升，才可以使整的銷售鏈的運轉速度加快，方能使資金回收速率加快，同時提高企業現金流（Cash Flow）的週轉速度，以期能增加公司的利潤。事實上，物流成本一直以來都是電子商務成功與否的關鍵成功因素之一。因此，要做好提高跨境電商的整體利潤，就必須將相關跨境物流成本控管好並加以最佳化。

10

自金流面向切入

對於現在的跨境電商，傳統的金流與物流條件不再是主要障礙。信用卡的廣泛使用、線上支付體系、網路銀行轉帳，以及眾多傳統金融業者透過聯盟形成的跨境支付協定，甚至是 LINE Pay、Pay Pal、支付寶、微信紅包、Apple Pay、PX Pay、Samsung Pay 等支付工具，在金流上是一個很大的突破。

自資訊流面向切入

在無所不在網路的今日，全球的使用者都可以透過瀏覽器或是智慧型手機尋找網上的相關產品，產品的銷售完全沒有地域性或時區的限制，同時透過大數據的分析，也可以明瞭哪一種產品是目前時下最熱門的商品，在哪個區裡面可以進行大規模的行銷策略運用。資訊流已經在全球間，廣泛成為人們獲得資訊的方式，相對的對於跨境電商有著最強的支撐力道，在現在這個 e 世代，只要掌握網路，就掌握商機。

跨境電商對於臺灣的相關業者而言，其目標以美國、中國、東南亞為主要代表對象。不容諱言，此三大國際市場，各有其當地文化特色和市場挑戰，受歡迎的臺灣商品項目，亦各有所不同，正代表臺灣商品在不同的地域市場擁有不同之喜好。就像傳統產業一樣，當在不同的國家，切入不同的市場的時候，就必須先對當地的環境有所了解，才能找出最好的立基點。由於跨境電商之銷售，常以小型包裹配送，由於數量龐大且較為零散，以致物流效率較低，無法以批量配送，相對成本較高，也通常導致通關部門工作負荷高，現行物流及通關模式，必須加以調整，否則難以應付。跨境電商經常會出現假冒品、劣質品，甚至非法運送管制藥品、刀械、槍砲等殺傷性物品，以上均為跨境電商存在之安全風險。

由於跨境電商網購之相關進口通關管理制度，仍在試營運中，在保護本國相關產業與兼顧國家安全情況下，提高跨境電商通關便利性是當務之急。目前跨境電商單一窗口式進口通關機制尚不成熟，跨境電商的物流通關效率較低，且運作成本相對較高，在此情況下，會直接影響消費者跨境購買產品之動機。

就中國市場而言，中國經濟的崛起，造成跨境電商的交易逐年的增加，而中國內地龐大的內需市場，部份必須藉由境外的國家之產品來滿足中國消費者之需求，而官方的跨境電商政策制定，一般而言，為利多政策，以行郵稅來降低商品進口關稅，因此，外國商品在中國內地會較具價格競爭力。一般而言，在中國以阿里巴巴相關企業主導之電商產業，臺灣相關業者跨入時，需掌握當地人民消費習慣，方有切入之商機。

就東南亞市場而言，一般民眾持有智慧型手機之比率遠高於擁有個人電腦，因此，行動商務之商機非常龐大，而東協十國每個國家都有其地區不同之文化特質，相對地，較難以一種共通之商業行銷策略達成目標，而電子商務之基礎建設仍有相當進步的空間，較難立即順利與跨境電商產業接軌，但卻又潛力無窮。

就美國市場而言，北美為電子商務重鎮，一般民眾普遍具有使用 Apple Pay 及信用卡，整體架構成熟，不像中國有獨大的電子商務企業。而北美因語言、文化與臺灣差異甚大，臺灣業者進入門檻相對也較高。更外，北美與臺灣距離遙遠，物流成本也相對較高。目前美國法規不因跨境電商而有特別優待，入境商品審核標準與傳統進出口貿易相似，原則上無太大差異。

10.6 跨境電商實際案例探討

10.6.1 中國平潭跨境電商特區

平潭是臺灣與中國一起建立的第一個跨境電商平臺，相關文獻指出，平潭已經有20餘家跨境電商經營的進駐，範圍包括了大眾休閒食品、服裝飾品、嬰兒奶粉。平潭是中國現在政策最為優勢、最具彈性、面積最大的對臺新關實驗商業特區，目前已開通不少對台北和台中的航線，平潭綜合實驗區特區的政策優勢，也為臺灣與中國的電子商務物流往來搭建了優異的通關環境。自從平潭開始進行跨境電商保稅進口試點業務後，相關貨物交易價值扶搖直上。海淘族意謂中國內地的消費者，直接在外國網站下單購物，相關商品通過快遞、國際物流、郵寄到中國。一般而言，平潭的直購進口試點，有以下幾個優勢：

零庫存（Zero Inventory）

就保稅網購而言，電商企業需要事先在保稅區囤積商品，再依消費者訂單，將商品以個人物品的形式，通關後送達買家；就直購進口而言，則是讓中國境內消費者與境外賣家直接線上溝通，中國境內消費者在電商平臺上確定交易後，境外賣家則將商品以郵件、快遞方式，完成跨境配送。換言之，商品在中國境外就已經被分裝打包，然後再以個人物品的形式通關送達中國境內買家。對跨境電商企業而言，直購進口可以零庫存方式運作。

速度快捷

若以平潭直購進口商品為例，若 4 月 22 日消費者下訂單後，約可於 4 月 24 日上午 8 時 30 分，從台灣的港口發船，進行跨境電商進口商品之配送。原則上，當天中午左右就能到達平潭。若當日順利清關後，則可於當天或隔日進行境內派送。換言之，中國消費者最快 2~3 天就可以收到網路訂購的台灣商品。

有物流成本低廉之通道

平潭與台灣有直航，可以使用成本較為低廉的海運，卻可以達到比擬航空貨運的速度，對於組織企業經營直購進口，帶來極大的方便性和低成本。而負面清單商品意謂著某些商品種類，是不能以跨境電商方式進口銷售。例如：放射性汙染產品、危險化學毒品等。

產品具可追蹤性

在中國從事跨境電商的組織企業，需要經過海關和相關商檢部門的認證，在商品上架前，需向海關備案，而商家的進貨源頭可以追溯，為的是要提供良好之商品品質。

10.6.2 歐洲跨境電商企業代表－zalando

在德國的 zalando 是在歐洲跨境電商企業代表，主要銷售內容是鞋類店品、流行服飾，而其特色是免運費、免費退換，藉此吸引廣大消費者。在歐盟，zalando 的主要服務國家包括德國、法國、英國、西班牙義大利、捷克等數十個國家。而面對各個國家不同的文化差異，zalando 透過各國的消費習慣，去調整自己的購物網站，提供客製化與最好的服務。例如：zalando 察覺瑞士人比其他國家的人早起，所以瑞士團隊就提供了比其他國家更早的服務，來滿足瑞士人之需求；而義大利人則在購物時會再三考慮，當他們將要結帳付款時，會把價格較高商品從購物車中取出，改變購買動機；另外，在南歐的西班牙人和義大利人較偏好貨到付款模式，因此 zalando 必須配合跟南歐的國家，調整物流、金流之方式；德國則是習慣於收到發票後再轉帳；法國人較偏好在促銷期間大量採購，因此，zalando 在法國的 sale 期間，比其他國家來的更長；法國和英國使用信用卡的比率較高。圖 10-10 即為 zalando 之官網。

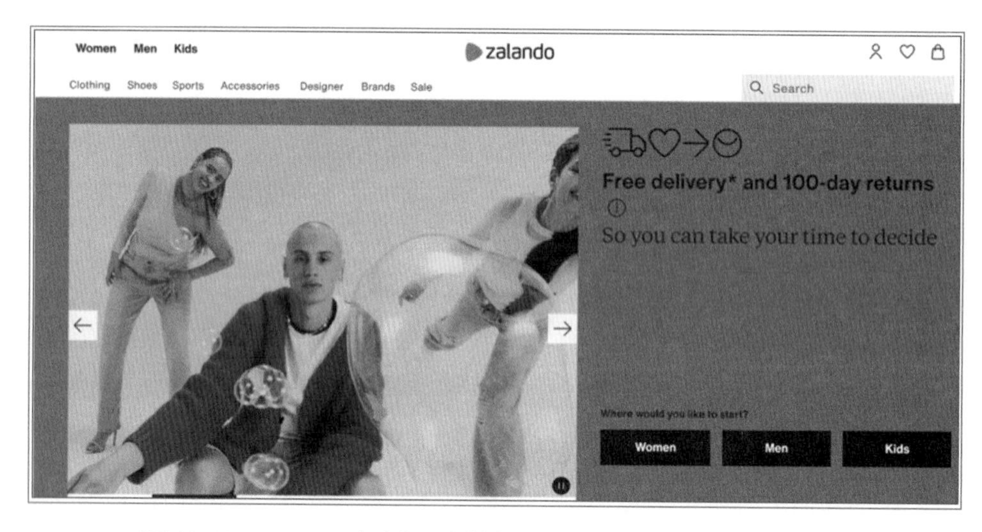

圖 10-10 zalando 之官網 (資料來源：https://www.zalando.com)

10.6.3 東南亞最大跨境電商－LAZADA（來贊達）

東南亞最大的跨境電商集團 LAZADA 於 2012 年成立，LAZADA 的崛起，採去中心化，是同時在多個國家設立公司，而不是先在一個地方發展後，再向外擴散。LAZADA 讓各子公司完全融入當地文化，成為東協十國中最大的跨境電商集團品牌。過去要銷售貨物到東協十國（新加坡、馬來西亞、泰國、菲律賓、印尼，汶萊、越南、寮國、緬甸、柬埔寨），必須一次跟一個國家交涉，分別等到各國的行政部門或平臺建立好關係後，才能運作。對於東協十國這樣複雜的廣大市場，LAZADA 建立了給許多廠商相對便捷的機會。現在只要跟 LAZADA 一個窗口談好，就能將商品打入東協十國的市場，可說是 LAZADA 整合一切，進而塑造了一個方便友善的銷售平台，進而創造高營收。

東協十國 60%之人口結構為年輕人，智慧型手機上網的高普及率，消費力道十分驚人，對於電子商務有極大的發展潛力，東協十國在未來將有爆炸性的經濟成長，前途不可限量，如圖 10-11 即為 LAZADA 之手機 App。

圖 10-11 LAZADA 之手機 App (資料來源：https://itunes.apple.com)

作為東南亞最大跨境電商集團品牌，LAZADA 還要積極建立屬於東南亞的跨境電商生態，用以涵蓋物流系統、市場分析、支付體系等，目標就是要為跨境電商打造出最好的平臺，使東協十國都能用最簡單的方式進入東南亞市場。以市場面向來說，在金流方面，由於東協十國線上支付仍未普及，因此，LAZADA 會提供不同的在地化服務，除了貨到付款、使用預付方式購買跨境電商產品外，並積極推廣 helloPay 為其線上支付體系，目前也已經逐步應用在新加坡、菲律賓等市場，如圖 10-12 所示。

10

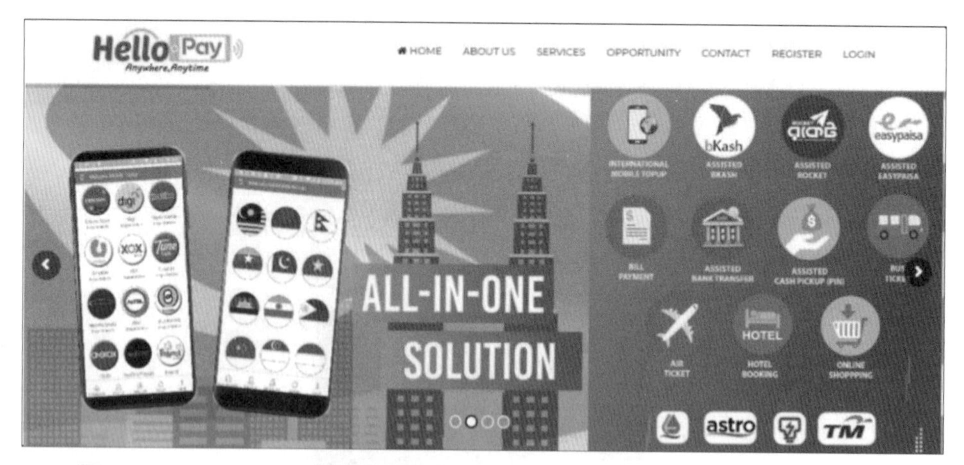

圖 10-12　helloPay 之運作機制 (資料來源：https://hellopay24.com/portal/)

在 2017 年，中國之螞蟻金服與東南亞電商網站 Lazada 旗下線上支付平臺 helloPay 合併，helloPay 在其營運的每個國家將以 Alipay 的名義推出，包括新加坡、馬來西亞、印尼和菲律賓。helloPay 在新加坡、馬拉西亞、印尼和菲律賓等地，將會以 Alipay Singapore、Alipay Malaysia、Alipay Indonesia 和 Alipay Philippines。雖然兩家公司合併了，但其共同聲明表示，helloPay 的功能和服務上不會有太多的變化，依然會獨立於支付寶的 APP 來經營。

相對地，以臺灣商業角度評估以上市場，臺灣早期對東南亞的投資，多半是因傳統製造業考量並搭配當地低廉工資而在東南亞設廠。除了生產外銷之外，較少經營當地內需市場，但在東協十國此一龐大經濟體持續發展下，薪資水準已逐漸提高，臺灣廠商若轉變過去的思維，轉而擴大經營東協十國內需市場，透過跨境電商，則臺灣在東南亞就有無限的商業機會，LAZADA 之官網如圖 10-13 所示。

圖 10-13　LAZADA 之官網 (資料來源：http://www.lazada.com)

10.7 跨境電商現今遭遇之困難與解決方法

遭遇之困難

- **法律管轄權**：有關跨境電商的法律尚未完備，依經驗法則可推知，制定法律速度永遠無法趕不上實際跨境電商發展的速度，而且當跨境電商在國與國之間有法律問題時，涉及法律管轄權問題時，又是另一個難解之議題。
- **消費者信心**：原則上，跨境電商可採虛實合一（Click & Brick）運作機制，電子商務對消費者本來就有某種程度信心的障礙，又因跨境電商涉及境外購物，再加上距離的藩籬，消費者消費信心方面的問題，必須強化消費者信念。
- **線上安全支付體系**：線上電子支付體系是跨境電商成敗關鍵因素之一，必須要有安全的線上支付體系，並保障個人機密資料的外洩。
- **稅務問題**：當跨境電商消費者跨境交易的金額超過某一上限額度時，相關單位會進行課稅，因而延伸稅務問題，導致成本上升。
- **贗品充斥**：就如同一般電子商務之上架產品，贗品問題始終是個嚴重的議題，相關業者可能會面臨到國際智慧財產權組織之控訴，並被要求巨額賠償，而上述法律管轄權之相關問題也會應運而生。海外交易難免會遇到當地稅法、政策之相關問題，如能通盤了解，將可以把成本控管最佳化。
- **跨領域電商人才團隊整合**：跨境電商尚屬於萌芽階段，其所須之人力，必需為跨領域電商人才團隊整合，方能處理流程、營運方式之問題。基本上，跨境電商面臨到的問題，都比傳統的國際貿易來的複雜且急迫，跨境電商組織企業必須有足夠跨領域的人才來處理相關問題。跨境電商是商務網路國際化延伸，所需電商人才若熟悉多國語言、熟稔國貿流程，跨境電商將可以進行更有效能與效率之運作。

解決方法

- **挑選合適之境外區域**：跨境電商業者必須深耕當地文化，了解普羅大眾之廣大需求，克服當地文化障礙，建立具彈性之在地化行銷策略，方能攻城掠地。
- **7X24X365 客服問題解決方案**：無庸置疑，跨境電商涉及時差問題，全年無休（around the clock）24 小時線上客服（7X24X365 Call Center）之建立，並以在地化語言及禮儀，回應顧客之問題，方能長久經營。
- **多國語系**：跨境電商涉及不同國家客戶的需求，在操作介面與過程中，應該提供多國語系轉換，方便在地消費者了解相關訊息。

10

- **通用的支付體系**：跨境電商應提供信用卡（Visa、MasterCard 等）、PayPal、支付寶、微信紅包、LINE Pay 等國際通用之支付體系，解決金流問題。
- **物流成本與時效性之控管**：在跨境電商中，物流跟時效性是跨境電商成功與否的重要面向，在成本範圍內，落實快速流暢的物流體系，有效結合通關流程，是顧客滿意度的先決條件。
- **建立逆物流系統以因應退貨需求**：跨境電商提供消費者退、換貨，是取得顧客信任的成功要素，跨境電商企業應建立完善逆物流機制，以該國境內運輸費用成本，用於國際物流系統將商品更換或退回，方可有效控制運作成本。
- **異業結盟**：跨境電商可以尋找任何異業結盟之可行性，以共生共榮之理念，與該國在地電商平臺或相關業者，聯手合作，造成 1+1>2 之加成效果，達成跨境電商在地深耕之永續發展。

10.8 課後習題

一、問答題

1. 何謂跨境電商？
2. 跨境電商有那些特徵？
3. 請舉例跨境電商之交易模式？
4. 中國之跨境電商之交易流程為何？
5. 跨境電商運作之關鍵成功因素為何？
6. 跨境電商現今遭遇之困難為何？

二、選擇題

(　) 1. 下面哪一個議題不在跨境電商的範圍裡面？
(A) B2B　(B) B2C
(C) O2O　(D) G2B

(　) 2. 下面哪一項與跨境電商比較沒有直接的關係？
(A) 當地法律　(B) 汽車大小
(C) 信用評等　(D) 支付體系

(　) 3. 下面哪一項不是跨境電商的特徵之一？
(A) 彈性製造　(B) 快速演化
(C) 全球到達　(D) 無形企業

(　　) 4. 下面哪一個不是跨境電商的交易模式之一？
(A) 橋接平台模式
(B) 代營運商模式
(C) 直營店模式
(D) 跨境直接銷售模式

(　　) 5. 下面哪一項不是目前中國跨境電商的運作方式？
(A) 彈性庫存方式
(B) 保稅進口方式
(C) 直接購買進口方式
(D) 一般出口方式

(　　) 6. 下面哪一項不是跨境電商運作的關鍵成功因素？
(A) 物流面向
(B) 人流面向
(C) 金流面向
(D) 資訊流面向

(　　) 7. 下面哪一項不是中國平潭跨境電商特區的優勢？
(A) 品質至上
(B) 零庫存
(C) 速度快捷
(D) 物流成本低廉

(　　) 8. 下面哪一個不是有名的跨境電商代表企業？
(A) zalando
(B) uitox
(C) Xerox
(D) LAZADA

電子商務概論與前瞻(第三版)--後疫情之跨境電商、行動商務、大數據

作　　者：朱海成
企劃編輯：江佳慧
文字編輯：王雅雯
設計裝幀：張寶莉
發 行 人：廖文良

發 行 所：碁峰資訊股份有限公司
地　　址：台北市南港區三重路 66 號 7 樓之 6
電　　話：(02)2788-2408
傳　　真：(02)8192-4433
網　　站：www.gotop.com.tw
書　　號：AEE040300
版　　次：2022 年 12 月三版
建議售價：NT$440

國家圖書館出版品預行編目資料

電子商務概論與前瞻：後疫情之跨境電商、行動商務、大數據 / 朱海成著. -- 三版. -- 臺北市：碁峰資訊, 2022.12
面；　公分
ISBN 978-626-324-393-4(平裝)
1.CST：電子商務
490.29　　111021038

讀者服務

- 感謝您購買碁峰圖書，如果您對本書的內容或表達上有不清楚的地方或其他建議，請至碁峰網站：「聯絡我們」\「圖書問題」留下您所購買之書籍及問題。(請註明購買書籍之書號及書名，以及問題頁數，以便能儘快為您處理）
http://www.gotop.com.tw
- 售後服務僅限書籍本身內容，若是軟、硬體問題，請您直接與軟、硬體廠商聯絡。
- 若於購買書籍後發現有破損、缺頁、裝訂錯誤之問題，請直接將書寄回更換，並註明您的姓名、連絡電話及地址，將有專人與您連絡補寄商品。